新世纪高职高专课程与实训系列教材

SQL Server 数据库基础与实训教程

(第 2 版)

吕凤顺 宋传玲 主 编

清华大学出版社

北 京

内 容 简 介

SQL Server 是一个大型企业级关系数据库管理系统，在国内外已得到了广泛的使用。作者根据多年的教学经验、数据库应用的特点以及学生的认知规律，精心编写了本书。全书采用案例教学方式，以一个电脑销售公司的数据库管理项目为主线，从数据库的规范化设计开始，通过大量丰富、实用、前后衔接的实训项目完整介绍了 SQL Server 2005 数据库管理系统，可以使读者由浅入深、全面、系统地掌握 SQL Server 数据库管理系统及其应用开发。

本书基本知识系统全面、例题丰富，体现了在软件技术教学过程中形成的“项目驱动、案例教学、理论与实践相结合”的教学方法。本书既可以作为计算机专业本科、专科(高职)计算机应用、软件、信息管理专业的教材，也可作为计算机专业人员的自学或参考书。

图书在版编目(CIP)数据

SQL Server 数据库基础与实训教程/吕凤顺，宋传玲主编. —2 版. —北京：清华大学出版社，2011.9（2019.3 重印）

(新世纪高职高专课程与实训系列教材)

ISBN 978-7-302-26308-1

Ⅰ. ①S… Ⅱ. ①吕… ②宋… Ⅲ. ①关系数据库—数据库管理系统，SQL Server—高等职业教育—教材 Ⅳ. ①TP311.138

中国版本图书馆 CIP 数据核字(2011)第 149062 号

责任编辑： 杨作梅
封面设计： 山鹰工作室
版式设计： 杨玉兰
责任校对： 王　晖
责任印制： 丛怀宇
出版发行： 清华大学出版社　　**地　址：** 北京清华大学学研大厦 A 座
http://www.tup.com.cn　　**邮　编：** 100084
社 总 机： 010-62770175　　**邮　购：** 010-62786544
投稿与读者服务： 010-62776969, c-service@tup.tsinghua.edu.cn
质量反馈： 010-62772015, zhiliang@tup.tsinghua.edu.cn
印 装 者： 北京密云胶印厂
经　销： 全国新华书店
开　本： 185mm×260mm　　**印　张：** 18.75　　**字　数：** 454 千字
版　次： 2011 年 9 月第 2 版　　**印　次：** 2019 年 3 月第 8 次印刷
定　价： 48.00 元

产品编号：041926-02

前　言

在当今的信息社会中，随着信息技术一日千里的飞速发展，数据库技术已经广泛渗透到各个领域，数据库应用技术也已经成为计算机工作人员的必修课程。

SQL Server 2005 是 Microsoft 公司 2005 年推出的大型客户/服务器网络关系数据库管理系统，是一个大规模联机事务处理(OLTP)、数据仓库和电子商务应用的优秀数据库平台。SQL Server 2005 具有可靠性、可伸缩性、支持大型 Web 站点和支持数据仓库等特点，而且使用方便，易于维护，已被国内外众多用户所使用。

作者根据多年的教学经验、数据库应用的特点以及学生的认知规律，精心编写了本书。

本书突破了以讲解 SQL Server 操作或命令为主的枯燥模式，以一个电脑销售公司的进货、销售、库存以及人事管理的数据库实训项目贯穿全书，从实际应用出发，既讲解 SQL Server，又讲解“数据库”应用技术，将 SQL Server 2005 数据库管理系统与数据库的应用技术真正有机地融合在一起。在实训项目中，从数据库的规范化设计开始，围绕该数据库的创建、应用，完整地介绍了 SQL Server 2005 数据库管理系统，将 SQL 语法、各种约束、规则、默认值对象、自定义数据类型、自定义函数等自然地融合到实际应用中，尤其对难度较大而在应用中又非常重要的视图、存储过程和触发器等内容，也在实训项目中得到了充分的应用。

本书不但涵盖了 SQL Server 的全部内容，而且通过数据库的实际应用与开发，让读者在学会数据库设计的基础上，由浅入深、全面、系统地掌握 SQL Server 数据库管理系统及其应用开发。

全书共分 10 章，内容安排如下。

第 1 章介绍数据库的基础知识，包括数据模型、关系数据库的规范化、数据完整性与数据表的关联，并介绍了实训项目的数据库模型“电脑器材销售管理”的规范化设计。

第 2 章介绍 SQL Server 2005 数据库管理系统及其安装步骤、常用工具、系统数据库。

第 3、4 章介绍用户数据库、数据表及其表结构与各种约束对象的创建与操作，包括数据类型、表达式、系统函数并创建了实训项目“电脑器材销售管理”数据库及数据表。

第 5、6 章介绍数据库的查询操作、视图与索引，包括多表连接、统计汇总与子查询。

第 7、8 章介绍 T-SQL 程序设计、自定义类型和函数、游标、存储过程与触发器。

第 9、10 章介绍 SQL Server 数据库的权限管理及备份恢复 SQL Server 数据库。

每章之后都有实训要求与大量的习题，并在附录中给出了习题答案，供读者课外巩固所学的知识。

本书即可作为计算机专业本科、专科(高职)大专院校计算机应用、软件、信息管理专业、成人继续教育的教材，也可作为计算机专业人员的自学或参考书。

本书由吕凤顺、宋传玲主编，曲文尧、高玉双、李武、云贵全、徐萌任副主编。具体分工为：第 1 章由高玉双、吕凤顺编写，第 2 章由高玉双、宋传玲编写，第 3～5 章由吕凤顺编写，第 7、8 章由宋传玲编写，第 6、9 章由曲文尧编写，第 10 章由李武、云贵全编写，习题答案由徐萌整理。

本书在编写过程中还得到了山东商业职业技术学院徐红、姚丽娟等老师的大力支持和帮助，在此表示感谢。

由于作者水平有限，错误和遗漏在所难免，敬请各位同行和广大读者批评指正，并欢迎提出宝贵的意见与建议。

编者 E-mail：chuanlingsong@163.com

编　者

目　录

第 1 章　关系数据库管理系统基础知识

学习目的与要求

用数据库系统来管理数据是在文件系统基础上发展起来的先进技术，具有高效的数据存取和方便的应用开发等特点。在计算机技术广泛应用的今天，数据库技术的地位也变得越来越重要，它们是电子商务及各种应用程序的主要组成部分，是企业操作和决策的核心部分。通过本章的学习，读者应该掌握以下内容：数据库系统的基本概念、数据模型的基本概念、实体联系模型、关系模型的概念和性质、数据库系统的规范化理论等，并能运用这些理论设计创建一个“电脑器材销售管理”数据库模型，作为后面各章学习的基础。

实训项目

【实训项目 1-1】～【实训项目 1-5】从某电脑公司“电脑器材销售管理”数据库模型的初步设计开始，根据第二范式、第三范式对该数据库模型进行修改，最终完成该数据库模型的规范化设计，并设计出该数据库所使用的数据表结构。

1.1　数据库系统概述

计算机应用从科学计算进入数据处理是一个重大转折，数据处理是指对各种形式的数据进行收集、储存、加工和传播的一系列活动，其基本环节是数据管理。数据管理指的是对数据的分类、组织、编码、储存、检索和维护。数据管理方式多种多样，其中数据库技术是在应用需求的推动下，在计算机硬件、软件高速发展的基础上出现的高效数据管理技术。数据库系统在计算机应用中起着越来越重要的作用，从小型单项事务处理系统到大型信息系统，从联机事务处理(OLTP)到联机分析处理(OLAP)，从传统的企业管理到计算机辅助设计与制造(CAD/CAM)、现代集成制造系统(CIMS)、办公信息系统(OIS)、地理信息系统(GIS)等，都离不开数据库管理系统。正是这些不断涌现的应用要求，推动了数据库技术的更新换代。

1.1.1　数据库技术的产生与发展

1. 数据库技术的产生

计算机的早期应用主要是科学计算，解决国防、工程及科学研究等方面的数值计算问题。从 20 世纪 60 年代后期开始，计算机技术从科学计算迅速扩展到数据处理领域，随着数据处理的不断深入，数据处理的规模越来越大，数据量也越来越多，数据处理成为最大的计算机应用领域。数据处理技术也不断地完善，经历了人工管理、文件系统和数据库系统三个阶段。

1) 人工管理阶段

在计算机诞生初期，人们把它当作一种计算工具，主要用于科学计算。通常是在编写的应用程序中给出自带的相关数据，将程序和相关数据同时输入计算机。不同用户针对不同问题编制各自的程序，整理各自程序所需要的数据。数据的管理完全由用户自己负责，如图 1.1 所示。

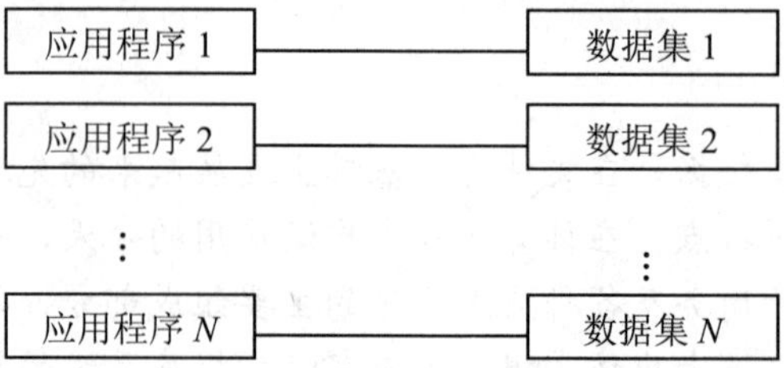

图 1.1　人工管理阶段程序与数据的关系

人工管理具有以下缺点。

- 数据不能单独保存。数据与程序是一个整体不能分开，数据只供本程序所使用。
- 数据无独立性。数据需要由应用程序自己管理，其逻辑结构与物理结构没有区别，数据的存储结构改变时，应用程序必须改变。
- 数据冗余不能共享。不同程序拥有各自的数据，即使不同程序使用相同的数据，这些数据也不能共享，导致程序与程序之间出现大量的重复数据，容易造成不一致。

2) 文件系统阶段

在文件系统中，把数据组织成相互独立的数据文件，利用“按文件名访问，按记录存取”的管理技术，程序和数据分别存储为程序文件和数据文件。数据文件是独立的，可以长期保存在外存储器上多次存取。数据的存取以记录为基本单位，并出现了多种文件组织形式，如顺序文件、索引文件、随机文件等。

用户在设计应用程序时，只要按照文件系统的要求，考虑数据的逻辑结构和特征以及规定的组织方式与存取方法，即可建立和使用相应的数据文件，而不必关心数据的物理存储结构，简化了用户程序对数据的直接管理功能，提高了系统的使用效率。这一阶段程序与数据的关系如图 1.2 所示。

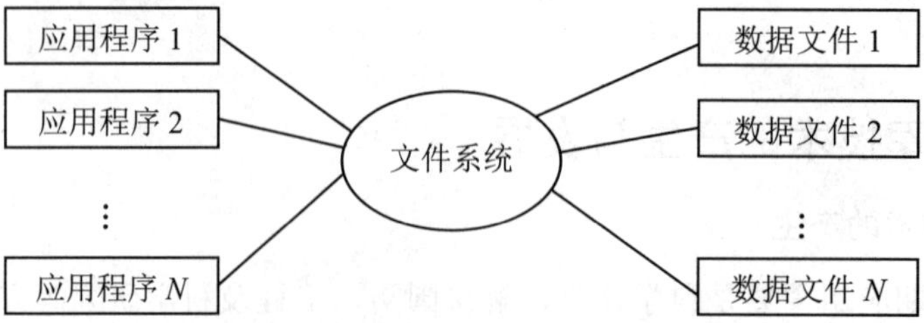

图 1.2　文件系统阶段程序与数据的关系

这个阶段的数据管理虽然较人工管理有了很多的改进，但仍具有如下不足。

- 数据与程序缺乏独立性。数据文件系统自身不能提供数据的查询与修改功能，文件的逻辑结构改变时必须修改应用程序。
- 数据的冗余和不一致性。由于不同应用程序对数据文件内容要求的不同，所设计的数据文件往往出现数据的重复冗余，浪费存储空间。在多个数据文件之间很容易造成数据的不一致性。

- 数据的无结构性。数据文件之间是孤立的，文件中的数据往往只表示现实世界中单一事物的相关数据，而不反映现实世界事物之间的内在联系。

3) 数据库系统阶段

面对信息社会中的大量数据及计算机技术的飞速发展，为了从根本上解决数据与程序的相关性，把数据作为一种共享的资源进行集中管理，为各种应用系统提供共享服务，于是数据库技术应运而生，使信息管理系统的重心从以加工数据程序为中心转向以数据共享、统一管理为核心。与文件系统相比，数据库技术提供了对数据的更高级、更有效的管理，用户对数据库的访问必须在数据库管理系统的控制下，如图 1.3 所示。

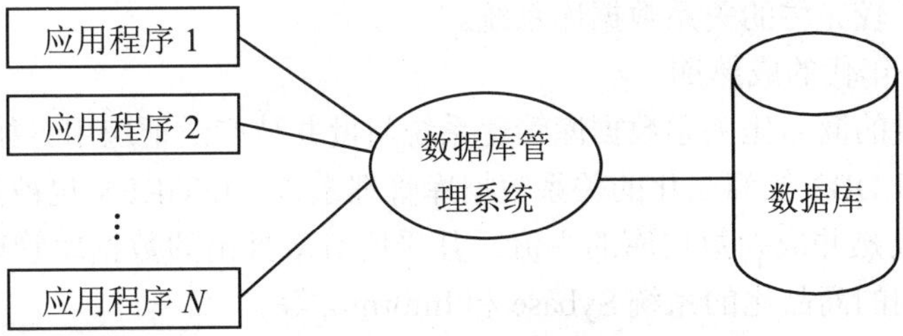

图 1.3　数据库系统阶段程序与数据的关系

数据库管理方式的优点如下。

(1) 数据结构化。

数据库是为多个应用目的服务的，是面向整个系统或组织的，具有整体的结构化。系统或组织的某个应用只涉及整个数据库的一部分数据。

(2) 数据能够共享。

数据共享的意义是多种应用、多种语言互相覆盖地共享数据集合。在数据库中，数据不再分属于各个应用程序，而是集中存放在数据库中。对于某个组织而言，除了有安全和保密等限制以外，数据库中的数据被整个组织所共享，大大提高了数据的使用价值。

(3) 数据冗余度小，易扩充。

由于数据是结构化的，数据的冗余度大大减小。除了一些必要的副本，数据的冗余度可降低到最小，这既节约了存储空间，又可避免数据的不一致性。

在数据库中可以取整体数据的各种不同子集用于不同的应用系统，当应用需求改变或增加时，只要重新选取不同的子集或者加上一小部分数据便可满足新的需求，容易扩充。

(4) 数据与程序的独立性较高。

应用程序必须通过数据库管理系统访问数据库，数据库系统提供映像功能来保证应用程序对数据结构和存取方法有较高的物理独立性与逻辑独立性。通常数据库系统配置了多种语言接口，应用程序可以使用不同的语言访问数据库。

(5) 对数据实行集中统一控制。

数据库系统提供统一的数据定义、插入、删除、检索以及更新等操作，实现了数据安全性控制、数据完整性控制和并发控制三个方面的功能。

2. 数据库技术的发展

随着计算机科学的不断发展，数据库技术大致经历了三个发展时期。

1) 20 世纪 60 年代的萌芽期

在这个时期，第三代电子计算机硬件产生了一次飞跃。中小规模集成电路已经作为计算机的主要器件，有了磁盘、磁鼓等直接存储设备，数据库的概念开始形成。随着计算机信息处理能力的日益扩大，出现了商品化的数据库系统。

2) 20 世纪 70 年代的发展期

这一时期出现了许多商品化的数据库系统。这些系统大多是基于网状和层次的。由于商品化数据库系统的出现和使用，数据库技术日益深入到了人们生产、生活的各个领域，使得数据库技术成为信息管理的基本技术。在这一阶段，关系数据库的基础理论逐渐充实，并开始出现了较完善的关系数据库系统。

3) 20 世纪 80 年代的成熟期

这一时期大量的商品化关系数据库管理系统问世并被广泛地应用。如 IBM 公司相继推出了 SQL / DS 和 DB2 等商品化的关系数据库管理系统，INGRES 也被商品化。关系数据库技术已经非常成熟并成为数据库的主流，几乎所有新推出的数据库管理系统都是关系型的，例如较有影响的商品化的系统 Sybase 和 Informix 等。

经过了 50 年的发展，数据库技术仍然是当今十分活跃的研究领域。随着计算机的广泛应用，出现了许多新的应用和新的要求。人们开始发现关系数据库的不足和限制，开展了面向新的应用的数据库技术的研究。数据库技术与网络通信技术、面向对象技术、并行计算技术、多媒体技术、人工智能等技术相互渗透和相互结合，出现了如 Web 数据库、面向对象数据库、并行数据库、多媒体数据库和知识库等新的数据库技术，并且面向特定的应用领域，人们展开了时态数据库、工程数据库、主动数据库、空间数据库等技术的研究。可以说数据库技术已经进入了后关系数据库的时代。

1.1.2 数据库系统

数据是数据库中存储的基本对象。数据在大多数人头脑中的第一个反应就是数字。其实数字只是最简单的一种数据，是对数据的一种传统和狭义的理解。广义的理解应该是指对客观存在的事物的一种描述。数据的种类很多，如文字、图形、图像、声音、学生的档案记录、课程开设情况等都是数据。人们借助计算机和数据库技术可以科学地保存和管理这些复杂的数据，方便而充分地利用这些信息资源。

1. 数据库

数据库(Database，DB)，顾名思义，是存放数据的仓库。只不过这个仓库是创建在计算机存储设备上，如硬盘就是一类最常见的计算机大容量存储设备。数据必须按一定的格式存放，以利于以后使用。

可以说数据库就是长期存储在计算机内，与应用程序彼此独立的、以一定的组织方式存储在一起，彼此相互关联、具有较少冗余、能被多个用户共享的数据集合。在这里要特别注意数据库不是简单地将一些数据堆积在一起，而是把相互间有一定关系的数据，按一定的结构组织起来的数据集合。

2. 数据库管理系统

既然数据库能存放数据，那么数据库中的数据应该如何组织和存储，我们如何高效地获取和维护数据呢？这就需要通过数据库管理系统来实现。

数据库管理系统(DataBase Management System，DBMS)是位于用户与计算机操作系统之间的一个系统软件，由一组计算机程序组成。它能够对数据库进行有效的组织、管理和控制，包括数据的存储、数据的安全性与完整性控制等。

DBMS 提供了应用程序与数据库的接口，使用户不必关心数据在计算机中的存储方式，能够方便、快速地建立、维护、检索、存取和处理数据库中的信息。用来管理和检索数据库的软件称为关系数据库管理系统(Relational DataBase Management System，RDBMS)。SQL Server 2005 就是目前广泛使用的关系数据库管理系统之一。

3. 数据库系统的构成

在实际应用中，数据库系统通常由硬件平台、数据库、软件和相关人员等构成。

1) 硬件平台及数据库

数据库是一组相互联系的若干文件的集合，其中最基本的是包含用户数据的文件(通常称为主文件)。用户数据按逻辑分类存储于数据库文件中，文件之间的联系由它们之间的逻辑关系决定，这种联系也要存储于数据库中。由于数据库系统数据量都很大，加之 DBMS 丰富的功能使得自身的规模也很大，因此，整个数据库系统对硬件资源提出了较高的要求，这些要求如下所述。

- 有足够的内存运行操作系统和应用程序、装载 DBMS 核心模块、提供数据缓冲区。
- 有足够的磁盘空间存储数据库和备份数据。
- 系统有较高的 I/O 交换能力，以提高数据传送率。

2) 软件

数据库系统的软件主要包括以下几个。

- 数据库管理系统(DBMS)。DBMS 是为数据库的建立、使用和维护配置的软件。
- 支持 DBMS 运行的操作系统。
- 具有数据库接口的高级语言及其编译系统，便于开发应用程序。
- 以 DBMS 为核心的应用开发工具。
- 为特定应用环境开发的数据库应用系统。

3) 人员

开发、管理和使用数据库系统的人员主要是数据库管理员、系统分析员、数据库设计人员、应用程序员和最终用户。不同的人员涉及不同的数据抽象级别，具有不同的数据视图。

1.2 数据模型

模型是现实世界中具体事物的模拟和抽象。例如一张地图、一架航模飞机，都是具体的模型。数据库是某个企业、组织或部门所涉及数据的综合，它不仅反映数据本身的内容，而且要反映数据之间的联系。由于计算机不可能直接处理现实世界中的具体事物，所以人们必须事先把具体事物转换成计算机能够处理的数据。

在数据库中用数据模型来抽象、表示和处理现实世界中的数据和信息。根据数据抽象层次，针对不同的数据对象和应用目的，可以将数据模型分为概念数据模型、逻辑数据模型和物理数据模型三类。

1. 概念数据模型

概念数据模型是独立于计算机系统的数据模型，它完全不涉及信息在计算机系统中的表示，只是用来描述所使用的信息结构。概念模型是现实世界的第一层抽象，强调语义表达能力，是用户和数据库设计人员之间进行交流的工具。概念模型简单、清晰，易于用户理解。

2. 逻辑数据模型

逻辑数据模型是现实世界的第二层抽象，反映数据的逻辑结构，例如文件、记录和字段等，是某个数据库管理系统所支持的逻辑数据模型，主要有层次数据模型、网状数据模型和关系数据模型。逻辑数据模型一方面要面向用户，使用户能够看到数据库的数据模型；另一方面又要通过严格的形式化定义，以便在计算机上实现。

3. 物理数据模型

物理数据模型反映数据在计算机中的存储结构，例如存储介质的物理块、指针和索引等。每个逻辑数据模型在实现时，都有其对应的物理数据模型。物理数据模型不但与具体的数据库管理系统有关，而且还与计算机系统的硬件和操作系统有关。

1.2.1 数据模型的组成要素

数据模型是数据库系统的核心和基础，通常由数据结构、数据操作和完整性约束三部分组成，这三个方面可完整地描述一个数据模型。

1. 数据结构

数据结构是所研究的对象类型的集合，这些对象是数据库的组成成分。例如我们要管理学生的基本情况可以使用学号、姓名、性别、出生日期、所在系、所学课程等对象。而一个学生可学习多门课程，一门课程也可以被多名学生学习，这些对象之间存在着数据关联，对象的类型及其关联构成了数据库的数据结构，如层次结构、网状结构和关系结构。

2. 数据操作

数据操作是指对数据库中不同数据结构的对象所允许执行的操作的集合，包括操作及操作规则。数据库主要有检索(查询)和更新(包括插入、删除、修改)两大类操作。

数据模型中必须定义这些操作的确切含义、操作符号、操作规则(如操作优先级别)以及实现操作的语言。

3. 数据的完整性约束条件

数据的完整性约束条件是一组完整性规则的集合。完整性规则是数据模型中数据及其关联的制约和依存规则，以保证数据的正确、有效和相容。数据模型中应该规定符合该模型所必须遵守的通用约束条件，提供能定义完整性约束条件的机制。

1.2.2 概念模型

具体的数据库管理系统所支持的逻辑数据模型不便于非计算机专业人员理解和应用，在开始设计数据模型时，可以先用概念数据模型将现实世界中的客观事物用某种信息结构表示出来，再转化为用计算机表示的逻辑数据模型，如图 1.4 所示。

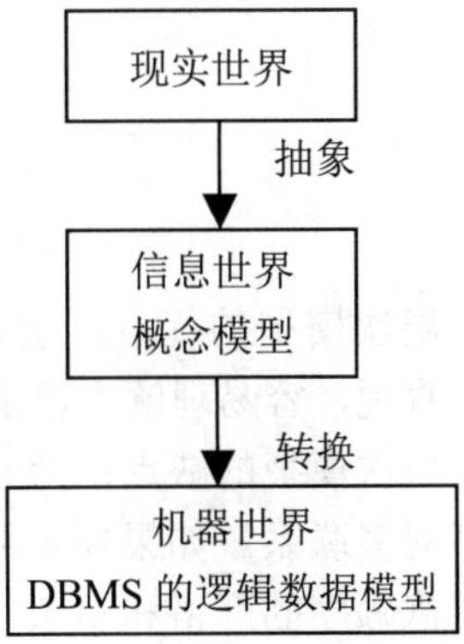

图 1.4 数据抽象层次

概念数据模型不涉及信息在计算机系统中的表示，是面向现实世界的第一层抽象，主要用于按照用户的观点来对数据和信息进行建模。作为现实世界和机器世界的一个中间层次，数据概念模型是数据库设计人员进行数据库设计的工具和与用户进行交流的语言。

下面介绍实体及其属性。

1. 实体

现实世界中客观存在并可相互区分的事物称为实体。实体可以是具体的人、事、物，也可以是抽象的概念，例如一名学生、一个部门、一门课、一个规划等都是实体。

2. 属性

实体所具有的某一特性称为属性。一个实体可以由若干个属性来描述。例如学生实体可以由学号、姓名、性别、出生日期、所在系等属性组成(1101，王立明，男，19841020，计算机系)。这些属性组合起来描述了一个学生实体。

对于一个对象，根据处理问题的需要可选择不同的属性作为不同实体。例如一个学生，在学籍管理中用姓名、年龄、性别、籍贯、家庭住址等属性作为一个实体；而在成绩管理中可用课程名称、学分、成绩等属性作为另一个实体。

1.2.3 层次模型

层次模型是数据库系统中最早出现的逻辑数据模型，它用树型(层次)结构表示实体类型及实体间的联系。层次模型数据库系统的典型代表是 IBM 公司的 IMS 数据库管理系统，这是一个曾经广泛使用的数据库管理系统。

在数据库中，对满足以下两个条件的数据模型称为层次模型。

- 有且仅有一个节点无双亲，这个节点称为“根节点”。
- 其他节点有且仅有一个双亲。

层次模型是一棵倒置的树，图 1.5 给出了一个系的简单层次模型。

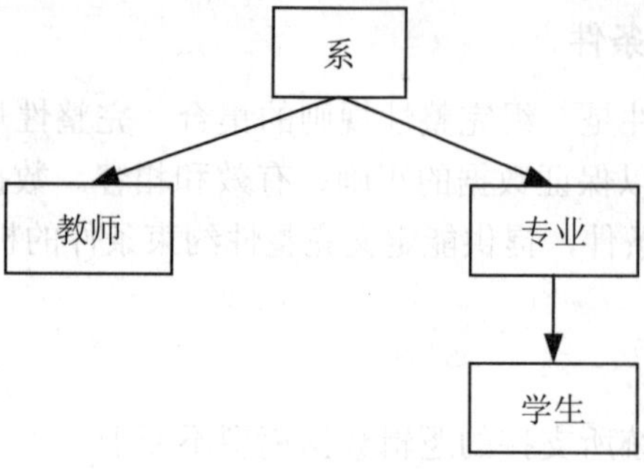

图 1.5　简单的层次模型

层次模型的优点：层次模型数据结构简单，对具有一对多的层次关系的描述非常自然、直观，容易理解。记录之间的联系通过指针来实现，查询效率较高。

层次模型的缺点：上一层记录类型和下一层记录类型只能表示一对多的联系，无法实现多对多联系。如果要实现多对多联系，则非常复杂，且效率非常低，使用也不方便。由于层次顺序的严格和复杂，导致数据的查询和更新很复杂，而且应用程序的编写也比较复杂。随着数据管理技术的发展，现在的数据库管理系统已经很少使用层次模型了。

1.2.4　网状模型

在现实世界中，事物之间的联系更多的是非层次关系，用层次模型表示非树型结构特别复杂，网状模型则可以克服这一弊病。用有向图(网状结构)表示实体类型及实体之间联系的数据模型称为网状数据模型。

在网状模型中，允许：一个以上的节点无双亲；一个节点可以有多于一个的双亲。

网状模型是一种比层次模型更具有普遍性的结构，它去掉了层次模型的两个限制。若用图表示，网状模型是一个网络，网络中的任意两个节点之间可以存在联系，这就是网状模型与层次模型最大的差别之处，也反映了现实世界的复杂性。

图 1.6 给出了一个简单的网状模型，用来表示课程与学生两个实体之间多对多的联系。

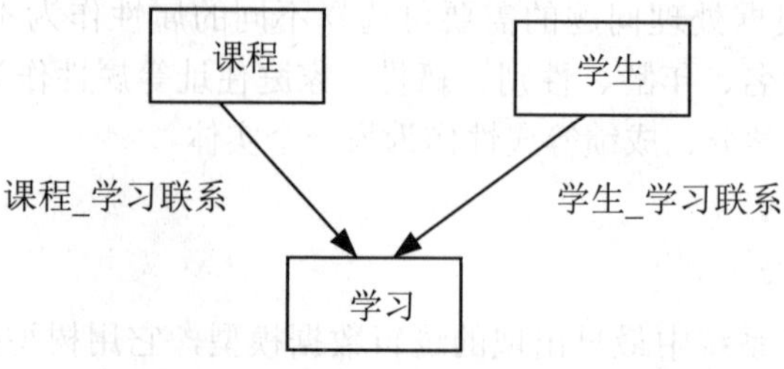

图 1.6　简单的网状模型

网状模型的优点：记录之间的联系通过指针实现，具有良好的性能，存取效率较高。能够更为直接地描述现实世界，如一个节点可以有多个双亲。

网状模型的缺点：随着应用环境的扩大，数据库的结构变得越来越复杂，编写应用程序也会更加复杂，程序员必须熟悉数据库的逻辑结构。与层次模型一样，现在的数据库管理系统已经很少使用网状模型了。

1.2.5 关系模型

关系模型是三种数据模型中最重要的模型，也是当前使用最广泛的数据模型。关系数据模型是以集合论中的关系概念为基础逐步发展起来的。自 20 世纪 80 年代以来，计算机厂商新推出的数据库产品几乎都支持关系模型，非关系系统的产品也大都加上了关系接口。数据库领域当前的研究工作都是以关系方法为基础的。Microsoft SQL Server 2005 数据库管理系统也是基于关系模型的。关系模型是建立在数学概念基础上的，它的主要特征是使用关系来表示实体以及实体之间的联系。

1. 关系模型的基本术语

1) 关系

一个关系模型的逻辑结构是二维表，它由行和列组成。一个关系对应一张二维表，用于存储数据，表中的每一行代表一个实体，表中的每一列都用来描述实体的特征。每一个关系都有一个名字，如表 1.1 的“学生”关系、表 1.2 的“课程”关系、表 1.3 的“学习”关系。

表 1.1　“学生”关系

学　号	姓　名	性　别	出生日期	所 在 系
1001	吕川页	男	1985-3-5	信息
1002	郑学敏	女	1984-4-16	信息
1003	于　丽	男	1985-8-4	数学
1004	孙立华	女	1986-7-3	数学
…	……	……	…	……

表 1.2　“课程”关系

课 程 号	课程名称	学　分	选修课号
101	计算机文化基础	3	
102	C 程序设计	4	101
103	高等数学	8	
201	数据结构	5	102
…	……	…	…

2) 元组

表中的一行称为一个元组，在数据库中也称为记录，在“学生”关系中(1001,吕川页,男,1985-3-5,信息)就是一个元组，表示一个特定的学生记录。

3) 属性

表中的一列称为一个属性，用来描述事物的特征，属性分为属性名和属性值，例如，学生的姓名、学号、性别等为属性名，其对应的具体取值为属性值。在数据库中属性也称为字段。

表 1.3 “学习”关系

学 号	课 程 号	分 数
1101	101	90
1101	102	92
1102	101	89
1103	201	95
…	…	…

4) 域

域即属性的取值范围。如“学生”关系中出生日期的域是合法的日期，学号的域是若干位数字组成的字符集合，性别的域是｛男,女｝，在数据库中属性的取值由其数据类型决定。

2. 关系模型三要素

1) 数据结构——关系

关系模型中数据的逻辑结构就是一张二维表格。在关系数据库中，关系模式是型(二维表格)，关系是值(元组的集合)，关系模式必须指出这个元组集合的结构，即它由哪些属性构成，这些属性采用何种类型、来自哪些域，以及属性与域之间的映像关系。

2) 关系操作

关系模型中常用的关系操作有数据查询和数据更新两大部分，其中数据查询包括选择、投影、连接、除、并、交、差，数据更新包括插入、删除、修改操作。

关系操作的特点是集合操作方式，即操作的对象和结果都是数据集合。这种操作方式也称为一次一集合的方式，而非关系数据模型的数据操作方式则是一次一记录的方式。

早期的关系操作通常使用关系代数和关系演算。关系代数用运算表达查询的要求；而关系演算用谓词表达查询的要求，又分为元组关系演算和域关系演算。DBMS 中的实际查询语言除了提供关系代数或关系演算的功能外，还提供了许多附加功能。

3) 关系完整性约束

关系模型允许定义三类完整性约束：实体完整性、参照完整性和数据类型的域完整性。实体完整性和参照完整性是关系模型必须满足的约束条件，由关系系统自动支持。数据类型的域完整性是数据取值要遵循的约束条件。例如：

在“学生”关系中，“学号”属性作为该关系的关键字唯一地标识某个学生，则“学号”不能取空值才能保证该关系的实体完整性。

在“学习成绩”关系中，“学号”属性不能作为该关系的主键，但它的值必须引用“学生”关系中的某个主键学号值，才能保证“学习成绩”关系的参照完整性。

在“学习成绩”关系中，“成绩”属性的数据类型必须是数值型的，而且必须限制在一定范围内，才能保证“成绩”属性的域完整性。

1.3　关系数据库及其设计过程

关系数据库是目前使用最广泛的数据库，现实世界信息结构复杂、应用环境千变万化，如何构造一个合理的数据库系统，使之能够有效地存储数据，满足各种用户的需求是我们要解决的首要问题。本节将结合应用实训“电脑器材销售管理”来研究关系数据库的设计过程。

1.3.1　关系与表格

上一节中我们介绍了关系模型中的关系用来表示实体以及实体之间的联系，而在用户观点下，一个关系对应的就是一张二维的数据表格。这个表格应该具有如下一些性质。

1. 关系必须是规范化的关系

关系数据库中，每一个关系要满足一定的要求或者规范条件，例如对关系最基本的要求是不允许出现表中表，即关系数据模型中，所有的属性都应该是不可再分的最小数据项。表 1.4 所示的“商品数据”表出现了表中套表的情况，在“进货数据”下又包括了“数量”和“单价”两个数据项，则不符合关系的基本定义。

表 1.4　“商品数据”表

商 品 名	进货数据		库存数量	备　注
	数　量	单　价		
计算机	10	5300	30	—
显示器	40	1800	20	—
……	…	…	…	…

2. 表中的“行”是唯一的

一个关系中的一行(数据元组)用于描述现实世界中事物的一个完整实体，由若干个属性(列)组成，这些属性的整体组合必须是唯一的，也就是说一个关系中不应该有两个相同的实体。例如由学号、姓名、性别、出生日期、所在系等属性组成的学生实体是不会相同的。

3. 表中的“列名”是唯一的

一个关系中的一列(属性)用于描述现实世界中事物的某个特性，每一列的列名(列标题)必须是唯一的，也就是说一个关系中不应该有两个相同的属性名。而且同一列数据应具有相同的性质，即具有相同的数据类型。如“学生”表关系中“出生日期”都应该是合法的日期类型数据，而不能出现其他内容。不同的列可以为相同的数据类型，但列名不能相同。例如“学生”表关系中“出生日期”和“入校时间”列都可以是日期类型，但列标题不能相同。

4. 必须满足完整性约束条件

一个关系的完整性约束条件包括实体完整性、参照完整性和数据的域完整性。

以上对关系的要求包括了规范化内容，具体规范化格式和有关完整性约束的内容我们将在1.4节和1.5节中结合关系数据库设计实例分别论述。

1.3.2 数据表的基本概念

关系数据库中包含若干关系——二维数据表，可分为基本的数据表、查询结果集、视图等，其中数据表是最重要的一类关系，其他的对象大都依附于数据表。

数据表是数据库中最基本的对象，用来在数据库中存储用户的全部数据。数据库中可以有多个数据表，每个数据表可代表用户某类有意义的需求信息。例如在一个学校“教学管理”数据库中有“教师信息表”、“学生信息表”和“课程成绩表”等。

数据表中的每一行代表不同需求的一个实体对象。例如“学生信息表”中用一个学生的档案信息属性作为一个实体，而在“课程成绩表”中用一个学生的课程成绩信息属性作为一个实体。

数据表中的每一列都代表实体对象的一个属性特征，如学生的姓名、住址等。数据表经设计完成并创建之后，就一直存储在数据库文件中，直到被删除为止。

在将数据组织成数据表的过程中，用户通常会发现有许多不同定义数据表的方法。在实际应用中，必须根据不同用户的使用需求，设计出结构合理的数据表，使之能够为各种应用服务。关系数据库理论定义了一个称为规范化的进程，可以确保定义的数据表能够有效地组织数据，我们将在本章后续内容中结合一个电脑公司的“电脑器材销售管理”系统实例讲述数据表的设计。

1.3.3 “电脑器材销售管理”数据库的模型设计

本书以某电脑公司的“电脑器材销售管理”数据库应用系统为例贯穿全书，本节主要介绍如何设计该数据模型，在以后各章节均以该数据库为实训项目进行操作，通过该实例的学习可以使读者掌握SQL Server数据库系统与数据库应用技术。

【实训项目1-1】某电脑公司“电脑器材销售管理”数据库模型的初步设计

该电脑公司的需求分析可以简单概括为“商品购进→库存管理→商品销售”三大环节。

1. 概念模型

初步将商品、供货商、客户、员工对象作为4个实体，其属性的描述如下。

(1) 商品(商品编号或条形编码、商品名称、规格尺寸或型号、计量单位、供货厂家、进货价格、销售参考价格、库存数量)。

(2) 供货商(供货厂家编号、厂家名称、厂家地址、进货商品名称、进货日期、进货数量、进货价格、厂家账户、厂家联系人、收货员工)。

(3) 客户(客户名称、销售商品名称、规格、计量单位、销售日期、销售单价、销售数量、销售金额、销售员工)。

(4) 员工(员工编号、姓名、性别、年龄或出生日期、部门、工龄或工作时间、照片、个人简历)。

显然，把各个实体如此众多且属于不同类别的数据项作为一个关系集中在一个数据表中进行管理是不现实的。在实际应用中，不同的部门根据不同的需求，使用不同的数据表，而对不同权限的使用者所能查阅的数据范围也有不同的控制。

在实训项目中，我们根据各个不同职能部门的工作需要，参照 4 个实体设计关系数据库逻辑模型中的 4 个二维数据表格。

2. 逻辑模型

(1) 公司管理层使用的简单“商品一览表”。

该表是公司所经营和准备扩展经营的全部商品明细，为规范化经营管理，由公司决策部门对商品统一进行分类，制定统一的商品编号，用“货号”表示，并指定统一的商品名称。“商品一览表”的主要数据项见表 1.5。

表 1.5　商品一览表的主要数据项

货　号	货　名	规　格	单　位	平均进价	参考价格	库 存 量

其中：“平均进价”为从不同厂家购进同种商品的不同价格，或从同一厂家因进货时间不同而价格不同时，由数据库系统按加权平均方法自动计算的平均“进货价格”。“参考价格”是公司为该商品制定的销售指导价格，允许销售员在 5%的范围内自主灵活销售。

(2) 进货部门按进货记录填写的每年度一张的“进货表×××”。

该表用于保存详细的进货记录，由收货人每次进货时填写。考虑进货量比较大，为了便于管理，可采用以一个年度(或月份)为单位使用一张“进货表”，用表的名称后缀年份(或年月)标志加以区分(若前缀数字则不符合标识符的命名规则)。

本书实例以年度为单位，“进货表 2011”表示 2011 年的“进货表”，2011 年度结束到 2012 年时自动创建并使用“进货表 2012”。“进货表×××”的主要数据项见表 1.6。

表 1.6　“进货表×××”的主要数据项

进货日期	货号	货名	规格	单位	进价	进货数量	供货商	厂家地址	账户	联系人	收货人

(3) 销售部门按销售记录填写每年度一张的“销售表×××”。

该表用于保存详细的销售记录，由销售员每次销售商品时填写。采用以年度为单位使用一张“销售表”，后缀年份作为表名。如 2011 年使用“销售表 2011”，2011 年度结束到 2012 年时自动创建并使用“销售表 2012”。“销售表×××”的主要数据项见表 1.7。

表 1.7　“销售表×××”的主要数据项

销售日期	客户名称	货号	货名	规格	单位	销售单价	销售数量	销售金额	销售员

(4) 全公司职工的“员工表”。

结合整个公司的人事管理，又能表示“进货表×××”中“收货人”和“销售表××

×”中“销售员”的详细信息。“员工表”的主要数据项见表 1.8。

表 1.8 “员工表”的主要数据项

员工编号 ID	姓　名	性　别	出生日期	部　门	工作时间	照　片	个人简历

其中“出生日期”即代表年龄，如果使用“年龄”数据项则每年都需要改变，采用“出生日期”可以由数据库的函数自动计算并显示每年的当前年龄。

这些不同的数据表都是公司业务管理中的一个组成部分，它们相互之间既是独立的，又存在着一定的关系。

像这样仅仅根据不同需求设计出来的数据表所组成的数据模型还不能满足关系数据库规范，还必须按数据库规范逐步地加以规范化。

1.4 关系数据库的规范化

不是所有的二维表格都可以称为关系，在关系数据库中，每一个表格必须满足一定的规范条件。

数据模型是数据库应用系统的基础和核心，合理设计数据模型是数据库应用系统设计的关键，使用规范化的优点如下。

- 大大改进数据库的整体组织结构。
- 减少数据冗余。
- 增强数据的一致性和正确性。
- 提高数据库设计的灵活性。
- 更好地处理数据库的安全性。

1.4.1 数据库的三个规范化形式

数据模型应进行规范化处理，一个数据库可以有三种不同的规范化形式，即：

- 第一规范化形式 1NF。
- 第二规范化形式 2NF。
- 第三规范化形式 3NF。

1. 第一规范化形式 1NF

第一规范化形式简称第一范式：在一个关系(数据表)中没有重复的数据项，每个属性都是不可分割的最小数据元素。即每列的列名(字段名)都是唯一的，一个关系中不允许有两个相同的属性名，同一列的数据具有相同的数据类型，列的顺序交换后不能改变关系的实际意义。

字段：是数据表中的列，一列叫做一个字段，表示关系中实体的一个属性。

简单地说第一范式就是指数据表中没有相同的列——即字段必须唯一。

关系数据库中所有的数据表都必须满足 1NF。

【例 1-1】 将下列不满足第一范式的表进行修改，使其满足第一范式。

商品名称	数量	数量

可以修改为：

商品名称	数量 1	数量 2

或：

商品名称	进货数量	销售数量

【例 1-2】 修改下表使其满足第一范式。

商 品 名	进货数据		销售数据		库存数量	备　注
	数　量	单　价	数　量	单　价		

修改为：

商 品 名	进货数量	进货单价	销售数量	单　价	库存数量	备　注

2. 第二规范化形式 2NF

第二规范化形式简称第二范式：在已满足 1NF 的关系中，一行中的所有非关键字数据元素都完全依赖于关键字(记录唯一)。即一个关系中不允许有两个相同的实体，行的顺序交换后不能改变数据表的实际意义。

关键字：也叫关键字段或主键，是所有数据都是唯一不重复的字段或字段的组合。

记录：数据表中的一行叫做一条记录，由表中各列的数据项组成，是一组多个相关数据的集合，也称为数据元组。

如果指定一个关键字，则可以在这个数据表中唯一确定一条记录(行)，例如在“学生信息表”里指定“学号”为关键字，则每个学号都唯一地表示一个学生，其他的信息属性都完全依赖于“学号”。

简单说第二范式就是数据表中没有相同的行，通过关键字必须使记录唯一。

不满足 2NF 的数据表，将导致数据插入或删除的异常，稍有不慎会使数据不一致，规范化的数据表都必须满足 2NF。

【实训项目 1-2】根据第二范式修改“电脑器材销售管理”数据库模型

根据第二范式的要求，不难发现“电脑器材销售管理”数据库模型中的表 1.7“销售表×××”是不满足第二范式的。

因为公司每天可以销售多种商品，则“销售日期”不唯一；一个客户可能多次购买不同的商品，则“客户名称”不唯一；同一货号的商品会多次销售给不同的客户……就是说“销售表×××”中没有一列的值是保证不可重复的，无法指定一个关键字段来唯一地标识某条销售记录，不能保证表中没有相同的行(记录不唯一)，所以该表不满足第二范式。

解决方法：

增加一列“序号”作为该表的关键字，该列数据没有重复的值，则可以保证没有重复的记录(行)，以满足 2NF。满足第二范式的“销售表×××”见表 1.9。

表 1.9　满足第二范式的“销售表×××”

序号	销售日期	客户名称	货号	货名	规格	单位	销售单价	销售数量	销售金额	销售员

3. 第三规范化形式 3NF

第三规范化形式简称第三范式：在已满足 2NF 的关系中，不存在传递依赖于关键字的数据项。

传递依赖：某些列的数据不是直接依赖于关键字，而是通过某个非关键字间接地依赖于关键字。例如学生记录的关键字是“学号”，假设学生记录中有“班主任姓名”、“班主任住址”、“班主任联系电话”等字段，那么这些数据就是通过班主任的“教师编号”关键字间接地依赖学生的“学号”关键字。

简单地说第三范式就是表中没有间接依赖关键字的数据项。实现第三范式的方法就是将不依赖关键字的列删除，单独创建一个数据表存储。

规范化的数据库应尽量满足 3NF，一个满足 3NF 的数据库将有效地减少数据冗余。

注意：三个范式不是独立的，3NF 包含 2NF，2NF 又包含 1NF。

【实训项目 1-3】根据第三范式修改“电脑器材销售管理”数据库模型

根据第三范式的要求，不难发现“电脑器材销售管理”数据库模型中的表 1.6“进货表×××”既不满足第二范式也不满足第三范式。

第一，由于每列数据都不能唯一标识一条进货记录，因此可增加一列“序号”作为关键字以满足第二范式。

第二，为什么说不满足第三范式呢？如果说“供货商”与其他数据共同构成“进货记录”实体而依赖于关键字的话，那么“厂家地址、账户、联系人”则不是“进货记录”中必不可少的数据项，它们只依赖于“供货商”，通过“供货商”而间接依赖于关键字，是具有传递依赖的数据项，所以说“进货表×××”不满足第三范式。

解决方法：

将“进货表×××”中有传递依赖的“厂家地址、账户、联系人”三列删除，单独建立一个存储进货厂家信息的“供货商表”。

在“供货商表”中可以详细地储存“供货商 ID、供货商名称、厂家地址、账户、联系人”等信息(还可以增加厂家联系电话、主要产品目录等信息)，并指定“供货商 ID”字段为主键，使其满足第二范式。“供货商表”见表 1.10。

表 1.10　“供货商表”

供货商 ID	供 货 商	厂家地址	账　户	联 系 人

增加“供货商表”后，可在“进货表×××”中只保留一个“供货商 ID”字段，以便与“供货商表”建立关联。修改后的“进货表×××”见表 1.11。

表 1.11　修改后的“进货表×××”

序号	进货日期	货号	货名	规格	单位	进价	进货数量	供货商 ID	收货人

注意：修改后的“进货表×××”在与“供货商表”建立关联后(在后面介绍)，我们就可以通过“供货商 ID”字段在“供货商表”中找到该厂家的所有信息。

修改后的“进货表×××”仅仅消除了一部分传递依赖，仍不满足第三范式，因为“货名”、“规格”、“单位”也是依赖于“货号”具有传递依赖的数据项。

修改后的表 1.9“销售表×××”同样也不满足第三范式，之后我们将进一步规范。

为什么说“一个满足 3NF 的数据库将有效地减少数据冗余”呢？

从表面上看，我们增加了一个数据表，两个表中还都同时增加了一列“供货商 ID”，是不是数据库中总的数据增多了呢？

答案是相反的，假设公司从 5 个厂家进货，则“供货商表”只有 5 行总共 25 项数据。而修改后的“进货表×××”每次进货都减少了 3 项数据，假设该公司每年从每个厂家进货 100 货次(多种商品多次进货)，则“进货表×××”中就会减少 100×5×3=1500 项数据。而我们的信息却一点没有减少，所减少的仅仅是重复、冗余的数据。

1.4.2　数据库规范化设计的原则

对于数据库的规范化操作，在设计数据库模型——即规划和设计数据表阶段花的时间越多，数据库实现和维护时的麻烦就越少。

数据库的规范化设计首先要建立能够正确反映应用事务的逻辑模型(可以由若干数据表构成)，然后考察建立各个数据表之间的关联。

规范化数据库的设计原则如下。

- 保证数据库中的所有数据表都能满足 2NF，力求绝大多数满足 3NF。
- 保证数据的完整性。
- 尽可能减少数据冗余。

1.5　数据表的关联与数据的完整性

1.5.1　表的关联

在 SQL Server 中数据表的连接有交叉连接、内连接、外连接、自连接 4 种方式。

假设有“学生信息表”(见表 1.12)和“学生成绩表”(见表 1.13)，我们通过这两个简单数据表的连接来理解交叉连接、内连接、外连接和自连接。

表 1.12　学生信息表

学　号	姓　名
1001	吕川页
1002	郑学敏
1003	于　丽
1004	孙立华

表 1.13　学生成绩表

学　号	成　绩
1003	92
1004	78
1005	85

1. 交叉连接

交叉连接也称为非限制连接、无条件连接或笛卡儿连接，就是将两个表不加任何限制地组合在一起，其连接方法是将第一个表中的每条记录(行)分别与第二个表中的每条记录(行)连接成一条新的记录(行)，连接结果是具有两个表记录数乘积的逻辑数据表。

两个表采用交叉连接没有实际意义，仅用于说明表直接的连接原理。

【例 1-3】 将“学生信息表”和“学生成绩表”进行交叉连接，结果见表 1.14。

表 1.14　交叉连接的结果(逻辑表)

学　号	姓　名	学　号	成　绩
1001	吕川页	1003	92
1001	吕川页	1004	78
1001	吕川页	1005	85
1002	郑学敏	1003	92
1002	郑学敏	1004	78
1002	郑学敏	1005	85
1003	于　丽	1003	92
1003	于　丽	1004	78
1003	于　丽	1005	85
1004	孙立华	1003	92
1004	孙立华	1004	78
1004	孙立华	1005	85

交叉连接的结果一般没有实际意义，但在数据表连接方式上有一定的理解作用。

2. 内连接

内连接也称为自然连接，就是只将两个表中满足指定条件的记录(行)连接成一条新记录，舍弃所有不满足条件没有连接的记录。

内连接实际上是把交叉连接的结果按指定条件进行筛选后的结果，是数据表中最常用的连接方式。

【例 1-4】 将“学生信息表”和“学生成绩表”按“学号=学号”进行内连接显示全部字段，可得到两个表中共有的记录信息。结果见表 1.15。

表 1.15　内连接的连接结果

学号	姓名	学号	成绩
1003	于　丽	1003	92
1004	孙立华	1004	78

学号	姓名	成绩
1003	于　丽	92
1004	孙立华	78

注意：“学生信息表”中的 1001、1002 号学生没有对应的考试成绩，“学生成绩表”中的 1005 号学生尚没有在“学生信息表”中注册(实际中这种情况是不可能存在的)或已经转学离开，这些记录不满足连接条件，所以不会出现在结果集中。

3. 外连接

在内连接中，只有在两个表中匹配的记录(行)才能在结果集中出现。而外连接可以只限制一个表，对另外一个表不加限制(即所有的行都出现在结果集中)，以便在结果集中保证该表的完整性。

外连接分为左外连接、右外连接、全外连接三种。

1) 左外连接

左外连接可以得到左表(指定的第一个表)的全部记录信息及右表(指定的第二个表)相关的记录信息。就是取左表的全部记录按指定的条件与右表中满足条件的记录连接成一条新记录(相当于内连接)，但该条件不限制左表，左表的全部记录都包括在结果集中，若右表中没有满足条件的记录与之连接，则在相应的结果字段中填入 NULL(Bit 类型填 0)，以保持左表的完整性。

【例 1-5】 将“学生信息表”和“学生成绩表”按“学号=学号”进行左外连接显示全部字段。结果见表 1.16。

表 1.16　左外连接的连接结果

学号	姓名	学号	成绩
1001	吕川页	NULL	NULL
1002	郑学敏	NULL	NULL
1003	于　丽	1003	92
1004	孙立华	1004	78

学号	姓名	成绩
1001	吕川页	NULL
1002	郑学敏	NULL
1003	于　丽	92
1004	孙立华	78

在连接结果中由于保持了左表的完整性，可以清楚看到右表中没有的记录。

2) 右外连接

右外连接可以得到右表(指定的第二个表)的全部记录信息及左表(指定的第一个表)相关的记录信息。右外连接与左外连接方法相同，只是把两个表的顺序颠倒了一下，就是取右表的全部记录按指定的条件与左表中满足条件的记录连接成一条新记录，但该条件不限制右表，右表的全部记录都包括在结果集中，若左表中没有满足条件的记录与之连接，则在相应的字段上填入 NULL(bit 类型填 0)，以保持右表的完整性。

【例 1-6】 将“学生信息表”和“学生成绩表”按“学号=学号”进行右外连接显示全部字段。结果见表 1.17。

表 1.17　右外连接的连接结果

学号	姓名	学号	成绩
1003	于　丽	1003	92
1004	孙立华	1004	78
NULL	NULL	1005	85

⇨

学号	姓名	成绩
1003	于　丽	92
1004	孙立华	78
1005	NULL	85

在连接结果中由于保持了右表的完整性，可以清楚地看到左表中没有的记录。

3) 全外连接

全外连接可以得到左表与右表的全部记录信息。相当于先左外连接再右外连接的综合连接。即取左表(第一个表)的全部记录按指定的条件与右表(第二个表)中满足条件的记录连接成一条新的记录，右表中若没有满足条件的记录，则在相应的字段上填入 NULL，再将左表不符合条件记录的相应字段填入 NULL，以保持两个表的完整性。

【例 1-7】 将“学生信息表”和“学生成绩表”按“学号=学号”进行全外连接，显示全部字段。结果见表 1.18。

表 1.18　全外连接的连接结果

学号	姓名	学号	成绩
1001	吕川页	NULL	NULL
1002	郑学敏	NULL	NULL
1003	于　丽	1003	92
1004	孙立华	1004	78
NULL	NULL	1005	85

⇨

学号	姓名	成绩
1001	吕川页	NULL
1002	郑学敏	NULL
1003	于　丽	92
1004	孙立华	78
1005	NULL	85

4. 自连接

自连接就是一张表看成两个副本，对同一数据表的两个副本按指定条件进行内连接。使用自连接可以将一张表中满足条件的不同记录连接起来。我们将在 5.2.4 节实现表的连接时举例说明自连接。

1.5.2　数据的完整性及约束

1. 数据的完整性

数据的完整性泛指数据的正确性和一致性，包括实体完整性、参照完整性和域完整性。

1) 实体完整性

实体完整性是指数据表中的所有行都是唯一的确定的，所有记录都是可以区分的(满足 2NF)。实体完整性规则规定了表中的主键值唯一，所有主要属性都不能取空值，而不仅是主键不能取空值，这样才能有效地标识每一个实体记录，保证实体记录的完整性。

例如，在“员工表”中，“员工编号”可作为主键，同时“员工编号、姓名、性别、出生日期、部门、工作时间”都不能取空值，才能保证每个“员工”实体的完整性。

2) 参照完整性

参照完整性规则是定义外键与主键之间的引用规则，确保数据库中不会含有无效外键。也就是当一个表中的某列数据(外键)依赖引用另一个表中的某列数据时，这两个表之间的相关数据必须保持一致性。

例如，在“进货表×××”中的“供货商 ID”(外键)的取值必须参照“供货商表”中的“供货商 ID”(主键)的有效值，并与其保持一致性。

再例如，“进货表×××”中的“收货人”、“销售表×××”中的“销售员”必须与“员工表”中的某个“姓名”属性值保持一致。

3) 域完整性

域完整性是指表中每列的数据具有正确的数据类型、格式和有效的取值范围，以保证数据的正确性。

例如，员工的性别只能取值为“男”或“女”，厂家账户只能是数字字符，进货数量只能是大于 0 的正整数。

数据是否具备完整性将关系到数据库系统能否真实地反映现实，维护数据的完整性是数据库非常重要的工作之一。

2. 约束

SQL Server 提供了 6 种约束，用以保证数据的完整性，约束是对实体属性数据的取值范围和格式所设置的某种限制，是实现数据完整性的重要手段。

1) 主键约束(Primary key)

设置主键约束的字段称为关键字段，主键值是记录的唯一标识，主键约束可以保证数据的实体完整性，使表中的记录是唯一可区分和确定的(满足 2NF)。

规范化的数据库每个表都必须设置主键约束，主键有以下特点和限制。

- 主键的字段值必须是唯一的，不允许重复。
- 主键的字段值必须是确定的，不允许为空。
- 一个表只能定义一个主键，主键可以是单一字段，也可以是多个字段的组合，用多个列的组合作主键时每个列上的数据都可以重复，但其组合值不允许重复。
- Text、Ntext 和 Image 类型的字段不能做主键。

不论输入数据的顺序如何，数据表将按记录的主键值从小到大进行物理升序排序。

例如“商品一览表”将“货号”设置为主键、“员工表”将“员工 ID”设置为主键、而“销售表×××”、“进货表×××”将“序号”字段设置为主键。

2) 唯一约束(Unique)

唯一约束可以指定一列数据或几列数据的组合值在数据表中是唯一不能重复的。

唯一约束用于保证主键以外的字段值不能重复，用以保证数据的实体完整性，但唯一约束的字段不是主键，其区别如下。

- 一个表可以定义多个唯一约束，而主键约束只能定义一个。
- 定义为唯一约束的字段可以允许为空值(只能有一个)，而主键约束的字段不允许为空值。
- 记录按主键值的指定顺序存储，而唯一约束的字段值不改变记录的物理位置，仅仅保证该字段的值不重复。

例如“供货商表”中指定了“供货商 ID”为主键，若还需保证“供货商”、“厂家地址”、“账户”各字段的值不能重复，则可以设置为唯一约束。

3) 外键约束(Foreign key)

如果一个表中某个字段的数据只能取另一个表中某个字段的值，则该字段必须设置为外键约束，设置外键约束字段的表称为子表，它所引用的表称为父表。

外键约束可以使一个数据库中的多个数据表之间建立关联，父表与子表是一对多的逻辑关系。

外键约束必须遵守以下原则。

- 外键所引用父表中的字段必须是创建了主键约束或唯一约束的列。
- 外键可以允许空值，可以有重复值，但必须是父表引用列中的数据，也就是说父表中没有的数据则子表中不可以添加。
- 子表中外键字段添加的新数据必须先在父表中添加，再在子表中添加。
- 子表中引用父表数据的记录未删除，则父表中被引用的数据不能被删除。

外键约束可以保证数据的参照完整性和域完整性。

“进货表”、“销售表”中的“货号”是公司在“商品一览表”中统一规定的，它们的取值必须是“商品一览表”主键“货号”的字段值之一，必须设置外键与父表“商品一览表”建立关联。

“进货表”中的“供货商 ID”是连接生产厂家有关信息的，必须设置外键约束，与“供货商表”建立关联，引用父表主键“供货商 ID”的数据。

“进货表”中的“收货人”和“销售表”中的“销售员”都是本公司员工，它的取值必须是“员工表”“姓名”字段值之一，必须设置外键约束与父表“员工表”建立关联。

注意： “进货表”、“销售表”一般应设置外键“员工 ID”引用父表主键“员工 ID”，为了演示在子表中直观地使用姓名，所以分别用“收货人”、“销售员”引用了父表的“姓名”字段，但“姓名”不是主键，必须设置唯一约束才能符合外键约束的要求。现实中员工姓名可能有同名，不是唯一的，如果出现同名，应想办法予以区分以满足唯一约束。

4) 检查约束(Check)

检查约束是用指定的条件(逻辑表达式)检查限制输入数据的取值范围是否正确，用以保证数据的参照完整性和域完整性。例如：

“商品一览表”的“货号”只能使用数字。

“供货商表”的“供货商 ID”只能使用大写字母，账户只能使用数字或“-”号。

“员工表”的“性别”只能取值为“男”或“女”。

“销售表×××”的“数量”、“销售单价”必须大于 0，“销售单价”只能在公司“参考价格”的 5%范围内下浮或上调。

5) 默认值约束(Default)

默认值约束是给某个字段绑定一个默认的初始值(可以是常量、表达式或系统内置函数)，输入记录时若没有给出该字段的数据，则自动填入默认值以保证数据的域完整性。

对于事先不知道数据或需要自动计算产生数据但又不允许为空的字段，使用默认值约束尤其方便，并提高效率。

对设置了默认值约束的字段若输入数据时，则以输入的数据为准。

“商品一览表”的“库存量”在创建数据库初期是没有数据的，在系统运行时根据进货量自动计算，可以设置默认值为 0。

“进货表”的“进货日期”和“销售表”中的“销售日期”，可用系统当前的日期设置默认值。

6) 空值约束(NULL)

空值 NULL 是不知道或不能确定的特殊数据，不等同于数值 0 和字符的空格。

空值约束就是设置某个字段是否允许为空，用以保证数据的实体完整性和域完整性。

必须有确定值的字段(尤其是数值字段)可设置空值约束为“否”，即不允许为空；可以允许有不确定值的字段设置空值约束为“是”，则允许为空。

“商品一览表”的“平均进价”、“参考价格”需要根据进价和市场情况才可以制定，在确定经营某种商品初期输入商品信息时允许为空，其他字段则不允许为空。

“进货表”填写进货记录时所有字段均不允许为空，必须设置空值约束为“否”。

“员工表”中的“照片”、“个人简历”允许为空，空值约束可设置为“是”。

1.6　关系数据库应用实例——电脑器材销售管理

1.6.1　“电脑器材销售管理”数据库的规范化设计

通过前面的学习，我们可以对“电脑器材销售管理”逻辑数据模型中的数据表做进一步的修改，以满足关系数据库管理系统 DBMS 规范化的要求。

【实训项目 1-4】“电脑器材销售管理”数据库模型的规范化设计

1. 满足第一范式

通过前面的逐步分析修改，“电脑器材销售管理”数据库中的全部数据表都已经满足了 1NF，即各表中没有重复的数据项——各表的字段名都是唯一的，没有相同的列。

2. 满足第二范式

为“电脑器材销售管理”数据库每个表都指定一个关键字——创建主键约束，使全部数据表都满足 2NF，即各表中的关键字段可以唯一区分不同的记录，没有重复的行。

“商品一览表”将“货号”设置为主键；

“销售表×××”、“进货表×××”将“序号”字段设置为主键；

“供货商表”将“供货商 ID”设置为主键；

“员工表”将“员工 ID”设置为主键。

3. 满足第三范式

(1) 主表“商品一览表”及“供货商表”、“员工表”中都没有传递依赖的字段，所有字段都直接依赖关键字，因此都能满足第三范式。

(2) 修改后的“进货表×××”仅仅消除了与生产厂家有关的传递依赖，但还存在与“商品一览表”中“货号、货名、规格、单位”相重复的字段，其中“货名、规格、单位”是有传递依赖的字段，即通过“货号”而依赖于关键字，所以还不满足第三范式。

解决方法：

将表 1.11“进货表×××”中的有传递依赖的重复字段“货名、规格、单位”删掉，只保留“货号”字段，设置外键约束引用父表“商品一览表”的主键“货号”，这样即满足第三范式 3NF 消除了传递依赖，又减少了数据冗余。满足第三范式的“进货表×××”见表 1.19。

表 1.19 满足第三范式的“进货表×××”

序 号 (主键)	进货日期	货 号	进 价	进货数量	供货商 ID	收 货 人

(3) 同样，表 1.9 所示的“销售表×××”中也存在与“商品一览表”“货号、货名、规格、单位”有传递依赖的重复字段，也可以只保留“货号”并设置为外键，引用父表“商品一览表”的主键“货号”，并与“商品一览表”建立关联。

但考虑到销售时给客户的发票上应该有“商品名称”，公司领导对销售情况的查询也是比较频繁的，也许有人对货号不是很熟悉，如果每次使用都通过连接获取“商品一览表”中的“货名”，自然会增加 CPU、内存和输入输出的开销。因此在“销售表×××”中可保留“货名”字段，允许有限度的冗余可以提高效率。不满足第三范式非规范化的“销售表×××”见表 1.20。

表 1.20 非规范化的“销售表×××”

序 号 (主键)	销售日期	客户名称	货 号	货 名	销售单价	销售数量	销售金额	销 售 员

大家可以思考：既然在“销售表×××”中保留了“货名”，那么“货号”是不是可以省略？为什么？

1.6.2　“电脑器材销售管理”数据库逻辑数据模型

【实训项目 1-5】“电脑器材销售管理”数据库数据表的设计

通过进一步的规范化设计，结合数据表的关联与数据完整性的约束，我们可以建立起关系数据库管理系统 DBMS 所支持的“电脑器材销售管理”数据库逻辑模型，其中的 5 个数据表及说明如下。

1. “员工表”(见表 1.21)

表 1.21　员工表

字 段 名	员工 ID	姓　名	性　别	出生日期	部　门	工作时间	照　片	个人简历
约束	主键 检查	非空 唯一	非空 检查	非空	非空 默认值	非空	NULL	NULL
模拟数据	11001	吕川页	男	1963-3-7	办公室	1985-2-6	Image 字段	Text 字段
	22001	郑学敏	女	1969-11-23	办公室	1994-7-1		
	22002	于　丽	女	1980-12-5	材料处	2002-2-15		
	22003	孙立华	男	1979-5-4	材料处	2001-9-9		
	33001	高　宏	男	1982-9-29	销售科	2001-6-1		
	33002	章晓晓	女	1980-11-1	销售科	2000-5-30		
	33003	陈　刚	男	1979-6-30	销售科	2003-11-1		

“员工表”说明：

- “员工 ID”设置主键约束和只允许 5 位数字的检查约束。
- “姓名”设置空值约束不允许为空。
- “性别”不允许为空。设置检查约束只允许输入 1 和 0 表示“男”、“女”。
- “部门”不允许为空。根据人数最多的部门设置默认值约束“销售科”。
- “照片”和“个人简历”设置空值约束“是”，允许为空。

2. “商品一览表”(见表 1.22)

“商品一览表”说明：

- “货号”设置为关键字。设置只允许 4 位数字的检查约束。
- “货名”设置空值约束“否”，默认值“计算机”。
- “规格”、“单位”设置空值约束“否”，不允许为空。
- “平均进价”、“参考价格”、“库存量”在准备经营某种产品初期可以暂时没有数据，允许为空。检查约束不能为负值，即大于等于 0。
- “平均进价”在运行时应根据不同“进价”和“数量”按一定的公式自动计算。
- “库存量”设置默认值 0，运行时根据进货“数量”和销售“数量”自动计算。

表 1.22　商品一览表

字段名	货　号	货　名	规　格	单　位	平均进价	参考价格	库存量
约束	主键 检查	非空 默认值	非空	非空	NULL 检查	NULL 检查	NULL、检查 默认值
模拟数据	1001	计算机	LC	套		5800.00	16
	1002	计算机	LX	套		5600.00	8
	2001	显示器	15	台		980.00	26
	2002	显示器	17	台		1250.00	23
	3001	CPU 处理器	P4	个		420.00	48
	4001	内存储器	256MB	片		225.50	70
	4002	内存储器	512MB	片		335.50	105

在实际应用中，进货入库形成的是库存数量，再由仓库调拨到柜台形成柜台库存数量，所以还应该设计商品出库上柜的数据表，但限于篇幅本书未考虑该部分。

3. “供货商表”(见表 1.23)

表 1.23　供货商表

字段名	供货商 ID	供货商	厂家地址	账　户	联系人
约束	主键 检查	非空、唯一	非空、唯一	非空、唯一 检查、默认值	NULL
模拟数据	SDLC	山东省浪潮集团公司销售公司	济南市山大路 1008 号	1002-305-6	刘绪华
	SDKJ	山东科技市场计算机销售处	济南市经七纬二路 9415 号	0000-0000-0000	
	BJFZ	北京方正电脑有限公司	北京市海淀区友谊路 235 号甲	20006786570	王连胜
	BJLX	北京联想科技股份有限公司	北京市中关村 6068-6 号	11204567765	赵捷
	SHSC	上海电脑市场器材销售中心	上海市虹口区 8 弄科技路 225 号	336-448-669	李群
	SHKD	上海科大计算机技术服务公司	上海市浦东东方明珠 5925 号	2246800012	张茂岭

“供货商表”说明：

- 除“联系人”以外其余字段均设置空值约束不允许为空。
- “供货商 ID”为主键；设置检查约束只允许输入 4 位英文字母或数字字符。

- “供货商”、“厂家地址”、“账户”设置为唯一约束。
- “账户”设置检查约束只允许输入数字字符和“-”；设置默认值“0000-0000-0000”。

4. “进货表 2011”(见表 1.24)

表 1.24　进货表 2011

字段名	序　号	进货日期	货　号	数　量	进　价	供货商 ID	收货人
约束	主键 标识列	非空 默认	非空 外键	非空 检查	非空 检查	非空 外键	非空 外键
模拟数据	1	2011-1-8	1001	10	5300.00	SDLC	孙立华
	2	2011-1-8	1002	10	5180.00	BJLX	孙立华
	3	2011-1-8	3001	30	350.00	BJFZ	孙立华
	4	2011-1-20	2001	30	860.00	BJFZ	于　丽
	5	2011-1-28	2002	30	1060.00	SHSC	于　丽
	6	2011-2-5	4001	80	185.50	SDLC	孙立华
	7	2011-2-5	4002	80	280.50	BJLX	孙立华
	8	2011-2-16	1001	10	5250.00	SHKD	于　丽
	9	2011-3-7	3001	30	350.00	SHSC	孙立华
	10	2011-3-26	4002	80	280.50	SDLC	孙立华

“进货表 2011”说明：

- 所有字段均不允许为空。
- “序号”为主键，并设置为自动产生序号的自动编号字段——“标识列”。
- “进货日期”设置默认值约束为系统当前日期。
- “货号”设置外键约束引用“商品一览表”中的“货号”，并与该表建立关联。
- “数量”、“进价”设置检查约束必须大于 0。
- “供货商 ID”设置外键约束引用“供货商表”中的“供货商 ID”，并建立关联。
- “收货人”设置外键约束引用“员工表”中的“姓名”，并与该表建立关联。

在第 8 章学习触发器后还要为“进货表 2011”创建“触发器”，当添加一条新记录，即商品进货时自动进行以下操作。

- 自动更新“商品一览表”中的“库存量”。
- 自动计算更新“商品一览表”中的“平均进价”。

“进货表 2011”在年度结束到 2012 年时自动创建“进货表 2012”。

“进货表 2011”必须在“商品一览表”、“供货商表”、“员工表”等父表的数据输入完毕以后才能输入数据。

5. “销售表 2011”（见表 1.25）

表 1.25　销售表 2011

字段名	序号	销售日期	客户名称	货号	货名	单价	数量	金额	销售员
约束	主键 标识列	非空 默认	非空	非空 外键	NULL	非空 检查	非空 检查	NULL 默认	非空 外键
模拟数据	1	2011-1-8	济南新浪计算机公司	1001	计算机	5800.00	2		高宏
	2	2011-1-12	青岛科技商贸公司	3001	CPU 处理器	420.00	3		章晓晓
	3	2011-1-18	济南兴华电脑销售公司	1002	计算机	5600.00	2		高宏
	4	2011-1-18	潍坊电脑器材商店	3001	CPU 处理器	430.00	5		章晓晓
	5	2011-1-22	潍坊电脑器材商店	4002	内存储器	335.50	30		陈刚
	6	2011-1-26	青岛大方网络服务中心	2001	显示器	960.00	4		章晓晓
	7	2011-2-6	济南商业电脑商城	4001	内存储器	225.00	10		陈刚
	8	2011-2-15	济南新浪计算机公司	3001	CPU 处理器	410.00	4		章晓晓
	9	2011-2-26	李晓雯	4002	内存储器	320.00	25		陈刚
	10	2011-3-7	青岛科技商贸公司	2002	显示器	990.00	7		章晓晓
	11	2011-3-18	济南新浪计算机公司	1001	计算机	5750.00	2		高宏

“销售表 2011”说明：

- “序号”为主键，并设置为自动产生序号的自动编号字段——“标识列”。
- “销售日期”非空，设置默认值约束为系统当前日期。
- “货号”非空，设置外键约束引用“商品一览表”中的“货号”，并与该表建立关联。
- “货名”允许为空。
- “单价”、“数量”非空，设置检查约束必须大于 0。
- “金额”允许为空，运行时由“单价×数量”自动计算，可设置默认值为 0。
- “销售员”非空，设置外键约束引用“员工表”中的“姓名”，并与该表建立关联。

在第 8 章学习触发器后还要为“销售表 2011”创建“触发器”，当添加一条新记录，即商品销售时自动进行以下操作。

- 自动检查销售“数量”，不允许大于“商品一览表”中的“库存量”。
- 自动检查“单价”，只允许在“商品一览表”“参考价格”的 5%范围内浮动。
- 自动计算“金额=单价×数量”。
- 自动更新“商品一览表”中的“库存量”。

“销售表 2011”在年度结束到 2012 年时自动创建“销售表 2012”。

6. “电脑器材销售管理”数据库可增加的功能

- 结合公司业务信息的管理可增加“客户信息表”，以记录客户的“客户 ID、名称、地址、电话、账户、联系人”等信息，将“销售表×××”中的“客户名称”字段改为“客户 ID”并设置外键约束与“客户信息表”相关联。利用数据库的优势便于储存、查找、统计客户的有关资料。
- 结合公司的财务管理可增加简单的“进货、销售往来账目表”，记录公司与供货商、客户的资金往来及欠款账目，可设置外键字段分别与“供货商表”的“供货商 ID”字段和“客户信息表”的“客户 ID”字段相关联，从而与“进货表×××”和“销售表×××”建立起间接的联系，不论通过哪个表都可以获得相应的财务资金往来信息。

这些功能及相关表的关联在我们已经设置的关联中都有类似的操作，限于篇幅本书进行了简化，不再考虑这些因素。

经过规范化设计的“电脑器材销售管理”数据库逻辑数据模型的大多数数据表都满足 3NF，减少了数据冗余，只有“销售表×××”为了提高数据库的性能保留“货名”，允许了有限度的冗余。各数据表的关联及约束的设置充分保证了数据库的数据完整性，包括实体完整性、参照完整性和域完整性。

数据完整性的实现，包括表中各个字段的数据类型、格式及数据范围以及各种约束的具体设置，我们将在后面数据库及表的设计操作中逐一介绍并给予完成。

1.7　实训要求与习题

实训要求

(1) 理解数据库、数据库管理系统、数据库系统以及数据模型等数据库的基本理论。

(2) 按照【实训项目 1-1】～【实训项目 1-5】的方法独立绘制出“电脑器材销售管理”数据库的各个数据表，通过“电脑器材销售管理”数据模型的创建，理解数据库的关系模型、数据表的基本概念与数据库设计过程。学会合理设计数据表、确定数据表的关联、保证数据的完整性，掌握关系数据库的规范化设计。

(3) 医院住院部有若干科室，每个科有若干医生和病房，病人住在病房中由某个医生负责治疗。每个医生只能属于一个科，每个病房也只能属于一个科。一个病房可住多个病人，一个病人由固定的医生负责治疗，一个医生负责多个病人。设计该住院部系统的关系模型。

练习题

(1) 关系数据模型中，实体用_______来表示，实体间的联系用_______来表示。

(2) _______是位于用户与操作系统之间的一层数据管理软件。数据库在建立、使用和维护时由其统一管理、统一控制。

(3) 目前最常用的数据模型有_______、_______和_______。20 世纪 80 年代以来，_______逐渐占主导地位。

(4) 数据模型的三要素包括_______、_______和_______。

(5) 数据库的实体完整性要求表中所有________唯一，可通过创建________、________、________、________等约束来实现。

(6) 数据库的参照完整性要求有关联的两个或两个以上数据表之间的数据________。数据库参照完整性可通过创建________和________来实现。

(7) 数据库域完整性可保证表中指定字段中数据的________。要求表中指定列的数据具有正确的________、________和________。

(8) 在一个表上能创建________个主键约束，主键值________为空。在一个表上能创建________个唯一约束，唯一值________为空。

(9) 外键约束用来建立两个表之间的关联。外键列的取值可以为________，可以有________值，但其值必须是引用列的值之一。引用列必须是创建了________或________的列。

(10) 若为某公司开发一个逻辑模型：公司有 10 个部门，每个部门有 6～7 个员工，但每个员工可能会在不止一个部门工作。下面所给的模型正确的是(　　)。

A. 部门和员工之间是一种确定的一对多的关系

B. 建立一个关联表，从该关联表到员工建立一个一对多的关系，然后再从该关联表到部门表建立一个一对多的关系

C. 建立一个关联表，从员工表到该关联表建立一个一对多的关系，然后再从部门表到该关联表建立一个一对多的关系

D. 这种情况不能建立正常的数据库模型

(11) 假设有一个学生信息表(StuInfo)的设计如下：

StuID(学号)

Name(姓名)

Address(家庭住址)

Department(所在系)

DepartmentHead(系主任)

则该表最高满足第(　　)范式。

A. 一　　　　B. 二

C. 三　　　　D. 不满足任何范式

(12) 数据处理技术经历了哪几个阶段？

(13) 数据库管理系统有哪些主要功能？

(14) 数据库系统通常由哪几部分组成？

(15) 数据库系统的体系结构如何？

(16) 有哪些常用的数据模型？各有什么特点？

(17) 数据完整性包括哪些内容？

(18) 解释以下术语。

关系　属性　元组　关键字　主键　外键　候选键

(19) SQL Server 数据库中有哪几种约束？各有什么作用？

(20) 以班级为单位设计一个学生“学籍管理”数据库，包括“学生信息表”以及若干个“第×学期成绩表”。

(21) 指出下列关系各属于第几范式。

① 学生(学号，姓名，课程号，成绩)

② 学生(学号，姓名，性别)

③ 学生(学号，姓名，所在系名，所在系地址)

④ 员工(员工编号，基本工资，岗位级别，岗位工资，奖金，工资总额)

⑤ 供货商(供货商编号，零件号，零件名，单价，数量)

第 2 章　SQL Server 2005 数据库管理系统

学习目的与要求

SQL Server 2005 是 Microsoft 公司 2005 年推出的大型关系数据库管理系统，具有可靠性、可伸缩性、支持大型 Web 站点和企业数据的存储、支持数据仓库等特点，使用方便，易于维护。通过本章的学习，读者应该掌握以下内容：SQL Server 2005 的特点，常见版本，体系结构，软、硬件需求，安装过程，SSMS、查询编辑器等常用工具，系统数据库、系统表的作用，T-SQL 等。

实训项目

【实训项目 2-1】完成 SQL Server 2005 数据库管理系统的安装。

2.1　SQL Server 2005 简介

SQL Server 2005 是由 Microsoft 公司开发和推广的关系数据库管理系统(DBMS)，它最初是由 Microsoft、Sybase 和 Ashton-Tate 三家公司共同开发的，并于 1988 年推出了第一个 OS/2 版本。1995 年 Microsoft 公司独立推出的第一个 SQL Server 版本为 SQL Server 6.0；1996 年，Microsoft 公司推出了 SQL Server 6.5 版本，具备了市场所需的速度快、功能强、易使用、价格低等特点；1998 年，SQL Server 7.0 版本和用户见面，使 SQL Server 挤进了企业级数据库行列；2005 年，Microsoft 公司推出了 SQL Server 2005 版本，该版本增加了许多新的功能。

1. SQL Server 2005 的特点

SQL Server 2005 在性能、可靠性、实用性等方面有了很大扩展和提高。其主要新特性如下。

(1) 增强的数据引擎。安全、可靠、可伸缩、高可用性的关系型数据库引擎，提升了性能且支持结构化和非结构化(XML)数据。在编程环境上，和微软.NET 集成到一起。SQL Server 2005 中的 Transact-SQL 增强功能提高了在编写查询时的表达能力，可以改善代码的性能，并且扩充了错误管理能力。

(2) 增强的数据复制服务。可用于数据分发、处理移动数据应用、系统高可用、企业报表、数据可伸缩存储、与异构系统的集成等，包括已有的 Oracle 数据库等。

(3) 增强的通知服务。用于开发、部署可伸缩应用程序的先进的通知服务，能够向不同的连接和移动设备发布个性化、及时的信息更新。

(4) 增强的集成服务。支持数据仓库和企业范围内数据集成的抽取、转换和装载能力。

(5) 增强的分析服务。联机分析处理(OLAP)功能可用于多维存储的大量、复杂的数据集的快速高级分析。

(6) 增强的报表服务。可创建、管理和发布传统的、可打印的报表和交互的、基于

Web 的报表。

(7) 新增 Service Broker 技术。通过使用 Transact-SQL DML 语言扩展允许内部或外部应用程序发送和接收可靠、异步的信息流。信息可以被发送到发送者所在数据库的队列中，或发送到同一 SQL Server 实例的另一个数据库，或发送到同一服务器或不同服务器的另一个实例。

(8) 改进的开发工具。开发人员现在能够用一个开发工具开发 Transact-SQL、XML、MSX、XML/A 应用。其与 Visual Studio 开放环境的集成也为关键业务应用和商业智能应用提供了更有效的开放和调试环境。

(9) 增强的数据访问接口。SQL Server 2005 提供了新的数据访问技术——SQL 本地客户机程序(Native Client)。该程序可使数据库应用的开发更为容易，更易于管理以及更有效率。为数据库应用程序的开发人员提供了更好的易用性、更强的控制和更高的工作效率。

2. 客户机/服务器体系结构

客户机/服务器(Client/Server, C/S)体系结构分为两层的客户机/服务器结构和多层的客户机/服务器结构。

在两层的客户机/服务器系统中，客户机通过网络与运行 SQL Server 2005 实例的服务器相连，客户机用来完成数据表示和大部分业务逻辑的实现，有时也称为胖客户端。服务器用来完成数据的存储，如图 2.1 所示。

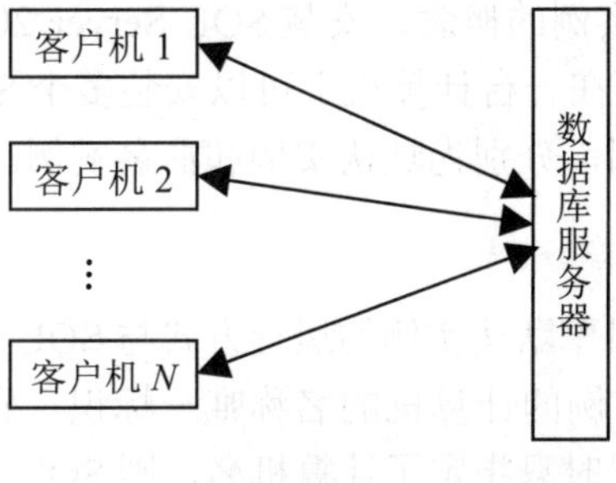

图 2.1　两层客户机/服务器结构

在多层的客户机/服务器系统中，三层体系结构是最典型的多层结构。第一层是客户机，它只负责数据的表示。第二层是业务逻辑服务器，负责打开与数据库服务器的连接。此服务器应用程序可与数据库在同一服务器上运行，也可跨网络连接到另一台作为数据库服务器的服务器上。在复杂系统中，可在几个互相连接的服务器应用程序中或服务器应用程序的多个层次中实现业务逻辑。第三层是数据库。所有的客户机都可以对业务逻辑服务器进行访问。通常情况下，客户机不直接与数据库进行交互，而是经由第二层与数据库进行交互，有时也称为瘦客户端，如图 2.2 所示。Internet 应用就是三层结构的一个典型例子。

数据库系统采用客户机/服务器结构的优点如下。

(1) 数据集中存储。数据集中存储在服务器上，而不是分开存储在各客户机上，使所有用户都可以访问到相同的数据。

(2) 业务逻辑和安全规则可以在服务器上定义一次，而后被所有的客户使用。

(3) 关系数据库服务器仅返回应用程序所需要的数据，这样可以减少数据传输量。

(4) 节省硬件开销，因为数据都存储到服务器上，不需在客户机上存储数据，所以客户机硬件不需要具备存储和处理大量数据的能力，同样，服务器不需要具备数据表示的功能。可以配置服务器以优化检索数据所需的磁盘 I/O 容量，配置客户端以优化从服务器检索的数据的格式和显示。

(5) 因为数据集中存储在服务器上，所以备份和恢复起来很容易。

(6) 客户机可以完成许多处理工作，减少了与服务器的通信。

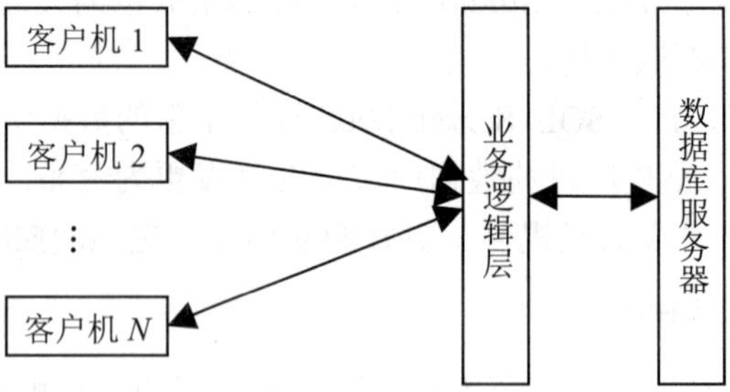

图 2.2　三层客户机/服务器结构

2.2　SQL Server 2005 的安装

SQL Server 2005 引入了实例的概念，安装 SQL Server 2005 数据服务器就是安装 SQL Server 2005 数据库引擎实例，在一台计算机上可以安装多个 SQL Server 数据库引擎实例。有两种类型的 SQL Server 实例，分别为默认实例和命名实例。

1. 默认实例

SQL Server 2005 数据库引擎默认实例的运行方式与 SQL Server 早期版本的数据库引擎相同。默认实例仅由运行该实例的计算机的名称唯一标识，它没有单独的实例名。如果应用程序在请求连接 SQL Server 时只指定了计算机名，则 SQL Server 客户端组件将尝试连接这台计算机上的数据库引擎默认实例。因此保留了与现有 SQL Server 应用程序的兼容性。

一台计算机上只能有一个默认实例，而且默认实例可以是 SQL Server 的任何版本。

2. 命名实例

除了默认实例外，所有数据库引擎实例都由安装该实例的过程中指定的实例名标识。应用程序必须提供准备连接的计算机的名称和命名实例的实例名，计算机名和实例名以格式“计算机名\实例名”指定。

一台计算机上可以运行多个命名实例，但只有 SQL Server 2005 数据库引擎才可作为命名实例运行，SQL Server 早期版本中的数据库引擎不能作为命名实例运行。

2.2.1　SQL Server 2005 安装之前的准备

为了正确地进行系统的安装，必须了解该系统的安装要求，例如系统的版本状况、系统对软硬件环境的要求等。

1. SQL Server 2005 的各种版本

SQL Server 2005 系统提供了 6 个不同的版本：企业版(Enterprise Edition)、标准版(Standard Edition)、开发人员版(Developer Edition)、工作组版(Workgroup Edition)、精简版(Express Edition)和企业评估版。

在 SQL Server 2005 的这些版本中，可以方便地从低级版本向高级版本升级。例如，可以从 SQL Server 2005 的工作组版升级到 SQL Server 2005 的企业版或标准版，也可以从 SQL Server 2005 标准版升级到 SQL Server 2005 的企业版。

1) 企业版

Microsoft SQL Server 2005 系统的企业版可用作一个企业的数据库服务器。这种版本支持 Microsoft SQL Server 2005 系统的所有功能，包括支持 OLTP 系统和 OLAP 系统。企业版是功能最齐全、性能最优的数据库，也是价格最昂贵的数据库系统。实际上，该版本又分为两种类型：32 位版本和 64 位版本。很显然，64 位版本要求 64 位的硬件环境。这两种版本在支持 RAM 和 CPU 的数量方面有很大的差别。企业版还支持网络存储、故障切换和群集等技术，作为完整的解决方案，企业版应该是大型企业首选的数据库产品。

2) 标准版

Microsoft SQL Server 2005 系统的标准版是适合于中小型企业的数据管理和分析平台。它包括电子商务、数据仓库和业务流解决方案所需的基本功能。虽然标准版不像企业版那样功能齐全，但是它所具有的功能已经能够满足普通企业的一般需求了。该版本既可用于 64 位的平台环境，也可以用于 32 位的平台环境。标准版的集成商业智能和高可用性功能可以为企业提供支持其运营所需的基本功能。综合考虑企业需要的业务功能和企业的财务状况，标准版是需要全面的数据管理和分析平台的中小型企业的理想选择。

3) 开发人员版

Microsoft SQL Server 2005 系统的开发人员版主要是提供数据库应用程序开发人员进行应用程序开发和存储数据使用。这种版本只适用于数据库应用程序开发人员，不适用于普通的数据库用户。开发人员版使开发人员可以在 SQL Server 上生成任何类型的应用程序，它包括 SQL Server 2005 Enterprise Edition 的所有功能，但有许可限制，只能用于开发和测试系统，而不能用做生产服务器。开发人员版是独立软件供应商(ISV)、咨询人员、系统集成商、解决方案供应商以及创建和测试应用程序的企业开发人员的理想选择。Developer Edition 可以根据生产需要升级至 SQL Server 2005 Enterprise Edition。该版本一般较少使用

4) 工作组版

Microsoft SQL Server 2005 系统的工作组版是一个入门级的数据库产品，它提供了数据库的核心功能，可以为小型企业或部门提供数据管理服务，并且可以轻松地升级至标准版或企业版。该版本的数据库产品只能用于 32 位的平台环境，与企业版或标准版相比，工作组版具有价格上的优势。工作组版是理想的入门级数据库，具有可靠、功能强大且易于管理的特点。

5) 精简版

Microsoft SQL Server 2005 系统的精简版是一个免费、易用且便于管理的数据库。SQL Server Express 和 Microsoft Visual Studio 2005 集成在一起，可以轻松开发功能丰富、存储

安全、可快速部署的数据驱动应用程序。SQL Server Express 是免费的，可以再分发(受制于协议)，还可以起到客户端数据库以及基本服务器数据库的作用。SQL Server Express 是低端 ISV、低端服务器用户、创建 Web 应用程序的非专业开发人员以及创建客户端应用程序的编程爱好者的理想选择。从数据库产品的市场角度来看，精简版有可能成为 Microsoft SQL Server 2005 系统的其他版本产品占据市场份额的有力武器。

6) 企业评估版

Microsoft SQL Server 2005 系统的企业评估版是一种可以从微软网站上免费下载的数据库版本。这种版本主要用来测试 Microsoft SQL Server 2005 的功能。虽然这种企业评估版具有 Microsoft SQL Server 2005 系统的所有功能，但是其运行时间只有 120 天。

2. SQL Server 2005 的硬件安装要求

为了正确地安装 SQL Server 2005 或者其客户端工具，以及满足 SQL Server 2005 正常运行的需求，需要计算机硬件环境正确配置。表 2.1 说明了 SQL Server 2005 的硬件要求。

表 2.1　对计算机硬件的要求

硬　件	最低要求
处理器类型	IntelEM64TDE Intel PentiumIV(64)； Pentium 兼容处理器或更高速度的处理器(32)； IA 最低：Pentium 处理器或更高速度的处理器(64)
内存	最低：至少 512MB，建议 1GB 或更多(32 位的企业版、开发人员、标准版、工作组版)； 最低：至少 192MB，建议 512 或更多(32 位的精简版)； IA64 最低：至少 512MB，建议 1GB 或更多(64 位的企业版、开发人员、标准版)； X64 最低：至少 512MB，建议 1GB 或更多(64 位的企业版、开发人员、标准版)

3. SQL Server 2005 的软件安装要求

产品的软件环境要求包括对操作系统的要求以及对浏览器的要求。对于不同的 SQL Server 2005 版本，所要求的操作系统也不一样。表 2.2 说明了为使用 SQL Server 2005 各种版本而必须安装的操作系统。

表 2.2　对操作系统的要求

SQL Server 版本	操作系统要求
企业版	Microsoft Windows NT Server 4.0 企业版； Windows 2000 Server； Windows 2000 Advanced Server； Windows 2000 Data Center Server
开发人员版 标准版 工作组	Windows 2000 Professional； Windows 2000 Server； Windows 2003 Server； Windows XP Professional

续表

SQL Server 版本	操作系统要求
精简版 企业评估版	Windows 2000 Professional; Windows XP Professional; Windows 2000 Server; Windows 2003 Server

除了对操作系统的要求之外，对 Internet Explorer 也有一定的要求，SQL Server 2005 的许多功能都需要浏览器的支持。对于所有版本，都需要安装 Internet Explorer 6.0 或更高版本，才能成功地安装和运行 SQL Server 2005。

2.2.2　SQL Server 2005 的安装过程

【实训项目 2-1】SQL Server 2005 数据库管理系统的安装

1. 安装 SQL Server 2005 之前应该注意的问题

在安装 SQL Server 2005 之前，首先必须满足系统对硬件和操作系统的要求，然后启动 IIS。还要安装 Visual Studio 2005，因为安装 Microsoft Visual Studio 2005 之后，系统将安装 Microsoft.NET Framework SDK V2.0，SQL Server 2005 标准版需要它的支持。但不要安装 Microsoft Visual Studio 2005 自带的 SQL Server 2005，因为 Microsoft Visual Studio 2005 自带的 SQL Server 2005 版本是精简版，会影响标准版的安装。

2. 安装 Microsoft SQL Server 2005 精简版的步骤

下面以 SQL Server 2005 精简版为例介绍 SQL Server 2005 的具体安装步骤。

(1) 将光盘放入光驱中，运行 setup.exe 文件，出现安装 Microsoft SQL Server 2005 的启动界面，单击“安装”按钮，将出现“安装必备组件”窗口，如图 2.3 所示。

(2) 安装必备组件检测并配置完毕后，如果系统配置检查成功，自动弹出 Microsoft SQL Server 2005 安装向导界面。单击“下一步”按钮，进入“系统配置检查”窗口，在该窗口中可以看到是否存在可能阻止安装程序运行的情况，如图 2.4 所示。

(3) 如果没有“失败”状态，单击“下一步”按钮，SQL Server 就开始安装，如图 2.5 所示。

(4) 安装结束后，单击“下一步”按钮，出现“注册信息”界面，在“姓名”和“公司”文本框中输入相应的信息，如图 2.6 所示。

(5) 在“实例名”界面中，为安装的软件选择默认实例或已命名实例，如图 2.7 所示。

(6) 设置系统要使用的身份验证模式。默认选择“Windows 身份验证模式”单选按钮，不用设置密码。如果选择“混合模式”单选按钮，需要设置系统超级用户 sa 的登录密码，如图 2.8 所示。

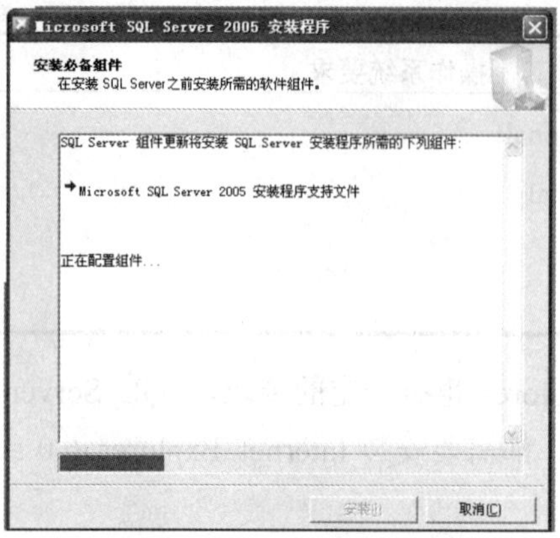

图 2.3 安装必备组件

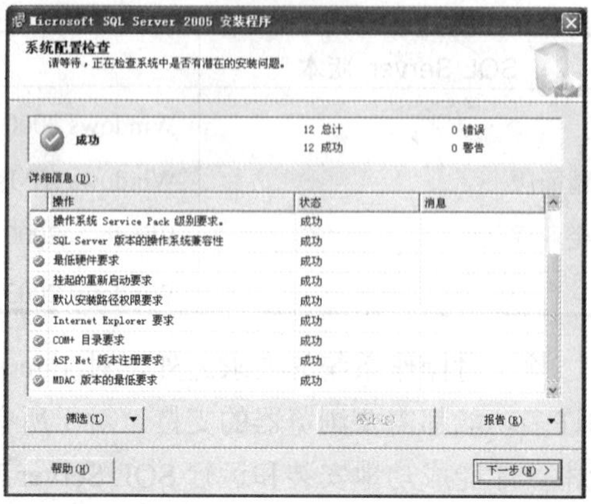

图 2.4 系统配置检查

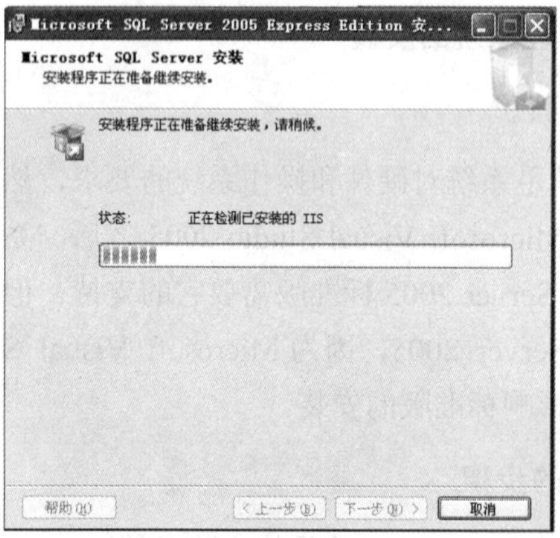

图 2.5 安装开始界面

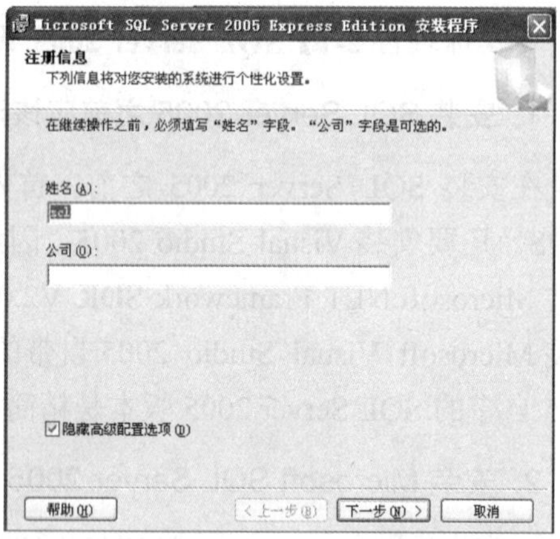

图 2.6 注册信息

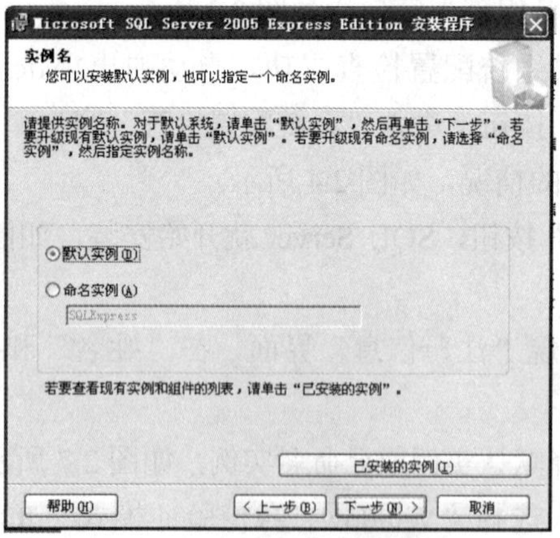

图 2.7 设置实例窗口

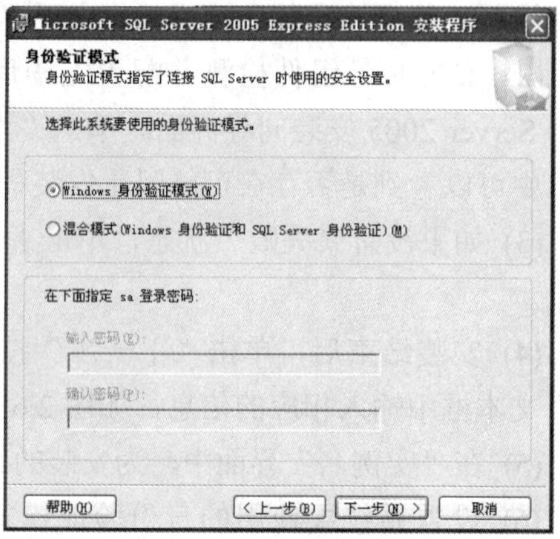

图 2.8 身份验证模式

(7) 选择身份验证模式后，单击“下一步”按钮，进入配置组件界面，如图 2.9 所示。

(8) 单击“完成”按钮即可完成 SQL Server 2005 的安装，如图 2.10 所示。

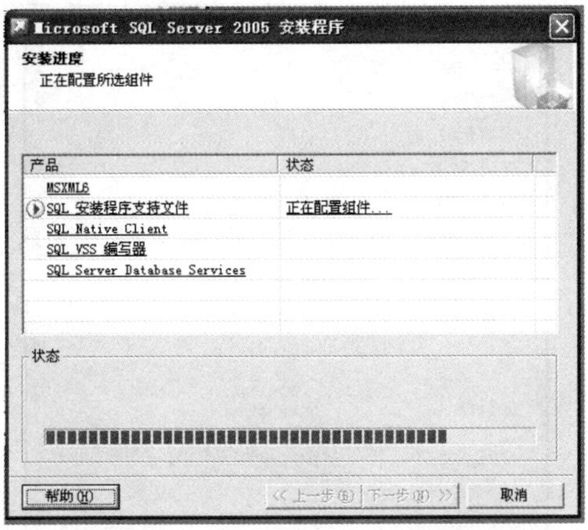

图 2.9　“配置组件”界面

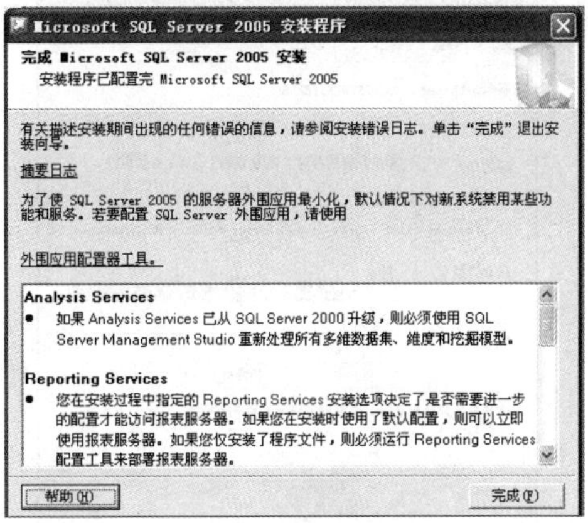

图 2.10　安装完成界面

3. 配置 SQL Server 2005

正确地安装和配置系统是确保软件安全、健壮、高效运行的基础。安装是选择系统参数并且将系统安装在生产环境中的过程，配置则是选择、设置、调整系统功能和参数的过程，安装和配置的目的都是使系统在生产环境中充分发挥作用。

安装之后的第一件事就是对 SQL Server 2005 进行配置，这包括两方面的内容：配置服务和配置服务器。配置服务主要是用来管理 SQL Server 2005 服务的启动状态以及使用何种账户启动。配置服务器是为了充分利用 SQL Server 2005 系统资源、设置 SQL Server 2005 服务器默认行为的过程。合理地配置服务器选项，可以加快服务响应请求的速度，充分利用系统资源，提高系统的工作效率。

1) 配置服务

有两种方法来配置 SQL Server 2005 的服务，管理服务的登录账号、启动类型和状态。第一种方法是使用系统，即通过“控制面板”|“管理工具”|“服务”窗口，该窗口中列出了所有系统中的服务。从列表中找到有关 SQL Server 2005 的服务，右击服务名称，在弹出的快捷菜单中选择“属性”命令，例如，这里选择数据库引擎服务“SQL Server (MS SQL SERVER)”选项，打开如图 2.11 所示的属性对话框。在“常规”选项卡中设置管理服务器的状态和启动类型(自动、手动或者已禁用)。

第二种方法是使用 SQL Server 2005 中附带的服务配置工具 SQL Server Configuration Manager，打开后仅列出了与 SQL Server 2005 相关的服务。然后右击服务名称，在弹出的快捷菜单中选择“属性”对话框。在“登录”选项卡中设置服务的登录身份(使用本地系统账户还是制定的账户)，如图 2.12 所示。

2) 配置服务器

配置服务器主要是针对安装后的 SQL Server 2005 实例进行的。在 SQL Server 2005 系统中，可以使用 SQL Server Management Studio 进行服务器的配置。

打开 SQL Server Management Studio 环境，连接使用的服务器，如图 2.13 所示。

在此对话框的“服务器名称”下拉列表框中输入本地计算机名，也可以从中选择“浏览更多”选项，打开在本地或网络上的“查找服务器”对话框，如图 2.14、图 2.15 所示。

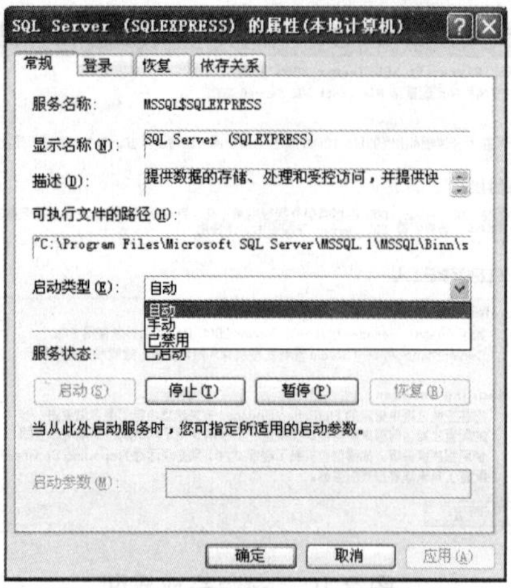

图 2.11 “常规”选型卡

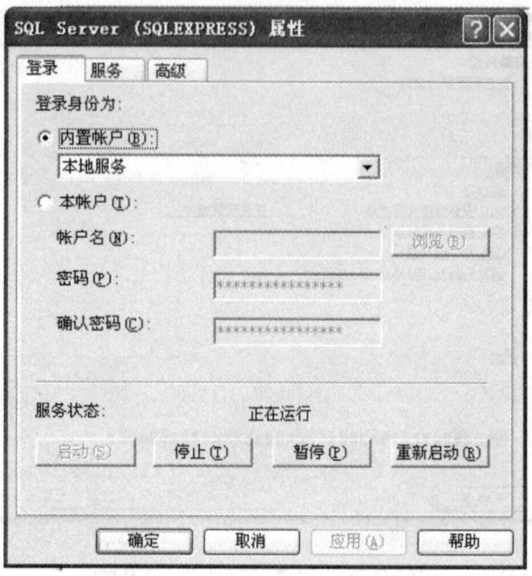

图 2.12 “登录”选项卡

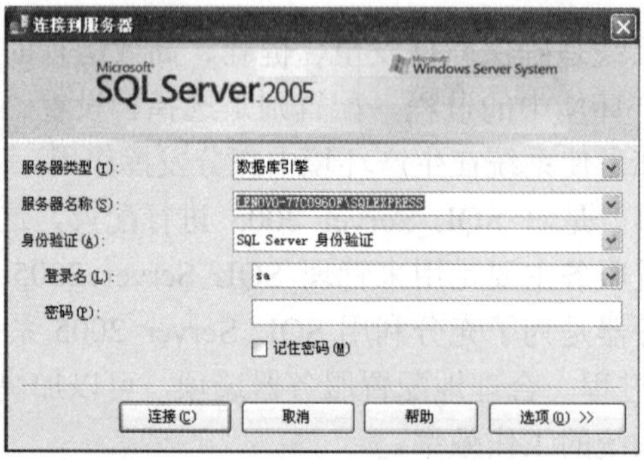

图 2.13 “连接到服务器”对话框

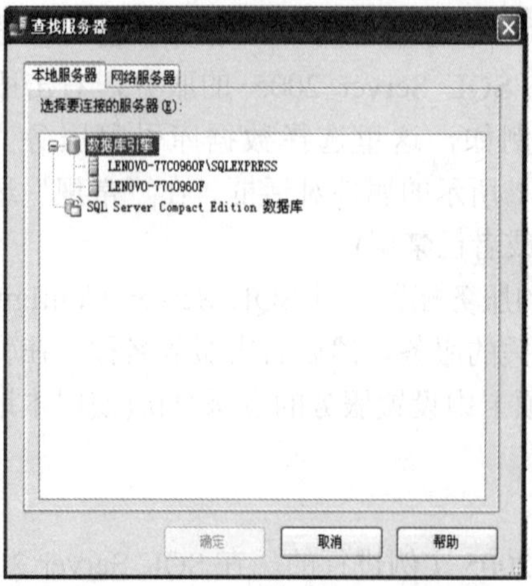

图 2.14 “本地服务器”选项卡

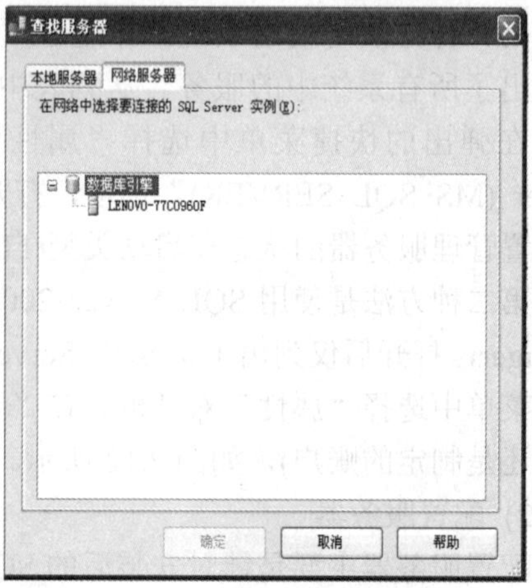

图 2.15 “网络服务器”选项卡

选择完成后，单击图 2.13 中的“连接”按钮，若服务器与“对象资源管理器”窗口连接成功，将如图 2.16 所示。

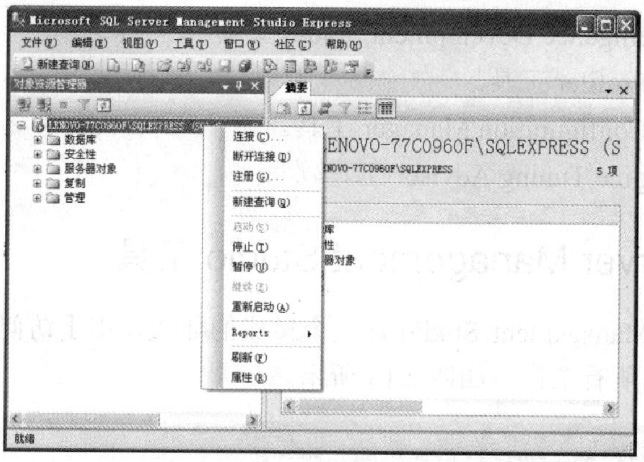

图 2.16　“对象资源管理器”窗口

连接服务器成功后，右击“对象资源管理器”窗口要设置的服务器名称，在弹出的快捷菜单中选择“属性”命令，在打开的“服务器属性”窗口中可以看到其共包含了 8 个选项。其中“常规”选项窗口列出了当前服务器的内存大小、处理器数量、SQL Server 安装的目录、服务器的排序规则以及是否群集化等信息，如图 2.17 所示。

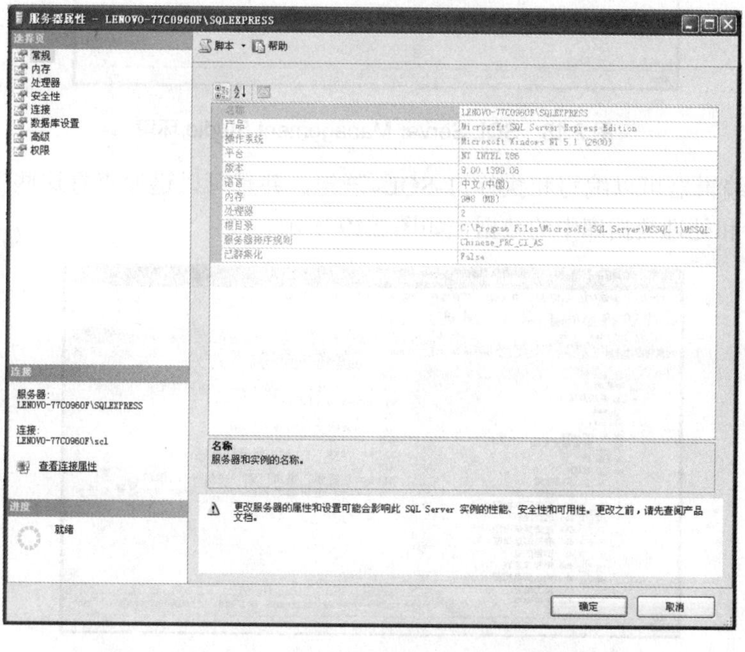

图 2.17　“服务器属性”窗口

2.3　SQL Server 2005 常用工具

SQL Server 2005 包括很多图形和命令提示工具，允许用户、程序员和管理员使用下列工具。

- SQL Server Management Studio 工具。

- Business Intelligence Development Studio 工具。
- SQL Server Profiler 工具。
- SQL Server Configuration Manager 工具。
- Database Engine Tuning Advisor 工具。

2.3.1 SQL Server Management Studio 工具

(1) SQL Server Management Studio 是一个集成的环境，用于访问、配置、控制、管理和开发 SQL Server 的所有工作，如图 2.18 所示。

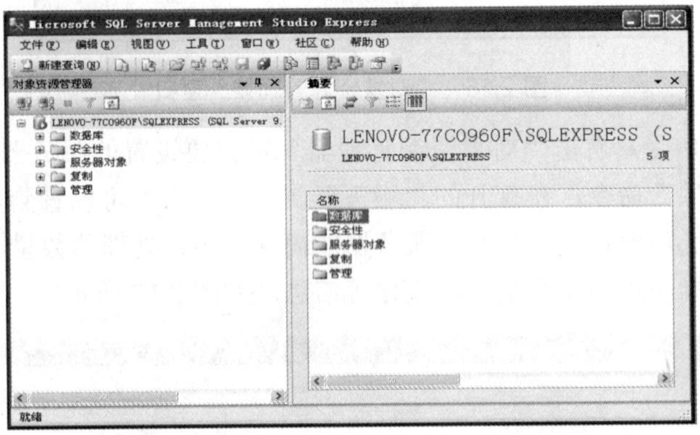

图 2.18 SQL Server Management Studio 环境

(2) 查询编辑器可以编写和执行 T-SQL 语句，并且可以迅速查看这些语句的执行结果，以便分析和处理数据库中的数据，如图 2.19 所示。

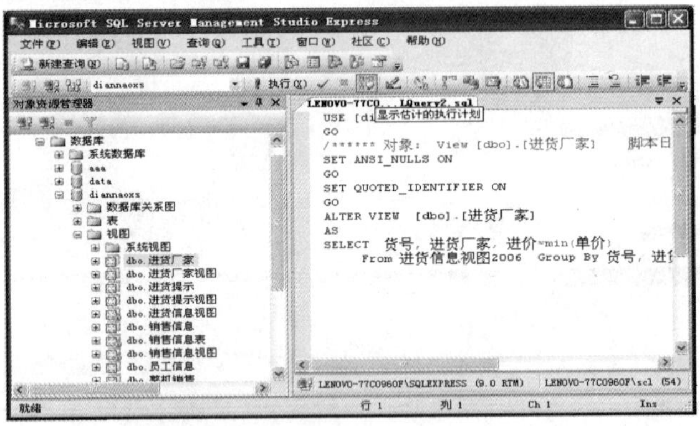

图 2.19 查询编辑器

2.3.2 Business Intelligence Development Studio 工具

Business Intelligence Development Studio(业务智能开发平台)是一个集成的环境，用于开发商业智能构造(如多维数据集、数据源、报告和 Integration Services 软件包)，如图 2.20 所示。

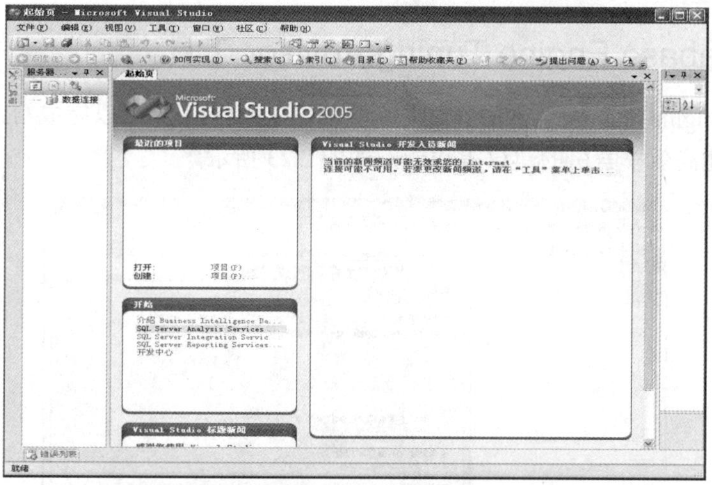

图 2.20 Business Intelligence Development Studio IDE 界面

2.3.3 SQL Server Profiler 工具

SQL Server Profiler(SQL Server 分析器)是用于捕获来自服务器的 SQL Server 2005 事件的图形化管理工具，如图 2.21 所示。

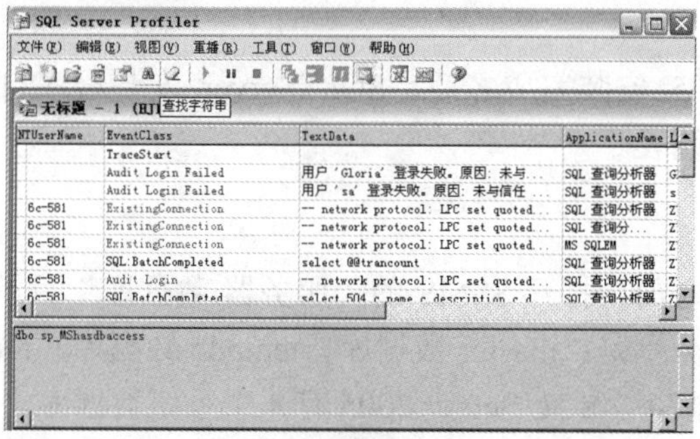

图 2.21 SQL Server Profiler 工具

2.3.4 SQL Server Configuration Manager 工具

SQL Server Configuration Manager(SQL Server 配置管理)用于管理与 SQL Server 相关联的服务，配置 SQL Server 使用的网络协议，以及从 SQL Server 客户端计算机管理网络连接配置，如图 2.22 所示。

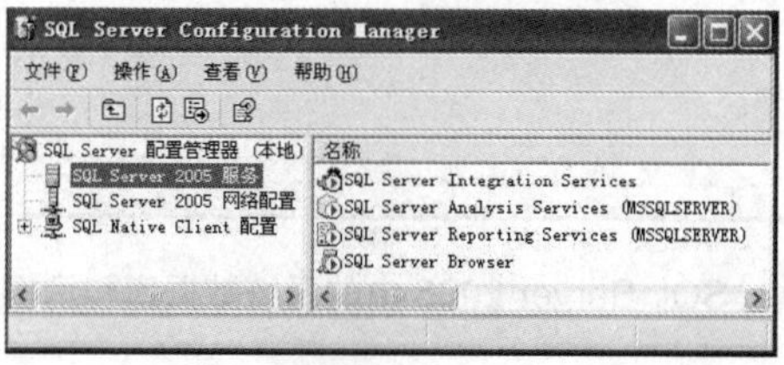

图 2.22 SQL Server Configuration Manager 界面

2.3.5 Database Engine Tuning Advisor 工具

Database Engine Tuning Advisor(数据库引擎优化顾问)工具可以完成帮助用户分析工作负荷、提出创建高效率索引的建议等功能，如图 2.23 所示。

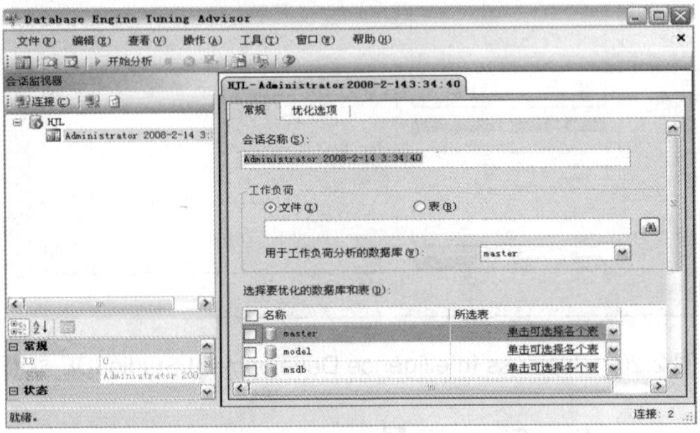

图 2.23 Database Engine Tuning Advisor 工具

2.4 SQL Server 2005 的系统数据库及系统表

当 SQL Server 2005 安装完成之后，SQL Server 安装程序自动创建了一些系统数据库、样例数据库以及系统表。

1. 系统数据库

在创建任何数据库之前，打开 SSMS 的“服务器/数据库”目录，可以看到系统数据库中有 5 个数据库，它们分别是：master 数据库、tempdb 数据库、model 数据库、msdb 数据库、resource 数据库。精简版 SQL Server 2005 有 4 个系统数据库，如图 2.24 所示。

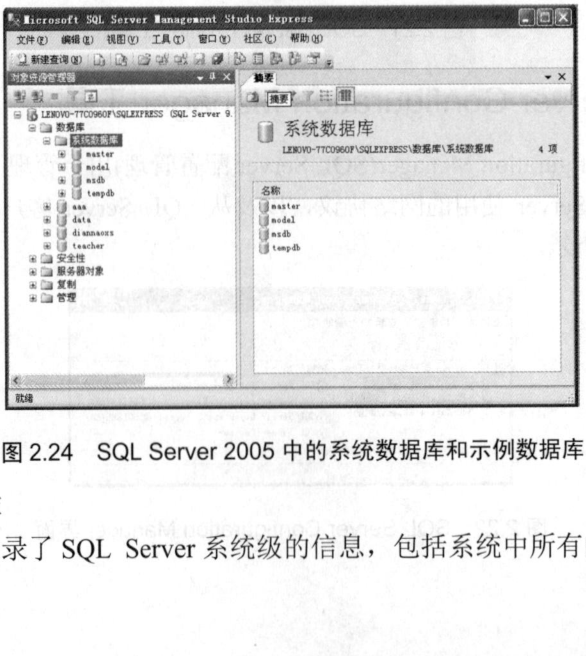

图 2.24 SQL Server 2005 中的系统数据库和示例数据库

1) master 数据库

master 数据库记录了 SQL Server 系统级的信息，包括系统中所有的登录账号、系统配置信息、所有数据库的信息、所有用户数据库的主文件地址等。另外，master 数据库还记录了 SQL Server 2005 的初始化信息。因此，如 master 数据库不可用，则 SQL Server 2005 无法启动。

2) tempdb 数据库

tempdb 数据库用于存放所有连接到系统的用户临时表和临时存储过程以及 SQL Server 产生的其他临时性的对象。tempdb 是 SQL Server 中负担最重的数据库，因为几乎所有的查询都可能需要使用它。

在 SQL Server 关闭时，tempdb 数据库中的所有对象都被删除，每次启动 SQL Server 时，tempdb 数据库里面总是空的。

默认情况下，在 SQL Server 运行时 tempdb 数据库会根据需要自动增长。不过，与其他数据库不同，每次启动数据库引擎时，它会重置为其初始大小。

3) model 数据库

model 数据库是系统所有数据库的模板，这个数据库相当于一个模子，所有在系统中创建的新数据库的内容，在刚创建时都和 model 数据库完全一样。

如果 SQL Server 专门用作一类应用，而这类应用都需要某个表，甚至在这个表中都要包括同样的数据，那么就可以在 model 数据库中创建这样的表，并向表中添加那些公共的数据，以后每一个新创建的数据库中都会自动包含这个表和这些数据。当然，也可以向 model 数据库中增加其他数据库对象，这些对象都能被以后创建的数据库所继承。

4) msdb 数据库

msdb 数据库被 SQL Server 代理(SQL Server Agent)来安排报警、作业，并记录操作员。

5) resource 数据库

recource 数据库是一个只读数据库，它包含了 SQL Server 2005 中的所有系统对象。SQL Server 系统对象(例如 sys.objects)在物理上存储于 resource 数据库中，但逻辑上，它们出现在每个数据库的 SYS 架构中。

2. 系统表

SQL Server 系统目录的核心是一个包含描述 SQL Server 系统中数据库、表、视图、索引等的元数据的系统表集。元数据是描述系统中对象特性的数据。SQL Server 经常访问系统目录，检索系统正常运行时所需的必要信息。

SQL Server 2005 中的每个数据库都包含系统表，用来记录 SQL Server 组件所需的数据。SQL Server 的操作能否成功，取决于系统表中信息的完整性。因此，任何用户都不应直接修改系统表。例如，不要尝试使用 DELETE、UPDATE、INSERT 语句或用户定义的触发器修改系统表。

2.5 SQL 与 T-SQL 概述

SQL 是一种功能强大的“结构化查询语言”(Structure Query Language)，目前所有关系型数据库管理系统都以 SQL 作为核心，包括在 Java、VC++、VB、Delphi 程序设计语言中也都可使用 SQL，是一种真正跨平台、跨产品的语言。

SQL 起始于 1974 年，从 1982 年开始美国国家标准协会(ANSI)着手 SQL 的标准化工作，于 1986 年 10 月批准并公布了第一个 SQL 标准——SQL86，成为关系数据库语言的美国标准。1987 年，国际标准化组织(ISO)也通过了这个标准。SQL 语言因此成为关系数据库语言的国际标准。此后，ISO 对标准进行了多次增加和修改，相继公布了 SQL89 标准、SQL92(SQL-2)标准、SQL-3 标准等，SQL 已从开始时比较简单的数据库语言逐步发展为功能齐全、内容复杂的数据库语言，而且随着数据库技术的发展和数据库功能的增强，SQL 标准还将进一步发展，以适应新的需求。目前使用的 SQL 有以下特点。

- 在方法上的突破：由单一数据表发展为通过表的连接可以组合地处理数据。
- 容易学习与维护：SQL 语句简洁直观，一条语句可以取代常规程序语言的一段程序，容易维护。
- 语言共享：不同数据库的程序设计语言会有所不同，但 SQL 在所有数据库中都是相同的。
- 全面支持客户/服务器结构：SQL 是当今唯一已形成标准的数据库共享语言。

SQL 的核心是查询(Query，Q)，但它却不仅仅是对数据的查询，它是集创建数据库、创建数据表，对数据操作、管理、控制、查询以及设置各种约束、规则和程序流程控制功能于一身的综合数据库语言，只是大家都已经习惯找不到更确切的单词来描述它罢了。

Oracle 公司第一个发行了采用 SQL 的商业化数据库管理系统，目前的 Oracle 数据库使用的 SQL*Plus 操作工具采用的是 PL/SQL 版本，Microsoft 公司和 Sybase 公司则使用的是 Transact-SQL 版本(简称 T-SQL)。各种版本的 SQL 几乎是完全相同的，只是在个别的语法上，在对标准 SQL 的扩充方面略有不同。

T-SQL 是 Microsoft 公司在关系型数据库管理系统 SQL Server 中的 SQL-3 标准的实现，是微软对 SQL 的扩展，具有 SQL 的主要特点，同时增加了变量、运算符、函数、流程控制和注释等语言元素，使得其功能更加强大。T-SQL 对 SQL Server 十分重要，SQL Server 中 SSMS 所能完成的所有功能，都可以利用 T-SQL 来实现。另外，与 SQL Server 通信的所有应用程序都可以通过向服务器发送 T-SQL 语句来进行，而与应用程序的界面无关。

根据其完成的具体功能，可以将 T-SQL 语句分为 4 大类，分别为数据定义语句、数据操纵语句、数据控制语句和一些附加的语言元素。

1. 数据定义语句

数据定义语句是指用来定义和管理数据库以及数据库中的各种对象的语句，包括 CREATE、ALTER 和 DROP 等语句。在 SQL Server 2005 中，数据库对象包括表、视图、触发器、存储过程、规则、用户自定义的数据类型等。这些对象的创建、修改和删除等都可以通过使用 CREATE、ALTER、DROP 等语句来完成。

2. 数据操纵语句

数据操纵语句是指用来查询、添加、修改和删除数据库中数据的语句，这些语句包括 SELECT、INSERT、UPDATE、DELETE 等。SELECT 语句用于实现数据的查询，既可以是最简单的 T-SQL 语句，也可以是最复杂的 T-SQL 语句，功能十分强大。INSERT 语句用于数据的插入，可以把数据添加到表中。UPDATE 语句用于数据的更改，可以对表中现有的数据进行修改。DELETE 语句用于数据的删除，可以从表中把现有的数据删除。

3. 数据控制语句

安全性管理是数据库系统的重要特征，数据控制语句就是用来进行安全管理的，以确保数据库中的数据和操作不被未授权的用户使用和执行。它是用来设置或者更改数据库用户或角色权限的语句，这些语句包括 GRANT、DENY、REVOKE 等。

4. 附加的语言元素

附加的语言元素不是 SQL-3 的标准内容，而是 T-SQL 语言为了编写脚本而增加的语言元素，包括变量、运算符、函数、流程控制语句和注释。

熟练掌握并灵活运用 SQL，是数据库应用开发人员所必备的基本功。希望读者在学习掌握 SQL Server 2005 数据库系统的基础上能熟练掌握 SQL，为以后学习诸如 Oracle 或其他数据库系统打下坚实的基础。

2.6　实训要求与习题

实训要求

(1) 了解安装需求，动手安装 SQL Server 2005，熟悉安装过程。
(2) 快速浏览 SQL Server 各种工具。
(3) 熟悉 SSMS 中对象浏览器的用法。
(4) 打开 SSMS 查看系统数据库及示例数据库结构。
(5) 熟悉“查询编辑器”工具。

练习题

(1) SQL Server 2005 产品有哪些版本？各种版本的特点是什么？
(2) 安装 SQL Server 2005 有哪些硬件需求与软件需求？
(3) 解释 SQL Server 实例。
(4) 什么是客户机？什么是服务器？采用客户机/服务器结构有何优点？
(5) SQL Server 2005 的系统数据库有哪些？各有什么作用？
(6) SQL Server 2005 的系统表有什么作用？
(7) SQL 语言具有哪些特点？T-SQL 语句可分为几类？

第 3 章　用户数据库的创建与操作

学习目的与要求

对数据信息的存储、管理、加工等各种操作都是在数据库中进行的，因此数据库的创建是学习和使用数据库的基础。而数据库的创建、查看、设置、修改等各种操作又是创建数据库的基本方法。通过本章学习，读者应熟悉数据库及其文件的存储结构和存储方式，掌握数据库的创建方法，独立创建“电脑器材销售管理”应用系统的 diannaoxs 数据库。

实训项目

【实训项目 3-1】创建“电脑器材销售管理”数据库 diannaoxs。

3.1　SQL Server 数据库的存储结构

3.1.1　SQL Server 数据库

在 SQL Server 中，数据库是作为一个整体集中管理的，因此每个数据库必须有一个唯一的“数据库名”以对其进行标识。

数据库命名必须符合以 SQL Server 标识符的构成规则。

- 由字母、汉字、数字、下划线组成。
- 不能以数字开头，不能是关键字。
- 最长不超过 128 个字符。

在 SQL Server Management Studio(简称 SSMS)中展开对象资源管理器“服务器/数据库”，选择“数据库”节点，可以看到 SQL Server 2005 系统中已有的数据库，如图 3.1 所示。其中 master、tempdb、model、msdb 是 4 个系统数据库，diannaoxs 是用户自己创建的数据库。

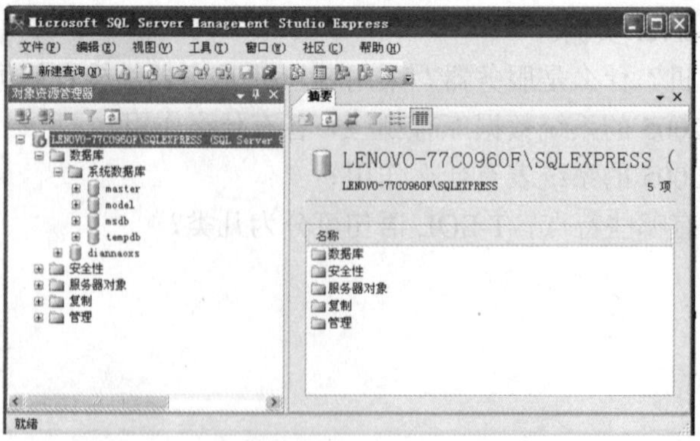

图 3.1　SQL Server 2005 中的数据库

3.1.2　数据库文件和文件组

1. 数据库文件

SQL Server 2005 使用系统文件来存放数据库的数据及各种信息，数据库中的所有数据和对象(表、视图、存储过程、触发器等)都存储在下列操作系统文件中。

- 数据文件(Primary file)：存放数据和启动信息。每个数据库都必须有且只能有一个主数据文件，其扩展名为.mdf。
- 辅助数据文件(Secondary file)：存放数据。一个数据库可以没有也可以有多个辅助数据文件，其扩展名为.ndf。
- 事务日志文件(Transaction Log)：存放对数据库的操作、修改信息。每个数据库必须有一个也可以有多个日志文件，其扩展名为.ldf。

一般情况下，一个简单的数据库可以只有一个主数据文件和一个日志文件。如果数据库比较大，可设置多个辅助数据文件和日志文件，可以将它们分别存放在不同的磁盘上。

若只有一个主数据文件，则该文件的大小受磁盘容量的限制，不能超过所在磁盘的总容量。如果设置了一个或多个辅助数据文件，而且与主数据文件不在同一个磁盘上，SQL Server 系统将根据主数据文件和所有辅助数据文件各自所在的磁盘容量按比例将数据分别同时写入不同的数据文件，而不是写满一个再写下一个。

默认状态下，主数据文件、辅助数据文件、事务日志文件均存放在 C:\Program Files\Microsoft SQL Server\MSSQL\Data\的系统目录下，用户可以自己指定其他路径而不会影响对数据库的操作，这些文件设置后便由 SQL Server 系统自动进行管理。

2. 文件组

SQL Server 数据库还允许将多个数据库文件组成一个文件组进行整体管理。

例如，可以设置三个数据文件 data1.mdf、data2.ndf、data3.ndf，并分别创建在三个磁盘上，也可以创建两个文件组 group1、group2，将 data1.mdf、data2.ndf 加入 group1，而将 data3.ndf 加入 group2。

如果使用了文件组，则创建数据表时必须指定该表存放在哪个组中，若指定某个数据表属于 group1 组，则向该表中添加数据时，系统会按比例将该表的数据分别存入 data1.mdf、data2.ndf 文件；若属于 group2 组，则将数据存入 data3.ndf 文件。

无论一个数据库有多少个数据文件，也不论分多少个文件组，主数据文件只能有一个。如果不加指定，在默认状态下主数据文件和辅助数据文件均属于同一个默认的主文件组 Primary，根据需要可创建其他文件组。

SQL Server 的数据库文件和文件组必须遵循以下规则。

- 一个文件或文件组(包括事务日志文件)只能被一个数据库使用。
- 一个数据文件只能属于一个文件组。
- 事务日志文件不属于文件组。

3.1.3　数据库对象

SQL Server 2005 的数据库不论有多少个文件、如何分组，都是作为一个整体来管理的，数据库中的数据及信息在逻辑上组成一系列对象，用户打开 SSMS 选择某个数据库时，所看到的是这些逻辑对象，而不是存放在磁盘上的物理数据文件，数据库对象没有对应的磁盘文件。

SQL Server 2005 的每个数据库中都有以下数据库对象，如图 3.2 所示。

- 数据库关系图
- 表(Table)
- 视图(View)
- 同义词
- 可编程性
- 安全性

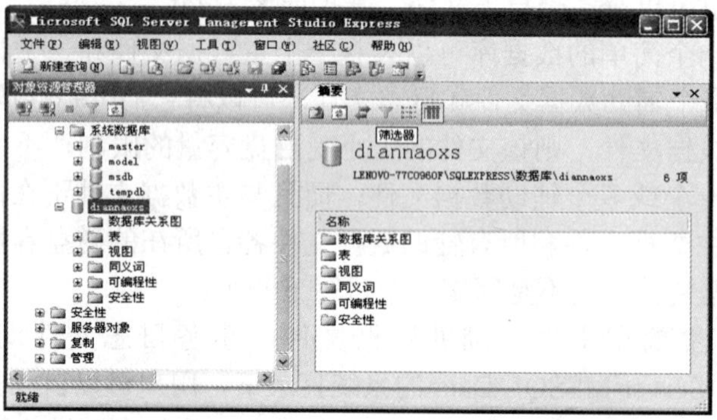

图 3.2 SQL Server 2005 中的数据库对象

3.2 创建 SQL Server 数据库

在 SQL Server 2005 中，必须是 sysadmin 或 dbcreateor 服务器成员，或被明确授予了执行 CREATE DATABASE 语句权限的用户才能创建数据库。

创建数据库前要考虑数据库的拥有者、数据库初始容量、最大容量、每次增长量、数据库及数据库文件的名称、存放路径等因素。

创建数据库可以使用 SSMS(SQL Server Management Studio)图像界面和使用查询编辑器两种方法。

3.2.1 用 SSMS 创建数据库

【例 3-1】 使用 SSMS 创建一个名为 DATA 的数据库：该数据库包含一个主数据文件 DATA1.mdf(存放在 C 盘 DATA 文件夹)和一个事务日志文件 DATALOG.ldf(存放在 D 盘的 DATA 文件夹)，文件中数据的增长量按文件大小的 10%自动增长，不受限制。

用 SSMS 创建 DATA 数据库的步骤如下。

(1) 确认 C 盘和 D 盘的 DATA 文件夹已经存在，如不存在则先创建文件夹。

(2) 选择“开始”→“程序”→Microsoft SQL Server→SQL Server Management Studio 命令，进入 SQL Server 环境。

(3) 在对象资源管理器中选中并展开要使用的服务器，右击“数据库”节点，从弹出的快捷菜单中选择“新建数据库”命令，如图 3.3 所示。

图 3.3　用 SSMS 管理器创建数据库

(4) 弹出的“新建数据库”窗口中有“常规”、“选项”、“文件组”三个选项卡。

“常规”选项卡用于设置数据库名称：可在“数据库名称”文本框中输入数据库名称 DATA，如图 3.4 所示。

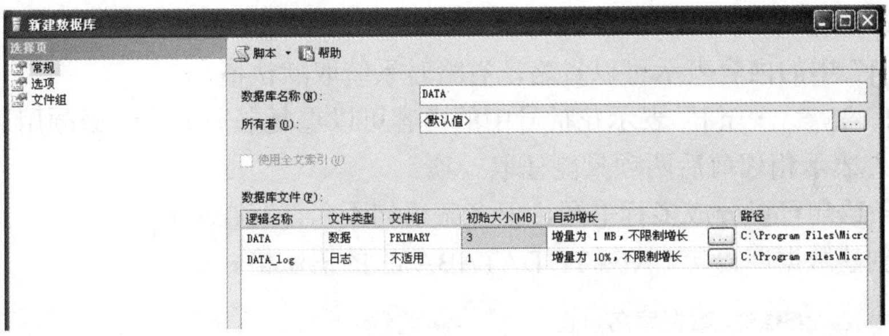

图 3.4　“新建数据库”窗口的“常规”选项卡

对每个数据文件需设置以下内容。

- 逻辑名称：也叫逻辑文件名，此后的操作都以该名称作为数据文件的标识。主数据文件名在第一行，系统默认文件名为数据库名(本例为 DATA)，我们可修改为“DATA1”，默认后缀.mdf 不需要书写。
- 路径：包括文件存放的路径和文件名，也叫物理文件名。系统默认为 C:\Program Files\Microsoft SQL Server\MSSQL\data\DATA_Data.MDF，我们可以修改为 C:\DATA\DATA1.MDF。
- 初始大小：即该文件创建时所占磁盘的初始容量(单位 MB)，默认为最小值 3MB，可根据实际需要进行设置，默认单位 MB 不能更改。
- 文件组：主数据文件属于默认的 Primary 文件组，不可更改(可修改系统设置)，辅助数据文件可以使用默认 Primary 文件组，也可自行设置文件组。
- 文件属性可选择“文件自动增长”，设置文件数据增加时所占磁盘容量是按固定兆字节数还是按文件容量的百分比增长，还可设置文件最大容量数或不受限制的增长方式，如图 3.5 所示。
- 事务日志文件：逻辑文件名 DATALOG，默认后缀.ldf，指定位置为 D:\DATA\DATALOG.LDF，初始大小 1MB，增长方式取默认值。

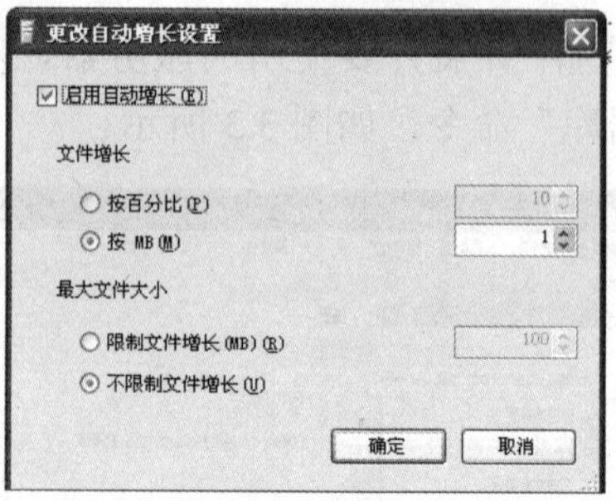

图 3.5 数据文件的增长方式

(5) 数据库属性设置完成后，单击“确定”按钮，DATA 数据库创建完毕。

3.2.2 用 CREATE DATABASE 语句创建数据库

SQL Server 的编程语言是 Transact-SQL，简称 T-SQL。T-SQL 的语句书写时不区分大小写，一般系统保留字大写，用户自定义的名称可用小写。

T-SQL 语法说明：

- “[ ]”中的内容表示可以省略，省略时系统取默认值。
- “{ }[, …n]”表示花括号中的内容可以重复书写 n 次，必须用逗号隔开。
- “|”表示相邻前后两项只能任取一项。
- 一条语句可以分成多行书写，但多条语句不允许写在一行。

T-SQL 创建数据库语句 CREATE DATABASE 的语法格式如下。

```
CREATE DATABASE 数据库名
 [ ON
  [PRIMARY]
  { ( [NAME=数据文件的逻辑名称 ,]
     FILENAME='数据文件的物理名称',
     [SIZE=数据文件的初始大小 [ MB(默认) | KB ] , ]
     [MAXSIZE={ 数据文件的最大容量[ MB | KB ] | UNLIMITED(不受限制) } ,]
     [FILEGROWTH=数据文件的增长量 [ MB | KB | % ] ]
    )
  } [ , …n ]
  [ FILEGROUP 文件组名
   { ( [NAME=数据文件的逻辑名称 ,]
       FILENAME='数据文件的物理名称',
       [SIZE=数据文件的初始大小 [ MB | KB ] ,]
       [MAXSIZE={ 数据文件的最大容量 [ MB | KB ] | UNLIMITED } ,]
       [FILEGROWTH=数据文件的增长量 [ MB | KB | % ] ]
     )
   } [ , …n ]
  ]
  LOG ON
  { ( [NAME=事务日志文件的逻辑名称 ,]
      FILENAME='事务日志文件的物理名称',
```

```
        [SIZE=事务日志文件的初始大小 [MB | KB ] ,]
        [MAXSIZE={ 事务日志文件的最大容量 [ MB | KB ] | UNLIMITED } ,]
        [FILEGROWTH=事务日志文件的增长量[ MB | KB | % ]]
      )
    } [ , …n ]
]
```

说明：

- ON 表示需根据后面的参数创建该数据库。
- LOG ON 子句用于根据后面的参数创建该数据库的事务日志文件。
- PRIMARY 指定后面定义的数据文件属于主文件组 PRIMARY，也可以加入用户自己创建的文件组。
- NAME='数据文件的逻辑名称'：是该数据文件在 SQL Server 系统中使用的标识名称，相当于设置数据文件的别名。
- FILENAME='数据文件的物理名称'：用于指定数据磁盘文件的实际名称，包括路径和后缀。
- UNLIMITED 表示在磁盘容量允许的情况下不受限制。
- 文件容量默认单位为 MB，也可以使用 KB 为单位。

【例 3-2】 用 T-SQL 语句的默认设置创建一个学生信息数据库 student。

T-SQL 语句：CREATE DATABASE student

操作步骤如下。

(1) 单击 SSMS 标准工具栏的 新建查询(N) 按钮，或者选择“文件”→“新建”→“使用当前连接查询”命令，如图 3.6 所示，即可打开查询编辑器窗口。

图 3.6　新建查询编辑器窗口

(2) 在查询编辑器的代码窗口中输入以下代码：

```
CREATE DATABASE STUDENT
```

(3) 单击工具栏中的“执行”按钮运行 SQL 语句，即可完成指定数据库的创建，运行结果如图 3.7 所示。

在“对象资源管理器”中即可看到新创建的学生信息数据库 student。

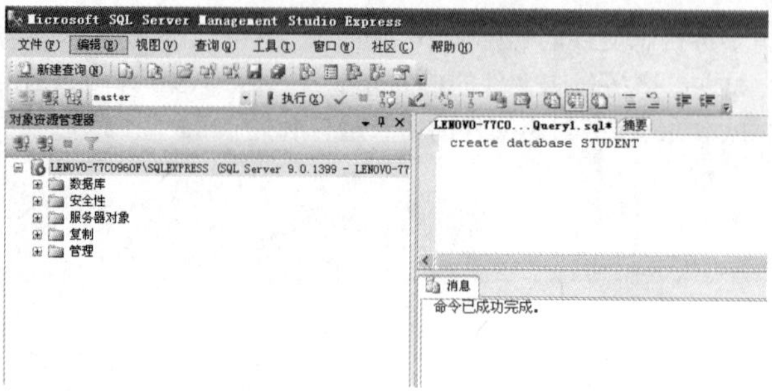

图 3.7　在查询编辑器运行 SQL 语句创建数据库

【例 3-3】 用 T-SQL 语句在 C:\DATA\与 D:\DATA\文件夹中创建一个教师信息数据库 teacher，该数据库包含：

- 一个主数据文件逻辑名 teacherdata1，物理名 C:\DATA\tdata1.mdf，初始容量 3MB，最大容量 10MB，每次增长量为 15%。
- 一个辅助数据文件逻辑名 teacherdata2，物理名 D:\DATA\tdata2.ndf，初始容量 2MB，最大容量 15MB，每次增长量为 2MB。
- 两个数据文件不单独创建文件组，即使用默认的 PRIMARY 组。
- 一个事务日志文件逻辑名 teacherlog，物理名 D:\DATA\teacherlog.ldf，初始容量 500KB，最大容量不受限制，每次增长量为 500KB。

首先确认 C:\DATA\与 D:\DATA\文件夹已经创建，在查询编辑器中输入以下代码：

```
CREATE DATABASE teacher
 ON
 ( NAME = teacherdata1 ,
  FILENAME = 'C:\DATA\tdata1.mdf' ,
  SIZE = 3MB ,                -- 默认字节单位 MB 可以省略
  MAXSIZE= 10 ,               -- 文件最大容量 10MB
  FILEGROWTH = 15%            -- 增长量为文件容量 15%
 ) ,
 ( NAME = teacherdata2 ,
  FILENAME = 'D:\DATA\tdata2.mdf' ,
  SIZE = 2 ,
  MAXSIZE= 15 ,
  FILEGROWTH = 2              -- 增长量为 2MB
 )
 LOG ON                       /* 创建事务日志文件*/
 ( NAME = teacherlog ,
  FILENAME = 'D:\DATA\teacherlog.LDF',
  SIZE = 500 KB ,             /* 初始容量，单位为 KB，不能省略 */
  MAXSIZE = UNLIMITED ,       /* 日志文件最大容量不受限制 */
  FILEGROWTH = 500 KB         /* 增长量 KB 不能省略 */
 )
```

运行结果如图 3.8 所示。

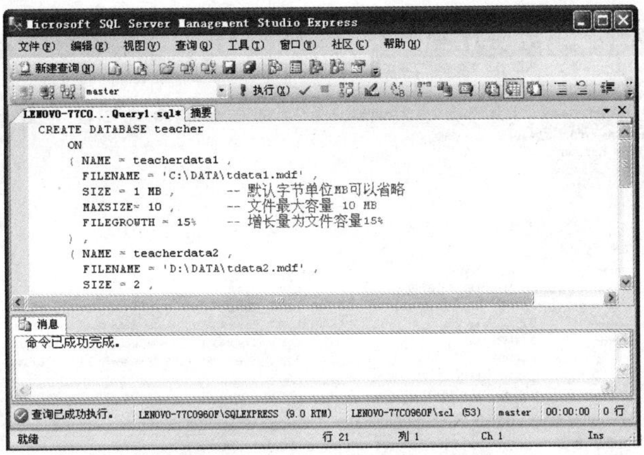

图 3.8　在查询编辑器中运行 SQL 语句创建数据库 teacher

3.3　查看、设置、修改数据库选项

3.3.1　用 T-SQL 语句查看数据库信息

1．使用系统存储过程 sp_helpdb 查看数据库信息

在 T-SQL 中有多种查看数据库信息的语句，sp_helpdb 存储过程是最常用的。

语法格式：

语法说明：

```
[ EXECUTE ]  sp_helpdb  [ 数据库名 ]
```

- EXECUTE 可以缩写为 EXEC，如果它是一个批处理中的第一个语句，则可全部省略。
- 省略数据库名则查看所有数据库信息，与 SELECT * FROM sysdatabases 语句功能完全相同。

【例 3-4】 在查询编辑器中用 sp_helpdb 语句查看所有数据库信息。

在查询编辑器输入如下代码：

```
EXEC  sp_helpdb
```

单击“运行”按钮，运行结果如图 3.9 所示。

【例 3-5】 查看 students 数据库信息，代码如下：

```
EXEC  sp_helpdb students
```

单击“运行”按钮，运行结果如图 3.10 所示。

2．使用系统存储过程 sp_databases 查看所有可用数据库信息

语法格式：

```
[ EXECUTE ]  sp_databases
```

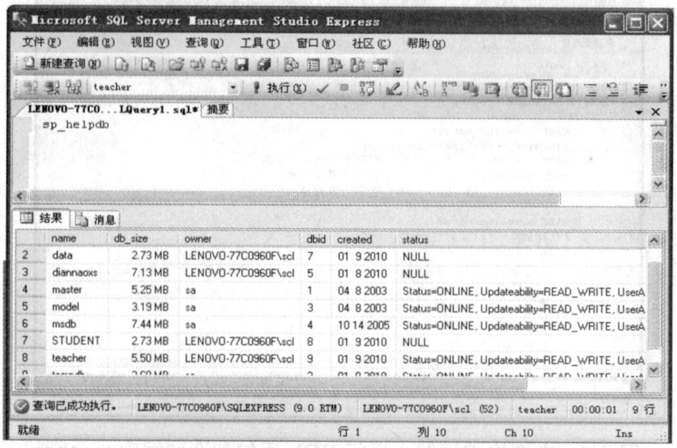

图 3.9　在查询编辑器中查看所有数据库信息

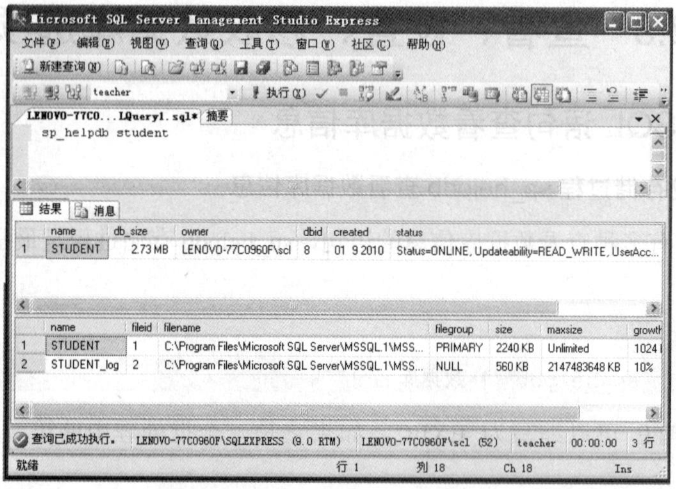

图 3.10　查看 student 数据库信息

3. 使用系统存储过程 sp_helpfile 查看当前数据库中某个文件的信息

语法格式：

```
[ EXECUTE ] sp_helpfile [文件名]
```

说明：若省略文件名则显示当前数据库中所有文件的信息。

【例 3-6】 查看 teacher 数据库中所有文件信息，代码如下：

```
USE teacher
GO
sp_helpfile
```

运行结果如图 3.11 所示。

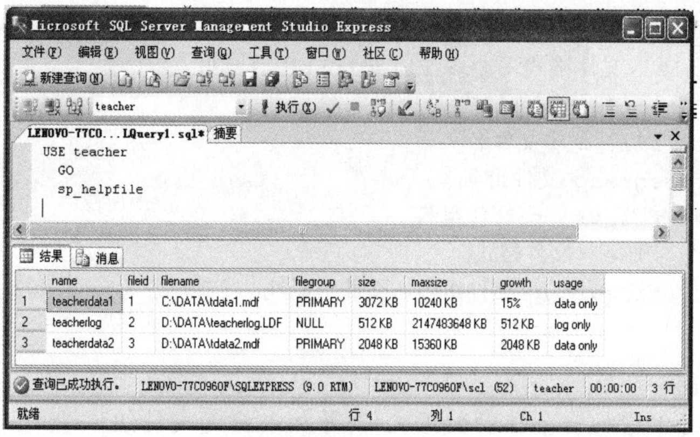

图 3.11　查看 teacher 数据库中的所有文件信息

3.3.2　用 T-SQL 语句设置和修改数据库选项

1. 使用系统存储过程 sp_dboption 查看、设置或修改数据库选项。

语法格式：

```
[ EXECUTE ] sp_dboption  [ 数据库名 [,选项名,选项值 ] ]
```

【例 3-7】 将 students 数据库设置为单用户，代码如下：

```
sp_dboption  'students',  'single',  'true'
```

若命令运行成功则显示“命令已成功完成”。

再用 sp_dboption 语句查看 students 数据库中所有设置为 true 的选项：

```
sp_dboption   students
```

运行结果如图 3.12 所示。

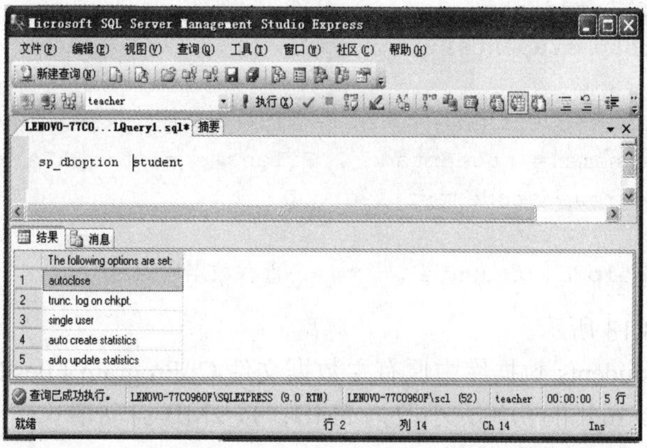

图 3.12　students 数据库中所有设置为 true 的选项

2. 用 ALTER DATABASE 语句设置、修改数据库

T-SQL 设置修改数据库语句 ALTER DATABASE 的语法格式：

```
ALTER  DATABASE 数据库名
     add file <文件格式> [to filegroup 文件组]
   | add log file <文件格式>
   | remove file 逻辑文件名
   | add filegroup 文件组名
   | remove filegroup 文件组名
   | modify file <文件格式>
   | modify filegroup 文件组名，文件组属性
```

说明：

- add file 用于增加一个辅助数据文件[并加入指定文件组]。
- <文件格式> 为：

```
( name = 数据文件的逻辑名称
  [,filename ='数据文件的物理名称']
  [,size = 数据文件的初始大小 [ MB | KB ] ]
  [,maxsize = { 数据文件的最大容量 | UNLIMITED } ]
  [,filegrowth = 数据文件的增长量 [ MB | KB | % ] ]
)
```

【例 3-8】 用 ALTER 语句向【例 3-2】默认创建的 students 数据库中添加名为 studentsfilegroup 的文件组，在 D 盘 DATA 文件夹中添加数据文件 studentadd.ndf 并将其加入此文件组中。

原有主数据文件：C:\Program Files\Microsoft SQL Server\MSSQL\Data\ students.mdf；初始大小：1MB；按 10%自动增长不受限制；默认 PRIMARY 组。

原有事务日志文件：C:\Program Files\Microsoft SQL Server\MSSQL\Data\ students_log.LDF；初始大小：1MB；按 10%自动增长不受限制。

在查询分析器中写入以下代码：

```
ALTER DATABSE students             --添加文件组
  add filegroup studentsfilegroup
go
ALTER DATABSE students             --添加数据文件，并将其加入新文件组
  add file ( name = studentadd , Filename = 'D:\DATA\studentadd.ndf ')
      to filegroup studentsfilegroup
go
EXECUTE sp_helpdb students         --查看数据库信息
```

运行结果如图 3.13 所示。

【例 3-9】 将 students 数据库中原有主数据文件 C:\Program Files\Microsoft SQL Server\MSSQL\Data\students.mdf 的初始大小改为 5MB；按 2MB 自动增长到最大容量 20MB。

在查询编辑器中写入以下代码：

```
ALTER DATABASE students             --修改数据文件
  MODIFY FILE ( NAME='students', SIZE=5, MAXSIZE=20, FILEGROWTH=2 )
GO
EXECUTE sp_helpdb students          --查看数据库信息
```

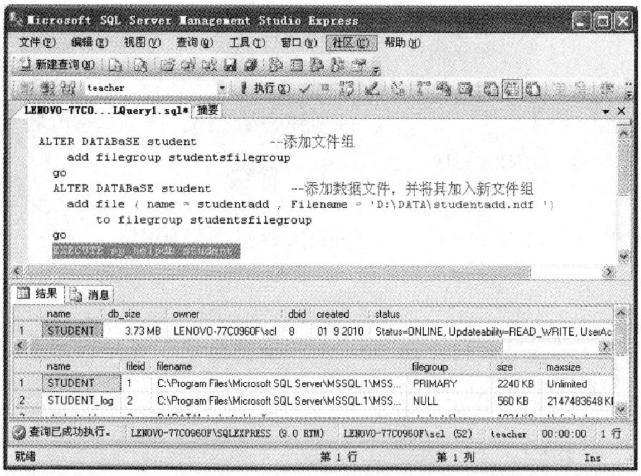

图 3.13　向 students 添加文件组和数据文件

运行结果如图 3.14 所示。

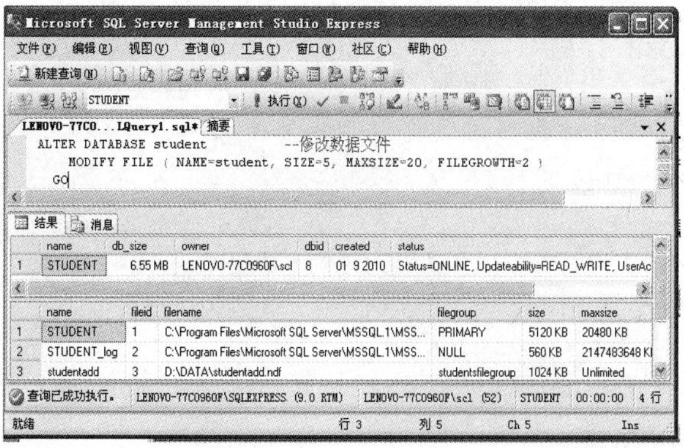

图 3.14　修改 students 数据库的主数据文件

关于 ALTER DATABASE 语句的更详细用法可以参考 SQL Server 2005 的在线手册。

【实训项目 3-1】创建“电脑器材销售管理”数据库 diannaoxs

为了既能掌握知识面又便于简化上机练习，该数据库结构作如下设置。

- 一个主数据文件。逻辑名 diannaoxs1，物理名 D:\DNXS\diannaoxs1.mdf，初始容量 1MB，最大容量不受限制，每次增长量为 10%。
- 一个辅助数据文件。逻辑名 diannaoxs2，物理名 D:\DNXS\diannaoxs2.ndf，初始容量 1MB，最大容量不受限制，每次增长量为 10%。
- 两个数据文件不单独创建文件组(使用默认 PRIMARY 组)。
- 一个事务日志文件。逻辑名 diannaoxslog，物理名 D:\DNXS\diannaoxslog.ldf，初始容量 500KB，最大容量 5MB，每次增长量为 500KB。
- 设置选项：autoclose 自动关闭，autoshrink 自动收缩。

首先确认 D:\DNXS\文件夹已经创建，将三个文件均存放在该文件夹内。可以使用 SSMS 创建“电脑器材销售管理”数据库 diannaoxs。也可以使用 SQL 语句创建“电脑器材销售管理”数据库 diannaoxs。

在查询编辑器中输入如下创建 diannaoxs 数据库的代码：

```
CREATE DATABASE diannaoxs        --创建数据库
  ON
  ( NAME = diannaoxs1 ,          --创建主数据文件，该逻辑名参数可以省略
    FILENAME = 'D:\DNXS\diannaoxs1.mdf' ,
    SIZE = 1 ,
    MAXSIZE= UNLIMITED ,         --最大容量不受限制
    FILEGROWTH = 10%
  ) ,
  ( NAME = diannaoxs2 ,          --创建辅助数据文件，该逻辑名参数可以省略
    FILENAME = 'D:\DNXS\diannaoxs2.mdf',
    SIZE = 1 ,
    MAXSIZE= UNLIMITED ,
    FILEGROWTH = 10% )
  LOG ON                         /* 创建事务日志文件*/
  ( NAME = diannaoxslog ,        /* 该逻辑名参数可以省略 */
    FILENAME = 'D:\DNXS\diannaoxslog.LDF',
    SIZE = 500KB ,
    MAXSIZE = 5 ,                /* 日志文件最大容量 5MB */
    FILEGROWTH = 500KB
  )
GO
sp_dboption  diannaoxs , autoclose , true           -- 设置数据库自动关闭
EXEC  sp_dboption  diannaoxs , autoshrink, true     -- 设置数据库自动收缩
GO
EXECUTE  sp_helpdb diannaoxs                        --查看数据库信息
```

运行结果如图 3.15 所示。

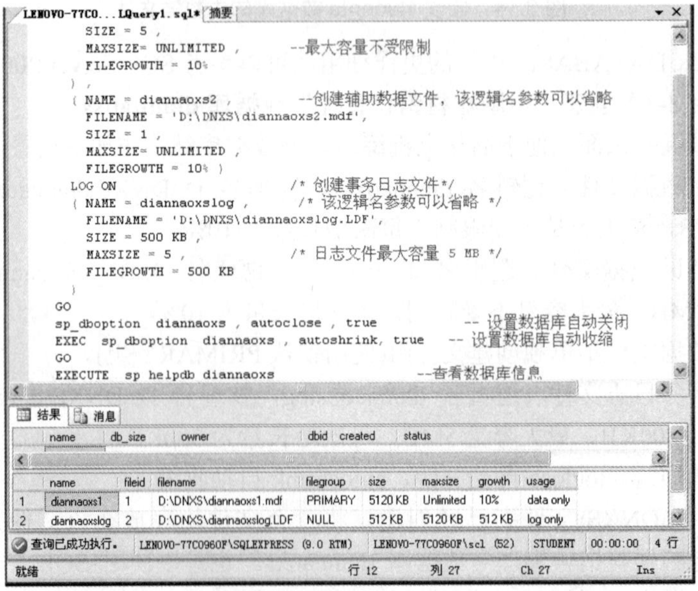

图 3.15 “电脑器材销售管理”数据库 diannaoxs 信息

3.4　数据库与 SQL Server 系统的分离与删除

3.4.1　数据库与 SQL Server 系统的分离

如果想要把数据库从一个 SQL Server 系统中移动到另一个 SQL Server 系统，或者需要把数据文件从一个磁盘移到另一个磁盘上时(例如当包含该数据库文件的磁盘空间已用完，希望扩充现有的文件而又不愿将新文件添加到其他磁盘上)，可以先将数据库与 SQL Server 系统分离，然后将该数据库文件剪切复制到容量较大的磁盘上，再将数据库重新附加到原来系统中或附加到另一个系统中。

分离数据库实际上只是从 SQL Server 系统中删除数据库，组成该数据库的数据文件和事务日志文件依然完好无损地保存在磁盘上。使用这些数据文件和事务日志文件可以将数据库再附加到任何 SQL Server 系统中，而且数据库在新系统中的使用状态与它分离时的状态完全相同。

注意： 只有固定服务器角色成员 sysadmin 才可以执行分离数据库操作，系统数据库 master、model 和 tempdb 数据库无法从系统中分离出去。

1. 使用 SSMS 分离数据库

右击要分离的数据库，在弹出的快捷菜单中选择“任务”命令，然后再选择其子菜单中的“分离”命令，将出现如图 3.16 所示的“分离数据库”窗口。

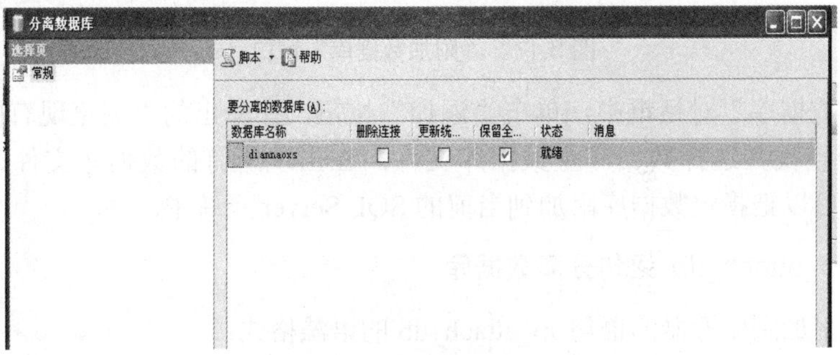

图 3.16　“分离数据库”窗口

在“分离数据库”窗口中，单击“确定”按钮完成数据库的分离。已分离的数据库将不再出现在 SQL Server 系统中。

2. 使用 sp_detach_db 语句分离数据库

从服务器分离数据库语句 sp_detach_db 的语法格式：

```
sp_detach_db 数据库名称 [ , true|false ]
```

说明： “数据库名称”指定要分离的数据库，第二个参数指定是否在分离数据库前更新数据库统计信息，取 false 为指定更新数据库统计信息，取 true 或省略则不更新数据库统计信息。

下面的语句用来从系统中分离 DATA 数据库，不更新数据库统计信息：

```
EXEC  sp_detach_db  'DATA', 'true'
```

3.4.2　将数据库文件附加到 SQL Server 系统

1. 使用 SSMA 附加数据库

在 SSMS 中选中数据库节点，选择“操作”菜单中的“所有任务”命令，或者直接右击数据库节点，在弹出的快捷菜单中选择“所有任务”命令，然后再选择其子菜单中的“附加数据库”命令，弹出如图 3.17 所示的“附加数据库”窗口。

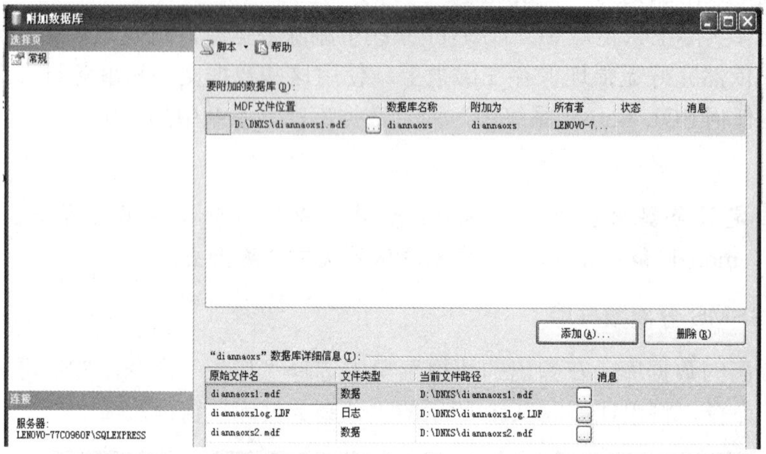

图 3.17　“附加数据库”窗口

在“附加数据库”对话框中，单击“添加”按钮，在弹出的“浏览现有的文件”对话框中展开路径查找并选择数据库主数据库文件。在出现所有的数据库文件后，单击“确定”按钮，就可以把指定数据库附加到当前的 SQL Server 系统中。

2. 使用 sp_attach_db 语句分离数据库

把数据库附加到服务器的语句 sp_attach_db 的语法格式：

```
sp_attach_db [ @dbname = ] 'dbname' , [ @filename1 = ] 'filename_n' [ ,…16 ]
```

说明： 参数[@dbname =] 'dbname'为要附加到服务器的数据库的名称。该名称必须是唯一的。dbname 的数据类型为 sysname，默认值为 NULL。[@filename1 =] 'filename_n'，数据库文件的物理名称，包括路径。filename_n 的数据类型为 nvarchar(260)，默认值为 NULL。最多可以指定 16 个文件名。参数名称以@filename1 开始，递增到@filename16。文件名列表至少必须包括主文件，主文件包含指向数据库中其他文件的系统表。该列表还必须包括数据库分离后所有被移动的文件。

下面的示例是将 DATA 中的两个文件附加到当前服务器。

```
EXEC sp_attach_db @dbname = N'DATA',
@filename1 = N'c:\Program Files\Microsoft SQL Server\MSSQL\Data\DATA.mdf',
@filename2 = N'c:\Program Files\Microsoft SQL Server\MSSQL\Data\DATA_log.ldf'
```

3.4.3　删除数据库

1. 使用 SSMS 删除数据库

当数据库不再使用时可以将其删除。删除数据库会删除该数据库中的所有对象、数据和组成数据库的所有磁盘文件，释放该数据库占用的系统资源和磁盘空间。

注意：正在使用中的数据库不能删除。

使用 SSMS 删除数据库的方法是：展开对象资源管理器的数据库节点，右击要删除的数据库，在弹出的快捷菜单中选择“删除”命令，在“删除数据库”确认对话框中单击“是”按钮即可。

2. 使用 DROP DATABASE 语句删除数据库

语法格式：

```
DROP  DATABASE 数据库名 [ ,… n ]
```

- 使用 SQL 命令一次可删除多个数据库，但删除时不出现提示，删除后不能恢复。
- 正在被其他用户使用的数据库不能被删除，可先断开其连接再删除。

【例 3-10】 用 DROP DATABASE 语句删除 students 数据库。

在查询编辑器中输入代码：

```
DROP DATABASE students
```

注意：系统数据库中的 master、model 和 tempdb 不能被删除，msdb 虽然可以被删除，但删除 msdb 后很多服务(比如 SQL Server 代理服务)将无法使用，因为这些服务在运行时会用到 msdb。

3.5　实训要求与习题

实训要求

(1) 理解 SQL Server 数据库及其文件的存储结构。

(2) 按照【实训项目 3-1】的方法分别使用 SSMS 和 SQL 语句创建“电脑器材销售管理”数据库 diannaoxs，掌握数据库的创建。

(3) 利用 SQL 语句查看数据库信息、设置和修改数据库选项，掌握数据库与 SQL Server 系统的分离与删除。

练习题

(1) 在 SSMS 中，右击要操作的数据库，在弹出的快捷菜单中选择__________命令创建数据库，选择__________命令查看数据库定义信息，选择__________命令设置数据库选项，选择__________命令修改数据库结构，选择__________命令删除数据库。

(2) 在查询编辑器中，使用__________命令创建数据库，使用__________命令查看数据库定义信息，使用__________命令设置数据库选项，使用__________命令修改数据库结构，使用__________命令删除数据库。

(3) 在 SQL Server 2005 中数据库文件有几类？各有什么作用？

(4) 数据库主数据文件、辅助数据文件和事务日志文件的扩展名各是什么？

(5) 查看数据库信息可使用哪些方法？

(6) 在什么情况下不能删除数据库？

(7) 用查询编辑器创建一个默认选项的 market 数据库。

(8) 写出满足以下要求的 CREATE DATABASE 命令：

① 所创建的数据库名称为 text。

② 主数据文件逻辑名称为 textdata_1，物理文件名 textdata_1.mdf，初始容量 5MB，最大容量 l0MB，增长量 1MB。

③ 辅助数据文件逻辑名称为 textdata_2，物理文件名 textdata_2.ndf，初始容量 3MB，最大容量 l0MB，增长量 1MB。

④ 事务日志文件逻辑名称为 textlog，物理文件名 textlog.ldf，初始容量 1MB，最大容量 5MB，增长量 1MB。

第 4 章　数据表的创建与操作

学习目的与要求

数据表是数据库中最重要的对象，数据库的全部数据都存储在不同的数据表中，因而数据表的设计成功与否是数据库设计的关键，将直接影响到数据库使用的合理有效。了解 SQL Server 数据库系统，掌握数据表的数据类型、运算符与表达式、常用系统函数是创建数据库必备的基础知识。数据表及约束对象的创建以及数据的输入更新是创建数据库的重要环节。通过本章学习，读者应熟悉并掌握 SQL Server 数据库的数据类型、表达式和常用内置函数，掌握数据表及约束对象的创建、修改、删除以及数据的输入、更新、删除等操作，独立创建“电脑器材销售管理”diannaoxs 数据库的各个数据表。

实训项目

【实训项目 4-1】～【实训项目 4-17】分别用 SSMS、SQL 语句创建 diannaoxs 数据库“员工表”、“商品一览表”、“供货商表”、“销售表 2011”、“进货表 2011”，为各数据表设置或添加约束、创建并绑定规则或默认值对象、添加记录或部分数据、更新数据，最终完善 diannaoxs 数据库。

4.1　数 据 类 型

数据库存储的对象主要是数据，而现实中存在着各种不同类型的数据，在计算机中数据的特征则主要表现在数据类型上。

数据类型决定了数据的存储格式、长度、精度等属性。SQL Server 为我们提供了多达 26 种的丰富数据类型，用户还可以自己定义数据类型(见第 7 章)。

4.1.1　二进制数据

SQL Server 用 binary、varbinary 和 image 三种数据类型来存储二进制数据。二进制类型可用于存储声音图像等数字类型的数据。

1. 定长二进制 binary(n)

按 n 个字节的固定长度存放二进制数据，最大长度为 8KB，即 $1 \leq n \leq 8000$。

若实际数据不足 n 个字节，则在数据尾部加 0 补足 n 个字节。

2. 变长二进制 varbinary(n)

按不超过 n 个字节的实际长度存放二进制数据，最大长度 8KB，即 $1 \leq n \leq 8000$。

若实际数据不足 n 个字节，按实际长度存储数据，不补充加 0。

3. 图像二进制 image

图像二进制可存储不超过 $2^{31}-1$ 个字节的二进制数据，比如文本文档、Excel 图表以及图像数据(包括.gif、.bmp、.jpeg 文件)等。

注意：

- 二进制数据常量不允许加引号，默认用十进制书写，如 1234、1011 均视为十进制常量，如果使用十六进制则必须加 0x 前缀。输出显示默认采用十六进制。
- 若实际数据的二进制长度超过指定的 *n* 个字节，用**局部变量存储**时只截取二进制的前 *n* 个字节，其余二进制位舍掉。
- 数据库中二进制字段的数据不能在数据表中直接输入，即“无法编辑该单元”。
- 在用 INSERT 或 UPDATE 为数据表二进制字段输入、更新数据时，如果超过 *n* 字节，则系统提示“将截断字符串或二进制数据”并终止命令执行，不能保存该数据。

【例 4-1】 二进制数据 1aa2bb3cc4 共 40 位 5 个字节，可表示为 0x1aa2bb3cc4。

若定义数据类型为 binary(6)，则数据后加 0 按 6 字节存储为：0x1aa2bb3cc400

若定义数据类型为 varbinary(6)，则按实际数据存储为：0x1aa2bb3cc4

若定义数据类型为 binary(4)或 varbinary(4)，则在局部变量中存储为：0x1aa2bb3c。存储到数据表字段中时，系统提示“将截断字符串或二进制数据”不能保存该数据。

4.1.2 数值型数据

SQL Server 的数值型数据共 8 种，其中整型数据 4 种，实型数据 4 种。

1. 字节型整数 tinyInt

占 1 个字节固定长度内存，可存储 0～255 范围内的任意无符号整数。

2. 短整型整数 smallInt

占 2 字节固定长度内存，最高位为符号位，可存储-32768～32767(-2^{15}～$2^{15}-1$)的任意整数。

3. 基本整型整数 int 或 integer

占 4 字节固定长度内存，高位为符号位，可存储-2147483648～2147483647(-2^{31}～$2^{31}-1$)范围内的任意整数。

4. 长整型整数 bigint

占 8 字节固定长度内存，高位为符号位，可存储-2^{63}到$2^{63}-1$范围内的任意整据。

注意：整型数据可以在较少的字节里存储精确的整型数字，存储效率高，不可能出现小数的数据应尽量选用整数类型。

5. 近似值实型浮点数 real

占 4 字节固定长度内存，最多 7 位有效数字，范围从-3.40E+38 到 1.79E+38。

6．可变精度实型浮点数 float(n)

- 当 n 的取值为 1～24 时，数据精度是 7 位有效数字，范围从-3.40E+38 到 1.79E+38，占 4 字节内存。
- 当 n 的取值为 25～53 时，精度是 15 位有效数字，范围从-1.79E+308 到 1.79E+308，占 8 字节内存。
- 实型浮点数常量可以直接使用科学记数法的指数形式书写。

7．精确小数型数据 numeric(p,s)

- p 指定总位数(不含小数点)，p 的取值范围 1≤p≤38。即最多可达 38 位有效数字，不使用指数的科学记数法表示，但取值范围必须在-10^{38}～$10^{38}-1$ 之间。
- s 指定其中的小数位数，s 的取值范围 0≤s≤p。

8．精确小数型数据 decimal(p,s)或 dec(p,s)

该类型数据与 numeric(p,s)类型用法相同，所不同的是 decimal(p,s)不能用于数据表的 identity 字段。

4.1.3　字符型数据

SQL Server 提供了 Char(n)、Varchar(n)和 Text 三种 ASC 码字符型数据。

1．定长字符型 char(n)

按 n 个字节的固定长度存放字符串，每个字符占用一个字节，长度范围 1≤n≤8000。
若实际字符串长度小于 n，则尾部填充空格按 n 个字节的字符串存储。

2．变长字符型 varchar(n)

按不超过 n 个字节的实际长度存放字符串，可指定最大长度为 1≤n≤8000。
若实际字符串长度小于 n，则按字串实际长度存储，不填充空格。
当存储的字符串长度不固定时，使用 Varchar 数据类型可以有效地节省空间。

3．文本类型 text

text 类型存储的是可变长度的字符数据类型，可存储最大长度为 $2^{31}-1$ 字节的数据。当存储的字符型数据超过 8000 字节(比如备注)时，可选择 Text 数据类型。

【例 4-2】 字符型字符串“abcdABCD 我们学习”共 12 个字符占 16 字节。
若定义数据类型为 char(20)则存储为：'abcdABCD 我们学习'
若定义数据类型为 varchar(20)则按实际长度存储为：'abcdABCD 我们学习'

4.1.4　统一字符型数据

统一字符型也称为宽字符型，采用 Unicode 字符集，包括了世界上所有语言符号，不论一个英文符号还是一个汉字都占用 2 个字节的内存。前 127 个字符为 ASC 码字符。

SQL Server 提供了 Nchar(n)、Nvarchar(n)和 Ntext 三种统一字符型数据。

1．定长统一字符型 Nchar(n)

按 n 个字符的固定长度存放字符串，每个字符占用 2 个字节，长度范围 $1 \leqslant n \leqslant 4000$。若实际字符个数小于最大长度 n，则尾部填充空格按 n 个字符存储。

2．变长统一字符型 Nvarchar(n)

按不超过 n 个字符的实际长度存放字符串，可指定最大字符数为 $1 \leqslant n \leqslant 4000$。若实际字符个数小于 n，则按字符串实际长度占用存储空间，不填充空格。

3．统一字符文本类型 Ntext

Ntext 存储的是可变长度的双字节字符数据类型，最多可以存储$(2^{30}-1)/2$ 个字符。

【例 4-3】 字符串'abcdABCD 我们学习'作为统一字符型共 12 个字符占 24 字节。

若定义数据类型为 Nchar(14)，则存储为'abcdABCD 我们学习'。

若定义数据类型为 Nvarchar(14)，则按实际字符数存储为'abcdABCD 我们学习'。

若定义数据类型为 Nchar(10)或 Nvarchar(10)，则在局部变量中存储为'abcdABCD 我们'，存储到数据表字段中时，系统提示“将截断字符串或二进制数据”不能保存该数据。

4.1.5 日期/时间型数据

SQL Server 提供的日期/时间数据类型可存储日期和时间的组合数据。以日期/时间类型存储日期或时间数据比字符型更简单，因为 SQL Server 提供了一系列专门处理日期和时间的函数来处理这类数据。若使用字符型存储日期和时间，计算机不能识别，也不能自动对这些数据按照日期和时间进行处理。

SQL Server 提供了 Smalldatetime 和 Datetime 两种日期/时间的数据类型。

1．短日期/时间型 Smalldatetime

占 4 个字节固定长度的内存，存放 1900 年 1 月 1 日到 2079 年 6 月 6 日的日期时间，可以精确到分。

2．基本日期/时间型 Datetime

占 8 个字节固定长度的内存，存放 1753 年 1 月 1 日到 9999 年 12 月 31 日的日期时间，可以精确到千分之一秒，即 0.001s。

注意：

- 日期时间型常量与字符串常量相同，必须使用单引号括起来。
- SQL Server 在用户没有指定小时以下精确的时间数据时，自动设置 Datetime 或 Smalldatetime 数据的时间为 00:00:00。
- 数据库中默认的日期格式为‘年-月-日’，输入时可使用‘年/月/日’或‘年-月-日’，也可以使用‘月/日/年’、‘月-日-年’、‘日/月/年’或‘日-月-年’。
- 如果使用‘日/月/年’或‘日-月-年’，系统不能区分时默认按‘月-日-年’处理。

4.1.6　货币型数据

货币数据类型专门用于货币数据处理，实际上就是带有 4 位小数的精确小数型 Decimal(p,4)或 Numeric(p,4)的数据类型。

SQL Server 提供了 Smallmoney 和 Money 两种货币型数据类型。

1．短货币型 Smallmoney

该类型占 4 个字节固定长度的内存，实际是由 2 个 2 字节的整数构成，前 2 个字节为货币值的整数部分，后 2 个字节为货币值的小数部分。货币值的范围从−214748.3648 到 +214748.3647，可以精确到万分之一货币单位。

2．基本货币型 Money

该类型占 8 个字节固定长度的内存，由 2 个 4 字节的整数构成，前 4 个字节为货币值的整数部分，后 4 个字节表示货币值的小数部分。货币值的范围从-2^{63}到$2^{63}-1$，可精确到万分之一货币单位。

Money 或 Smallmoney 类型的数值常量，应加货币符号$前缀，负数时加后缀$。

如：$222.222 , −333.333$

4.1.7　位类型数据 bit

- 位类型只能存放 0、1 和 NULL(空值)，一般用于逻辑判断。
- 位类型数据占 1 位二进制内存，如果一个数据表中有 8 个以下的位类型字段，系统用一个字节存储所有这些字段，超过 8 个不足 16 个用 2 个字节存放。
- 位类型数据输入任意的非 0 值时，都按 1 处理。

SQL Server 的常用数据类型见表 4.1。

表 4.1　SQL Server 常用数据类型

	类型说明符	占内存字节数	数值范围
二进制	binary(n)	定长 *n* 字节超过截断	1≤*n*＜8000
	varbinary(n)	变长按实际超过 *n* 字节截断	1≤*n*＜8000
	image	最大 $2^{31}-1$ 个字节二进制数	
字符型	char(n) 默认 1	定长 *n* 个字符(字节)	1≤*n*＜8000
	varchar(n)	变长按实际不超过 *n* 个字符	1≤*n*＜8000
	text	最大 $2^{31}-1$ 个字符(用单引号)	
宽字符	nchar(n)	定长 *n* 个 Unicode 字符(2 字节)	1≤*n*＜4000
	nvarchar(n)	变长按实际不超过 *n* 个字符	1≤*n*＜4000
	ntext	最大 $2^{30}-1$ 个 Unicode 统一字符	
日期时间	datetime	1/1/1753—12/31/9999 日期时间 '1988/2/3 10:30:59.157AM'	精确到 0.001s，用单引号

续表

	类型说明符	占内存字节数	数值范围
日期时间	smalldatetime	1/1/1900—6/6/2079 日期时间 '1988-02-03 10:30:00'	精确到分，用单引号
位型	bit	一位二进制，只取 0、1 或 null 一个表小于 8 个 bit 型占 1 字节	可用于逻辑型
整型	tinyint	1 字节，无符号整数	0 ~ 255
	smallint	2 字节，有符号整数	−32768 ~ 32767
	int	4 字节，有符号整数	$-2^{31} \sim 2^{31}-1$
	bigint	8 字节，有符号整数	$-2^{63} \sim 2^{63}-1$
小数	decimal(p,s)	p 为总位数，s 为小数位	$-10^{38} \sim 10^{38}-1$
	numeric(p,s)	1≤p≤38，0≤s≤53	$-10^{38} \sim 10^{38}-1$
浮点数	real	十进制浮点数	−3.4E38 ~ 3.4E38
	float(p)	p 为有效位数，1≤p≤53	−1.79E+308~ 1.79E+308
货币	smallmoney	−214748.3648~214748.3647	实际为 4 位小数的 decimal 类型
	money	±922337203685477.5807 数据前加货币符号$，负号在后	

4.1.8 其他特殊数据类型

- **Timestamp**：也称为时间戳数据类型，它提供数据库范围内的唯一值，反映数据库中数据修改的相对顺序，相当于一个单调上升的计数器。
- **Uniqueidentifier**：用于存储一个 16 字节长度的二进制数据类型，它是 SQL Server 根据计算机网络适配器地址和 CPU 时钟而产生的全局唯一标识符代码(Globally Unique Identifier，GUID)。
- **sql_variant**：用于存储除文本、图形数据和 timestamp 类型数据外的其他任何合法的 SQL Server 数据。
- **table**：用于存储对表或者视图处理后的结果集。这种新的数据类型使得用一个变量可以存储一个表，从而使函数或过程返回查询结果更加方便、快捷。

4.1.9 图像、文本型数据的存储方式

存储文本、图像等大型数据时，可使用 Text、Ntext 和 Image 三种数据类型，这三种数据类型的数据量往往比较大，在 SQL Server 7.0 以前的版本中，文本和图像数据被存储在专门的页中，在数据行的相应位置只保存指向这些数据的指针。

SQL Server 2005 提供了将小型文本或图像数据直接在行中存储的功能，不需要到另外的页中访问这些数据，使得读写文本和图像数据可以与读写普通字符串一样快。

使用系统存储过程 sp_tableoption 可以指定文本或图像数据是否在表的行中存储。

语法格式：sp_tableoption '表名', 'text in row', 'TRUE|FALSE'

说明：

- 当指定“TRUE”选项时，允许小型文本或图像数据直接在该表的行中存储，而且还可以指定文本或图像数据大小的上限值(24 ~ 7000 字节)，默认上限 256 字节。
- 当数据的大小不超过上限值而且同时数据行有足够空间时，文本和图像数据就会直接存储在行中。
- 若以上两个条件有一个不满足时，行中仍只存放指向数据存储位置的指针。

【例 4-4】 在当前数据库中创建数据表 example，字段 bin_1 存放 Text 类型数据，bin_2 存放 Ntext 类型数据，bin_3 存放 Image 类型数据。

```
CREATE TABLE example ( bin_1 text , bin_2 ntext , bin_3 ntext Image)
Go
/* 以下语句指定不大于 1000 字节的文本或图像数据在行中存储 */
sp_tableoption 'example', 'text in row', 'TRUE'
sp_tableoption 'example ','text in row', '1000'
/* 以下语句指定 Mytable 表不在行中存储文本和图像数据 */
sp_tableoption 'Mytable' , 'text in row', 'FALSE'
```

4.1.10 局部变量的定义与输出

本书在第 7、8 章将专门详细介绍 T-SQL 的程序设计、批处理、局部变量、自定义类型和函数、游标、存储过程与触发器，但在前几章也许会用到批处理及局部变量的概念，为此我们先简单介绍一下有关的知识。

1. 批处理

批处理是一个或多个 SQL 语句的集合，构成一个独立的程序模块，以 GO 语句为结束标志。从程序开头或从某一个 GO 语句开始到下一个 GO 语句或程序结束为一个批处理。

2. 局部变量

局部变量是用户自定义的变量，用于临时存储各种类型的数据。

3. 定义局部变量

语法格式：DECLARE　{ @变量名　数据类型[(长度)]　} [，…n]
例如：DECLARE　@ x　int , @s　decimal(8.4)

注意：

- 局部变量必须以@开头以区别字段名变量。固定长度的类型不需要指定长度。
- 局部变量只在一个批处理内有效，其生命周期从定义开始到它遇到的第一个 GO 语句或者到程序结束。

4. 局部变量的赋值

语法格式：　SET　@局部变量=表达式

5. 显示输出局部变量

语法格式： PRINT 局部变量或表达式

4.2 运算符与表达式

4.2.1 算术运算符与表达式

算术运算符：+(加)、-(减)、*(乘)、/(除)、%(取模求余)。

4.2.2 逻辑类运算符与逻辑值表达式

SQL 的逻辑值表达式都是作为判断条件使用的，条件的取值有三个逻辑值。

- TRUE：真，条件成立。
- FALSE：假，条件不成立。
- UNKNOWN：不确定，是某个数据与 NULL 比较的结果。

在数据库中，NULL 是一个不知道或不能确定的专用数据值，它不等于数值 0 和字符的空格。某个数据与 NULL 进行比较运算的逻辑值就是 UNKNOWN，因为大家对使用 UNKNOWN 都不习惯，所以大多数 SQL 版本都提供了专门的空值运算符“IS NULL”，用于判断是否是空值 NULL。

例如：假设“职称”的内容为 NULL，若有条件表达式： 职称='讲师'

则该表达式的值既不是 TRUE，也不是 FALSE 而是 UNKNOWN。

SQL Server 2005 提供了由 7 类运算符组成的逻辑值条件表达式。

1. 比较运算符

>(大于)、>= (大于等于)、= (等于)、< (小于)、<= (小于等于)

<> 或 != (不等于)、!> (不大于)、!< (不小于)

条件表达式：表达式 1 比较运算符 表达式 2

如：单价 > 500 则单价大于 500 条件为 TRUE，单价不大于 500 条件为 FALSE

销售单价-进价>=销售单价/2 则毛利润大于等于一半时条件为真。

2. 逻辑运算符

not (逻辑非)、 and (逻辑与)、 or (逻辑或)

逻辑条件表达式： not 逻辑值表达式

逻辑值表达式 1 and 逻辑值表达式 2

逻辑值表达式 1 or 逻辑值表达式 2

如：not 单价 > 500 则单价不大于 500 条件为真，等价于：单价 <= 500

如：收货人='孙立华' and 进价>=1000

则只有孙立华收到的商品中进价大于等于 1000 时条件才为真。

如：单价=500 or 单价=1000

则单价等于 500 或者等于 1000，只要满足一个条件就为真。

在逻辑运算中，逻辑值 UNKNOWN(不确定)可以看成是介于真假之间的中立值，既不是真也不是假，不真不假就是不确定。

如果把 TRUE → UNKNOWN → FALSE 这三者的关系理解为由高级→低级，就比较好理解三者的逻辑运算结果了。

AND 运算：结果取低级的

TRUE	AND	UNKOWN	结果 UNKOWN
UNKOWN	AND	UNKOWN	结果 UNKOWN
FALSE	AND	UNKOWN	结果 FALSE

OR 运算：结果取高级的

TRUE	OR	UNKOWN	结果 TRUE
UNKOWN	OR	UNKOWN	结果 UNKOWN
FALSE	OR	UNKOWN	结果 UNKOWN

NOT 运算：结果取相反的

NOT	TRUE	结果 FALSE
NOT	UNKOWN	结果 UNKOWN
NOT	FALSE	结果 TRUE

3. 范围运算符

[not] between　…　and

条件表达式：表达式 [not] between 起始值 and 终止值

between　…　and 用于判断表达式的值是否在某个范围内，若在指定范围内条件为真，不在指定范围内条件为假。等价于：

表达式>=起始值 and 表达式<=终止值　　即起始值<=表达式<=终止值

not between … and 判断表达式的值是否不在某个范围内，若不在指定范围内条件为真，否则为假。等价于：

表达式<起始值 or 表达式>终止值　　即表达式小于起始值或大于终止值条件为真

如：X between 5 and 10　　则 X>=5 且 X<=10 条件为真，X<5 或 X>10 为假。

X not between 5 and 10　则 X<5 或 X>10 条件为真，X>=5 且 X<=10 为假。

注意：between 所选取的数据范围包括边界值，not between 则不包括边界值，not 实际上就是逻辑非运算符。

4. 多值列表运算符

[not] … in (…)

条件表达式：[not] 表达式 in (值 1, 值 2, …, 值 *n*)

in (…)用于判断表达式的值是否等于所给出的值之一，只要与其中任何一个值相等条件就为真，全部都不相等为假。

Not … in (…)表示判断表达式的值是否全部不等于所给出的值，所有的值一个也不相等条件为真，只要有一个相等为假。

如：X in (1，3，5) 则相当于逻辑表达式：X=1 or X=3 or X=5。

如：not X in (1，3，5) 则相当于逻辑表达式：X<>1 and X<>3 and X<>5。

5. 用于子查询的运算符

1) 列表比较运算符 ANY | ALL

列表运算符 ANY 与包含运算符 in 功能大致相同，但 in 可以独立使用，而 ANY 必须与比较运算符配合使用；in 只是比较相等(包含)，ANY 可进行任何比较。

列表比较的条件表达式格式：

表达式　比较运算符　ANY (子查询的一列值)
表达式　比较运算符　ALL (子查询的一列值)

该条件将表达式与子查询返回的一整列值按给定的比较运算符逐一比较：

只要有一个比较成立：　ANY 的结果为真(相当于或运算)。
只有全部比较都成立：　ALL 的结果为真(相当于与运算)。

在 SQL-92 标准中还可以使用 SOME 运算符，SOME 运算符与 ANY 等效。

2) 记录存在逻辑运算符 [not] exists

逻辑运算符[not] exists 可以检查子查询返回的结果集中是否包含有记录。若子查询结果集中包含记录，则 exists 为真，否则为假。

ANY | ALL 与[not] exists 的详细用法见第 5 章子查询。

6. 空值运算符

[not] is null

条件表达式：表达式 [not] is null

is null 表示判断表达式的值是否等于空值，如果是空值 NULL 则条件为真，否则为假。

not is null 表示判断表达式的值是否不等于空值，如果表达式的值不是空值 NULL 则条件为真。

例如：假设“职称”的内容为 NULL，则：(职称='讲师')= UNKNOWN

条件表达式“职称 IS NULL”的值为真。

7. 字符模糊匹配运算符

[not] like '… '

条件表达式：字符串表达式　[not] like '通配符'

其中通配符可以使用以下字符。

1) '%'：代表 0 个或多个字符的任意字符串

如：字符串表达式　like 'A%'

则不论字符串有多少个字符，只要第一个字符(开头)是“A”，条件为真。

如：字符串表达式　like '%AB'

则不论字符串有多少个字符，只要最后两个字符(末尾)是“AB”，条件为真。

如：字符串表达式　like '%ABC%'

则不论字符串有多少字符，只要任意位置上有字符串“ABC”，条件为真。

2) '_'：代表单个任意字符

如：字符串表达式　like '_ _A_'

则必须是只有四个字符的字符串中第 3 个字符是“A”，条件为真。

如：字符串表达式　like 'A_BC'

则必须是只有四个字符的字符串中第一个是“A”，第三、四个是“BC”，第二个不论是任意的单个字符，条件都为真。

如：字符串表达式　like '_AB%'

则不论字符串有多少个字符，只要第二、三个字符是“AB”，条件为真。

如：字符串表达式　like '%ABC_'

则不论字符串有多少个字符，只要最后一个字符前是“ABC”，条件为真。

3) '[abcd]'：代表指定字符中的任何一个单字符(取所列字符之一)

如：字符串表达式　like 'A[ABC]%'

则只要第一个是 A，第二个是 ABC 三个字符其中的任意一个字符，条件都为真。

如：字符串表达式　like 'A_[a-h]'

则必须是只有三个字符的字符串中，只要第一个是 A，第三个是 a～h 即 abcdefgh 八个字符中的任意一个，条件都为真。

4) '[^abc]'：代表不在指定字符中的任何一个单字符

如：字符串表达式　like 'A[^ABC]%'，则不论字符串有多少字符，只要第一个是 A，第二个不是 ABC 中的任意一个(ABC 以外的任意一个单字符)，条件都为真。

如：字符串表达式　like 'A_[^a-h]'，则必须是只有三个字符的字符串中，只要第一个是 A，第三个不是 abcdefgh 八个字符中的任意一个(abcdefgh 以外的)，条件都为真。

4.3　系统内置函数

SQL 的函数分为系统函数(内置函数)和用户自定义函数(见第 7 章)。

SQL 的内置函数中有些是 ANSI 标准定义的，大多数 SQL 版本都进行了扩充，不同版本的函数名及功能会略有不同。使用内置函数可以方便快捷地执行某些操作，因此了解并掌握这些函数的用法对数据处理是非常重要的。

T-SQL 提供了几百个内置函数，可分为以下几类。

- 数学函数
- 字符串函数
- 日期时间函数
- 类型转换函数
- 集合函数(在第 5 章数据库查询 SELECT 语句中介绍)

4.3.1　数学函数

常用数学函数见表 4.2。

表 4.2　常用数学函数

函　数	功能及说明	函　数	功能及说明
Abs(x)	求 x 的绝对值	Log10(x)	求以 10 为底的常用对数
Acos(x)	求 x 的反余弦值(弧度)	Pi(x)	求 PI 的常量值
Asin(x)	求 x 的反正弦值(弧度)	Power(x,y)	求 x 的 y 次方 x^y
Atan(x)	求 x 的反正切值	Radians(x)	求 x(角度)对应的弧度值
Atn2(x1，x2)	求介于 x1 和 x2 之间的近似反正切值(弧度)	Rand(x)	返回 0 到 1 之间的随机值
Ceiling(x)	求不小于 x 的最小整数	Round(x1,x2)	求 x1 四舍五入为 x2 指定的精度后的数字
Cos(x)	求 x(弧度)的余弦值	Sign(x)	求 x 的符号函数
Cot(x)	求 x(弧度)的三角余切值	Sin(x)	求 x(弧度)的正弦值
Degrees(x)	求 x(弧度)对应的角度值	Square(x)	求 x 的平方
Exp(x)	求 e^x 的指数函数	Sqrt(x)	求 x 的平方根
Floor(x)	求不大于 x 的最大整数	Tan(x)	求 x(弧度)的正切值
Log(x)	求以 e 为底的自然对数	Mod(x,y)	取模求余，即 x%y

说明：

- 函数参数 x 可以是数值常量、变量、字段名、数值函数或算术表达式。
- x 的数据类型可以是各种数值型或货币型的，有的函数值类型与 x 类型相同，有的需要将 x 转换成 float，其结果也是 float 类型的。
- 功能说明中得到的值是函数返回值，使用函数后参数 x 的值不变。

4.3.2　字符串函数

常用字符串函数见表 4.3。

表 4.3　常用字符串函数

函　数	功能及说明
ASCII(A)	得到字串 A 第一个字符的 ASCII 码
Char(x)	得到 ASCII 码为整数 x 的字符
Charindex(A,B[,start])	返回字符串 B 在字符串 A 自 start 后的起始位置
Difference(A,B)	以整数返回两个字符表达式的 SOUNDEX 值之差
Left(A,x)	从字串 A 的左边(前端)取 x 个字符的子串
Len(A)	求字串 A 去掉尾部空格后所包含的字符个数(不是字节数)，如果是空串，函数返回 0
Lower(A)	将字串 A 的所有字母变为小写

续表

函　数	功能及说明
Ltrim(A[,'B'])	将字串 A 左边(前端)字符 B 删掉，缺省为删掉空格
Nchar(x)	返回 Unicode 编码 x 对应的字符
Patindex(A,B)	返回模式 A 在字符串 B 中第一次出现的起始位置
Quotename(A,D)	返回字符串 A 加上分隔符 D 的 Unicode 字符串
Replace(A,B[,C])	在字符串 A 中查找字符串 B，并将其替换为字符串 C，省略 C 或为 NULL 则在 A 中删掉 B
Replicate(A,n)	返回重复 n 次 A 的字符表达式
Reverse(A)	返回 A 的反转字符
Right(A,x)	从字串 A 的右边(尾部)取 x 个字符的子串
Rtrim(A[,'B'])	将字串 A 右边(尾部)字符 B 删掉，缺省为删掉空格
Soundex(A)	返回由四个字符组成的代码，用于评估两个字符串的相似性
Space(x)	得到有 x 个空格的字符串
Str(x[,len[,d]])	将 x 的数值转换为数字字符串，包括符号和小数点
Stuff(A,start,len,B)	把 A 中从 start 开始长为 len 的字符串用 B 替换
Substring(A,x[,y])	从字串 A 的 x 字符位置开始取出 y 个字符的子串，省略 y 取到最后，x 取负值从后向前数
Unicode(A)	得到字串 A 第一个字符的 Unicode 码
Upper(A)	将字串 A 的所有字母变为大写
Concat(A,B)	连接字符串 A、B，即 A‖B

说明：

- 函数参数 x 一般是整型的数值常量、变量、数值函数或算术表达式。
- 参数 A 是字符串常量、变量、字段名、字符串函数或字符串表达式。
- A 的数据类型可以是各种字符型、宽字符型或二进制类型的，大部分只能处理 char(n)、varchar(n)、nchar(n)、nvarchar(n)类型或者可以转换成这些类型的数据，只有少部分可以处理 binary(n)、varbinary(n)、image、text、ntext 类型的数据。
- 功能说明中得到的字符串或子字符串是函数返回值，原字符串 A 的内容不变。

  如：len('this is a book')的函数值为 14。

  如：substring('欢迎使用 SQL Server 2005',3,4)，从字符串的位置 3(第一个字符位置为 1)开始取 4 个字符，函数返回值为子字符串“使用 SQ”。

4.3.3 日期时间函数

常用日期时间函数见表 4.4。

表 4.4　常用日期函数

函　数	功能及说明
Dateadd(yy|mm|dd,x,D)	得到按第一个参数指定的项目 D+x 的新值
Datediff(yy|mm|dd,D1,D2)	得到按第一个参数指定的项目 D2-D1 的差值
Datepart(时间参数，日期)	得到日期中时间参数指定部分的对应整数，如 SECOND 得到秒数
Datename(时间参数，日期)	得到日期中时间参数指定部分的对应字符串
Day(D)	得到 D 的日期数
Getdate()	得到系统的日期和时间
Getutcdate()	返回表示当前 UTC 时间(世界时间坐标或格林尼治标准时间)值
Month(D)	得到 D 的月份数
Year(D)	得到 D 的年份数

说明：

- 函数参数 x 一般是整型的数值常量、变量、数值函数或算术表达式。
- D 是日期时间型的常量、变量、字段名或日期时间函数。
- D 的格式应该符合 SET DATEFORMAT()命令设定的格式。
- 功能说明中得到的值是函数返回值，原日期时间 D 的内容不变。

例如：
getdate()　　得到当前系统的日期时间为：03 16 2011　4:35PM
year(getdate())　　得到系统当前日期的年份：2011
year('2011-01-02')　函数返回值为(数值或日期型都可以)：2011
dateadd(dd,20,'2011-3-16')　表示指定日期加 20 天：04　5 2011 12:00AM
datediff(yy,'1985-3-16',getdate())　表示当前日期减指定日期的年数差：21
利用 datediff()函数，我们可以根据日期求当前的年龄。

4.3.4　类型转换函数

在对不同类型的数据进行运算时，必须转换成相同的类型，对于大多数值类型系统可以进行自动类型转换，其他的类型的相互转换则需要用 Cast()或 Convert()函数进行强制类型转换。类型转换函数见表 4.5。

表 4.5　类型转换函数

函　数	功能及说明
Cast(表达式 as 数据类型[(长度)])	将表达式的值转换成指定的“数据类型”
Convert(数据类型[(长度)],表达式[,style])	按 style 格式将表达式的值转换成指定的“数据类型”

说明：

- 函数中的表达式可以是任何有效的 SQL Server 表达式，所指定的数据类型必须是系统的基本数据类型而不能是用户自定义的类型。
- (长度)用于需要指定长度的数据类型，不需要指定长度的类型可以省略。
- Cast()函数只适用于转换后不需要指定格式的数据类型，如整数、普通字符串。
- Convert()函数可适合于任何类型，其中 Style 可设置转换后的格式:
  将 datetime 或 smalldatetime 型日期时间转换为字符串的日期格式;
  将 Real 或 float(p)型浮点数转换为字符串的小数或指数格式;
  将 Smallmoney 或 money 货币型转换为字符串的货币格式。
- Style 参数见表 4.6。不需要指定格式的类型 Style 可以省略。

表 4.6　Convert()函数类型转换的格式参数

Style 参数的有效值		转换后返回字符串的格式
8 (2 位年份)	108(4 位年份)	只转换为时间：hh:mm:ss
11(2 位年份)	111(4 位年份)	只转换为日期：[yy]yy/mm/dd
	120(4 位年份)	yyyy-mm-dd hh:mm:ss
0 (Real 或 float 型浮点数)		默认值：最多 6 位数，必要时使用科学计数法
1 (Real 或 float 型浮点数)		最大为 8 位数，使用科学计数法表示
2 (Real 或 float 型浮点数)		最大为 16 位数，使用科学计数法表示
0(货币型，默认值)		小数点左侧数字不以逗号分隔，右侧取两位小数
1(货币型，转换为字符型)		小数点左侧数字每三位逗号分隔，右侧取两位小数
2(货币型，转换为字符型)		小数点左侧数字不以逗号分隔，右侧取四位小数

【例 4-5】 根据出生日期，求出年龄并输出。若将出生年份及年龄作为一个字符串整体输出，需要将年份和年龄转换为字符串再用字符串表达式连接成一个字符串。

Print cast(year('1980-3-7') as char(4)) + '年出生的人年龄是'
+ cast(datediff(yy,'1980-3-7',getdate()) as char(2)) + '岁'

输出结果为：‘1980 年出生的人年龄是 25 岁’

【例 4-6】 convert 函数的用法。

```
set dateformat mdy                          --设置日期格式采用月日年
declare @d datetime,@r real,@m money  --定义局部变量
set @d='11/20/2002 10:10:36 AM'
set @r=268886
set @m=9635225.3685
print convert(varchar(30), @d, 108) -- 结果为: 10:10:36
print convert(varchar(30), @d, 111) -- 结果为: 2002/11/20
print convert(varchar(30), @d, 120) -- 结果为: 2002-11-20 10:10:36
print convert(varchar(20), @r, 0)   -- 结果为: 268886
print convert(varchar(20), @r, 1)   -- 结果为: 2.6888600e+005
```

```
print convert(varchar(22), @r, 2)    -- 结果为: 2.688860000000000e+005
print convert(varchar(25), @m, 0)    -- 结果为: 9635225.37
print convert(varchar(25), @m, 1)    -- 结果为: 9,635,225.37
print convert(varchar(25), @m, 2)    -- 结果为: 9635225.3685
go
```

关于系统专门对数据表操作的集合函数在第 5 章查询中介绍。

4.4 用 SSMS 创建数据表及约束对象

4.4.1 数据表的基本概念

数据表就是相关联的行列数据集合，是数据库中最重要的对象，整个数据库中的全部数据都是物理存储在各个数据表中的。例如“电脑器材销售管理”diannaoxs 数据库的“员工表”中存放着该公司员工的数据，见表 4.7。

表 4.7 diannaoxs 数据库“员工表”

字段名	员工 ID	姓名	性别	出生日期	部门	工作时间	照片	个人简历
约束	(主键、检查)	(非空、唯一)	(非空、检查)	(非空)	(非空、默认值)	(非空)	NULL	NULL
模拟数据	11001	吕川页	男	1963-3-7	办公室	1985-2-6	Image 字段	Text 字段
	22001	郑学敏	女	1969-11-23	办公室	1994-7-1		
	22002	于　丽	女	1980-12-5	材料处	2002-2-15		
	22003	孙立华	男	1979-5-4	材料处	2001-9-9		
	33001	高　宏	男	1982-9-29	销售科	2001-6-1		
	33002	章晓晓	女	1980-11-1	销售科	2000-5-30		
	33003	陈　刚	男	1979-6-30	销售科	2003-11-1		

1. 字段

- 数据表中的一列称为一个字段(Field)，“员工表”共有 8 个字段。
- 每个字段的标题名称称为列名或字段名，如“姓名”就是该列的字段名，一个数据表中的字段名必须是唯一的(满足 1NF 没有相同的列)。
- 一个字段中存放着同一类型的数据，不同字段存放的数据类型可以不同。如“员工 ID”字段存放各个员工的编号，而“部门”字段存放的是各个员工所在的部门名称。
- 一个字段中所存放的数据类型、数值大小及字段长度等称为该字段的属性值。

如“姓名”字段存放的员工姓名是字符类型的数据，假定存储 4 个汉字，则可设置为 char(8)、varchar(8)或 Nchar(4)、Nvarchar(4)。而“出生日期”字段存放着员工的出生日期是日期/时间类型的数据，如果设置为 Datetime 类型将占据 8 个字节的固定空间，如果设置为 Smalldatetime 类型则占据 4 个字节的固定空间。

2. 记录

- 数据表中的一行称为一条记录，由表中各个字段的数据项组成，是一组相关数据的集合。如“员工表”中的一条记录是一个员工相关数据的集合。
- 每个表都有一个主键，主键字段的数据可以唯一地标识表中的一条记录。如各个员工的编号是唯一的，可将“员工 ID”字段指定为主键。
- 设置了主键的数据表中，各条记录是唯一的(满足 2NF，没有相同的行)。

4.4.2　数据表的结构

我们先来考虑人工绘制数据表的方法步骤。

第一，按表的列数(行数)及每列存放数据的大小绘制一个合理的空表格框架。

第二，在表中填入数据。

对比人工绘制数据表的方法，在数据库中把数据表分成“表结构”和“数据”两部分，所绘制的空表格就是需要设计的“表结构”(框架)，见表 4.8。

表 4.8　“员工表”的框架

员工 ID	姓　名	性　别	出生日期	部　门	工作时间	照　片	个人简历

同样，在数据库中创建数据表也必须先设计出表的“结构”再输入“数据”。那么在数据库中如何设计数据表的结构(框架)呢？

在数据库中设计表的结构就是告诉数据库系统该表中各列的属性，包括各列的列标题(字段名称)、每列中所要存放数据的类型(字段类型)、存放数据的大小或字符个数(字段长度)以及其他必要的说明(其他属性)。

按照 SQL Server 数据库创建表的要求我们也可以用一个表格来描述数据表的结构，见表 4.9。

表 4.9　“员工表”的表结构

字段名(列名)	数据类型		字段长度 (列宽度)	是否允许为空	约　束
员工 ID	Char	定长字符型	5	否	主键、检查
姓名	Varchar	变长字符型	8	否	唯一
性别	Bit	位类型		否	检查
出生日期	Datetime	日期/时间型		否	
部门	Nvarchar	变长宽字符型	5(10)	否	默认
工作时间	Smalldatetime	日期/时间型		否	
照片	Image	图像型		是	
个人简历	Text	文本型		是	

不同类型的字段还有许多各自不同的属性，在创建数据表时具体介绍。

4.4.3 用 SSMS 创建表结构

在 SQL Server 2005 中：

- 每个数据库中最多有 20 亿个表。
- 每个表最多可以设置 1024 个字段(列)。
- 每条记录最多占 8060 个字节，不包括 Text、Ntext 和 Image 字段。

【实训项目 4-1】用 SSMS 创建 diannaoxs 数据库“员工表”

在 SSMS 中按表 4.9 的结构创建“电脑器材销售管理”diannaoxs 数据库的“员工表”。

1. 打开 SSMS

启动 SSMS，展开对象资源管理器，找到 diannaoxs 数据库，右击该数据库中的表节点，在弹出的快捷菜单中选择“新建表”命令，如图 4.1 所示，随即打开“表设计器”窗口。

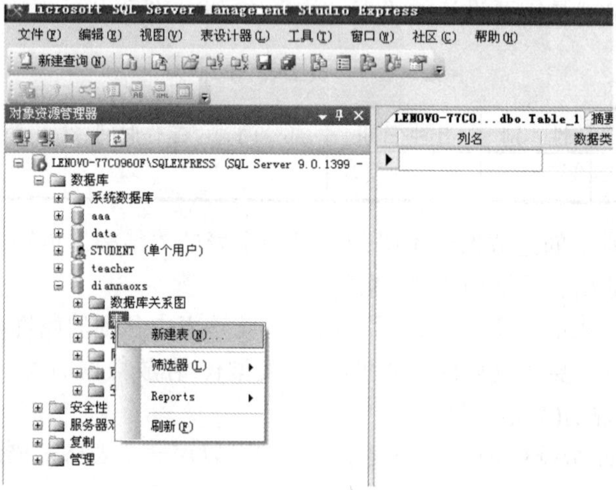

图 4.1 在 SSMS 中创建表

2. 在“表设计器”窗口中创建“员工表”结构

已输入表结构字段属性的“员工表”“表设计器”如图 4.2 所示。

(1) 表设计器上半部分的表格，用于描述表的结构，与我们描述表结构的表 4.9 中前 4 列完全对应：设计器表格的每一行描述数据表的一个字段，4 列参数分别描述该字段的“列名”、“数据类型”、“长度”、“允许空”。

- 列名(字段名)：同一表中的字段名必须唯一。可以由字母、汉字、数字和下划线组成，不能以数字开头，不能是关键字，长度不超过 128 个字符。
- 数据类型：是一个下拉列表框，其中包括了当前数据库的全部类型，也包括用户自定义的数据类型，直接从中选择即可。
- 允许空：用对勾表示允许为空值，取消对勾表示不允许为空值。默认状态勾选允许为空，单击可以切换，使允许为空的字段清除复选对勾标记。

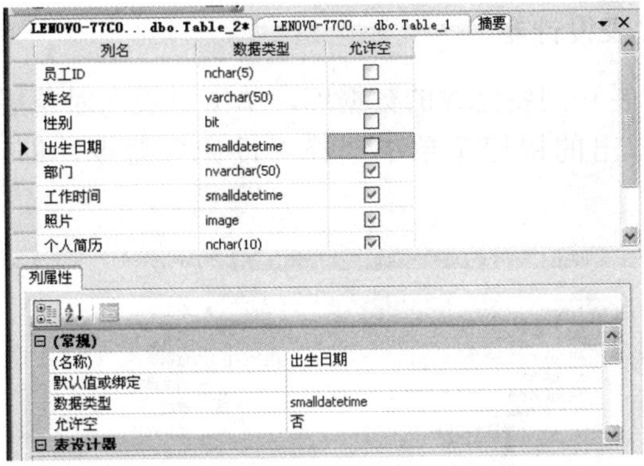

图 4.2　“员工表”的“表设计器”窗口

(2) “表设计器”下半部分是描述字段的列属性，当鼠标选中哪个字段(字段最前端标志块中有三角标志)，即可为该字段设置附加属性。

- 默认值：为该字段设置默认值，当输入记录时如果该字段没有输入数据则自动使用该默认值。默认值可以在此直接输入，也可事先单独设置默认约束对象，在这个下拉列表中选取已定义好的默认值约束对象。
- 标识规范(是/否)：选择是否将该字段设置为自动编号字段(identity，输入记录时系统根据“标识种子”和“递增量”自动产生该字段的值)。只有 bigint、int、smallint 等整数类型的字段，先清除“允许空”的对勾后才可以设置为该项。
- 标识种子(初始值)：为数据表第一条记录的自动编号设置初始值，只有“标识”设为“是”才允许设置该项。如班级的“学号”设为标识列，若第一个学生的学号是 201103001 则可将该值设置为“标识种子”。
- 标识递增量：设置自动编号字段每增加一条记录时编号的增长量。默认为 1。

3. 保存空数据表

“员工表”结构输入完毕后必须进行保存，选择“文件”→“保存”命令或单击工具栏中第一个“保存”按钮，在弹出的“选择名称”对话框中输入表名“员工表”(默认为 TABLE1)，单击“确定”按钮关闭表设计器，“员工表”的结构即设计创建完成。在数据库中创建了一个没有数据的空“员工表”，如图 4.3 所示。

图 4.3　输入表名

4.4.4　在 SSMS 中修改表结构

若没有关闭“表设计器”可直接在设计器中反复设置修改各个字段，为各个字段设置约束。若已经关闭(创建完成)则可随时再打开要修改表的“表设计器”，对表结构进行修改并设置各种约束，也可以使用 SQL 语句修改表的结构和创建约束。

1. 打开已有表的“表设计器”

打开 SSMS，依次展开到要修改的数据库，单击“表”对象展开数据表，选中要修改的数据表后右击，在弹出的快捷菜单中选择“设计”命令，即可打开该表的“表设计器”，如图 4.4 所示。

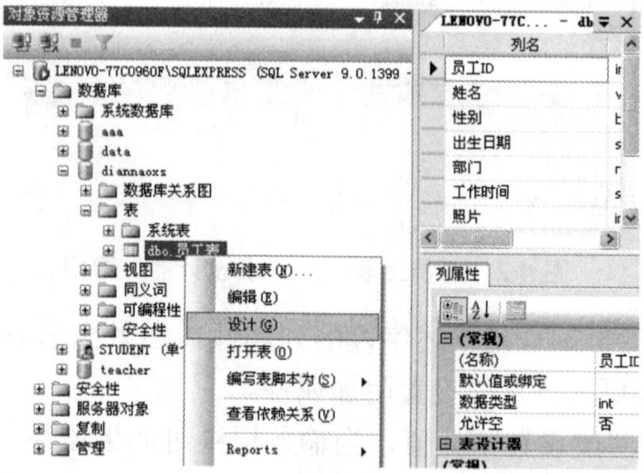

图 4.4　在设计器中打开表

2. 修改字段属性

在设计器中可以自由地修改各字段的“列名”、“数据类型”、“字段长度”、“允许空”以及其他附加属性。

3. 添加新字段

如果在最后追加一个新字段，可将光标移到(或用鼠标单击)最下面的空白行中，即可输入一个新行。

如果要在某个字段前插入一个新字段，可右击插入位置的字段，在弹出的快捷菜单中选择“插入列”命令，则会在该列之前出现一行空白，即可插入一个字段，如图 4.5 所示。

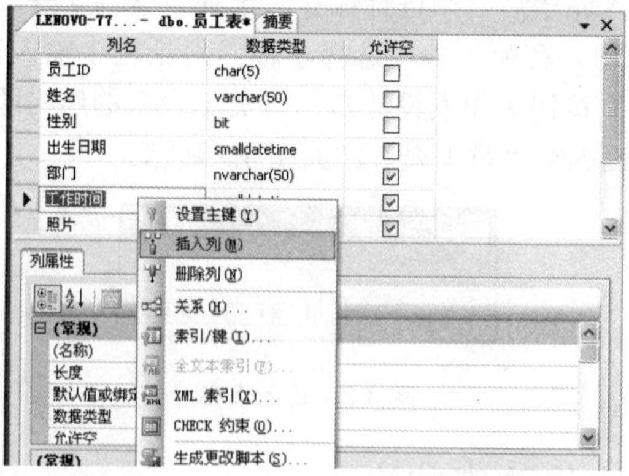

图 4.5　SSMS 中编辑字段的快捷菜单

4. 删除字段

右击要删除的字段，在弹出的快捷菜单中选择“删除列”命令即可删除该字段。

5. 移动字段顺序

单击要移动字段左方(最前端)的标志块，则出现一个“三角”标志，按下左键不松开，然后拖动该字段到所需要的位置再松开即可。

6. 修改字段约束

右击要修改约束的字段，在弹出的快捷菜单中选择“属性”命令，即可在弹出的“属性”对话框中设置或修改该字段的约束，具体方法在下一节介绍。

7. 关闭表设计器

修改完毕后，单击“保存”按钮，保存修改后的表结构并关闭“表设计器”。

4.4.5　在 SSMS 中创建表的各种约束对象

我们为表中各个字段设置的每个约束(除了主键约束外)，在数据库中都对应一个约束对象，每个约束对象都有自己唯一的名称(可以自己设定，也可以使用系统默认的名称)，在查看、修改、删除约束对象时必须指明约束的名称。

字段的约束可以在 SSMS 中创建表结构的同时进行设置，也可以在表结构创建完成后单独添加或修改，还可以使用 T-SQL 语句进行设置或修改。

在 SSMS 中设置表的字段约束必须在“表设计器”中进行，可以使用工具栏的“主键”按钮、“关系”按钮、“索引/键”按钮、“约束”按钮，也可以右击鼠标使用快捷菜单中的“设置主键”、“索引/键”、“关系”、“CHECK 约束”命令，最终都要进入“属性”对话框进行设置，如图 4.6 所示。

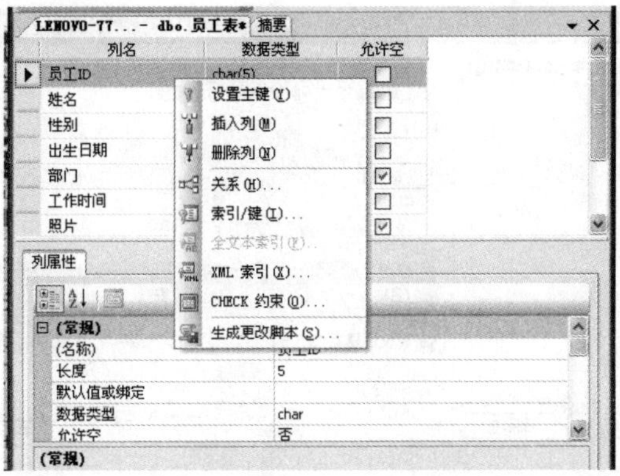

图 4.6　在 SSMS 中设置约束

实际上单击工具栏“关系”、“索引/键”、“约束”按钮，或在右键快捷菜单中选择“关系”、“索引/键”、“CHECK 约束”命令也都是直接进入“属性”对话框中对应的选项卡。它们的作用如下。

- “主键”按钮：用于设置关键字段的主键约束。
- “表”选项卡：用于在“选定的表”下拉列表中选择设置约束的数据表。
- “关系”按钮、“关系”命令都会打开“关系”选项卡：用于设置外键约束。

- “索引/键”按钮、“索引/键”命令都会打开“索引/键”选项卡：用于设置唯一约束。
- “约束”按钮、“约束”命令都会打开“CHECK 约束”选项卡：用于设置检查约束。

【实训项目 4-2】用 SSMS 为 diannaoxs 数据库“员工表”设置约束

- “员工 ID”设置主键约束、只允许 5 位数字的检查约束。
- “姓名”设置唯一约束以满足“进货表”、“销售表”中“收货人”和“销售员”字段的外键约束。
- “性别”设置检查约束只允许输入 1 和 0 表示“男”和“女”。
- “部门”可以将人数最多的部门设置为默认值，如“销售科”。

若输入“员工表”结构时没有关闭“表设计器”可直接设置各个字段的约束，若已经关闭可重新打开“员工表”的“表设计器”，修改表结构并设置约束(也可用 SQL 语句修改表结构和创建约束)。

1. 设置主键约束

选中设置主键的“员工 ID”字段，直接单击工具栏中的“主键”按钮，或者在“员工 ID”字段上右击，在弹出的快捷菜单中选择“设置主键”命令，此时在“员工 ID”字段最前端的标志块中出现一个“钥匙”图标，主键设置完毕。

2. 设置唯一约束

选中设置约束的“姓名”字段右击选择“索引/键”选项，则进入“索引/键”对话框，如图 4.7 所示。

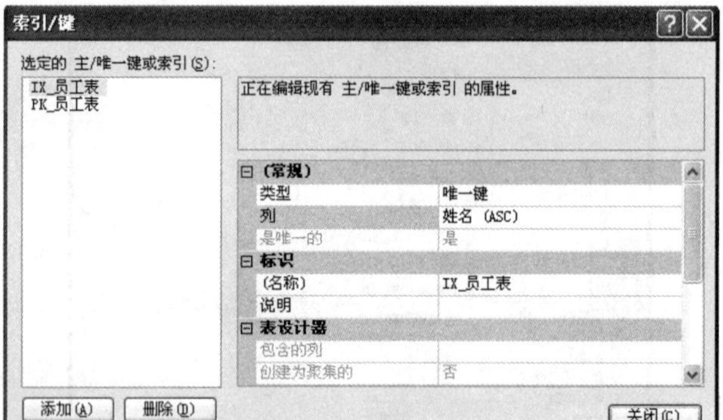

图 4.7　在 SSMS 中设置唯一约束

(1) 单击“添加”按钮；

(2) 在“列名”下拉列表框中选择设置唯一约束的“姓名”字段；

(3) 在“标识”中出现该约束的默认名称“IX_员工表”，可在此输入自己的约束名称，以便以后查阅、修改、删除时使用。

最后单击“关闭”按钮，即完成了“姓名”字段的唯一约束设置。

3. 设置外键约束

外键约束在“属性”对话框的“关系”选项卡中设置，如图 4.8、图 4.9 所示。

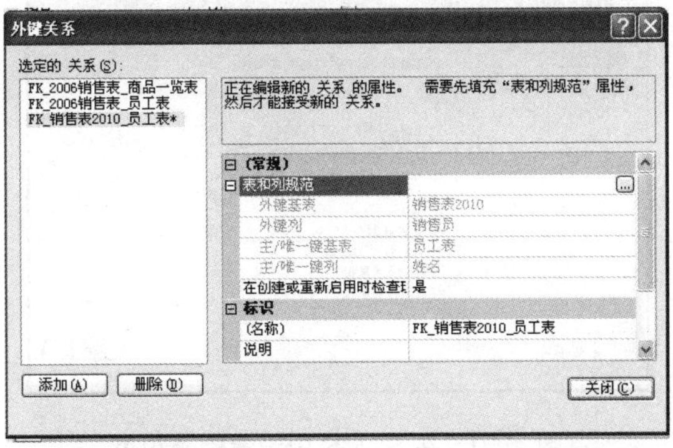

图 4.8　在 SSMS 中设置外键约束

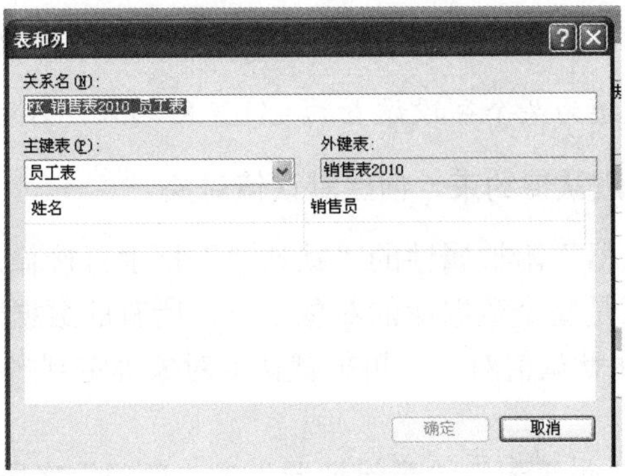

图 4.9　在父表和子表设置外键约束

(1) 单击“添加”按钮；

(2) 单击“表和列规范”右侧的按钮打开图 4.9。

(3) 在“主键表”下拉列表框中选择该外键所引用的父表，并在下面的列表框中选择该外键所要引用的字段。注意：外键所要引用的列必须是父表中已经设置了主键约束或唯一约束的列。

(4) 单击“确定”按钮，即可完成外键约束设置。

4. 设置 CHECK 检查约束

为“性别”字段设置 CHECK 检查约束只允许输入 1 和 0 表示“男”、“女”。

检查约束就是用指定的条件(逻辑表达式)检查限制输入数据的取值范围，用于保证数据的参照完整性和域完整性。

选择“性别”字段，打开“属性”对话框并选择“CHECK 约束”选项卡，如图 4.10 所示。

(1) 单击“添加”按钮。

(2) 在“常规”选项下的表达式为设置检查约束的列输入约束条件表达式。如“性别”字段设计为 bit 位数据类型，用 1 表示“男”，用 0 表示“女”，则该字段只允许输入 0 和 1(注意：bit 字段如果输入 0 和 1 以外的值，都默认为 1)，则相应的条件表达式为：

性别=0 or 性别=1

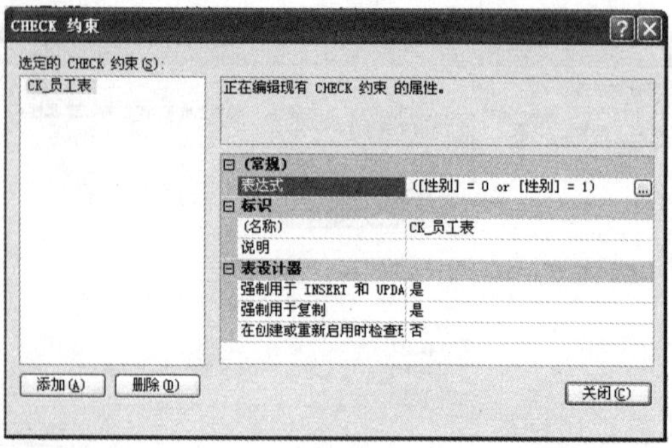

图 4.10　在 SSMS 中设置检查约束

(3) 在“名称”文本框中出现默认的约束名称，可输入自己的约束名称。

(4) 单击“关闭”按钮，即完成了“性别”字段的检查约束设置。

注意：在创建数据表时直接为某个字段设置的 CHECK 约束，只对该字段有效。

5. 在 SSMS 中设置默认值约束、创建默认值对象

创建表时在“表设计器”附加属性的“默认值”框中直接输入的默认值表达式只对该字段有效。而默认值对象是整个数据库的对象之一，所有的数据表都可以共用。我们可用 SSMS 或 T-SQL 语句创建默认值对象，再把默认值对象绑定到多个表的多个字段或自定义数据类型上。

【实训项目 4-3】用“员工表”“表设计器”为“部门”字段设置默认值

在“员工表”“表设计器”中为“部门”字段直接设置默认值“销售科”，如图 4.11 所示。

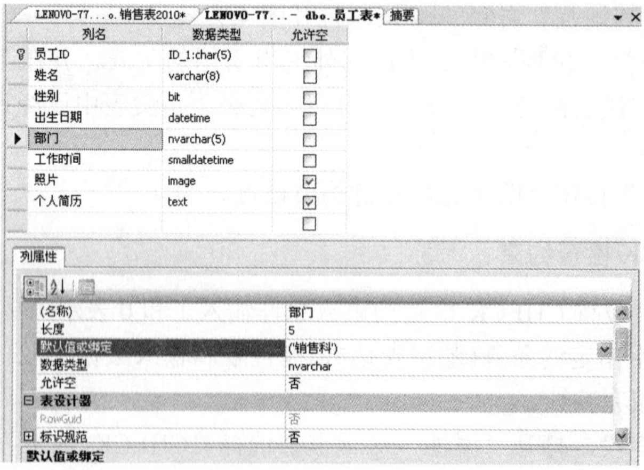

图 4.11　设置“员工表”“部门”字段默认值

(1) 在 diannaoxs 数据库中展开“表”对象选择“员工表”，在右键快捷菜单中选择“设计表”命令，进入“员工表”的“表设计器”。

(2) 选择“部门”字段，在下面附加属性的“默认值”中输入“销售科”。

(3) 单击第一个工具按钮“保存”，关闭设计器，默认值设置完成。

【实训项目 4-4】在 SSMS 中创建“销售表 2011”、“进货表 2011”默认值对象

在 SSMS 中为“销售表 2011”的“销售日期”字段、“进货表 2011”的“进货日期”字段创建一个“当前日期”的默认值对象，取得系统当前日期 getdate()。

展开数据库 diannaoxs，右击“销售表 2011”，在弹出的快捷菜单中选择“设计”命令，“列属性”中“默认值或绑定”选项框。输入 gettime()，如图 4.12 所示。

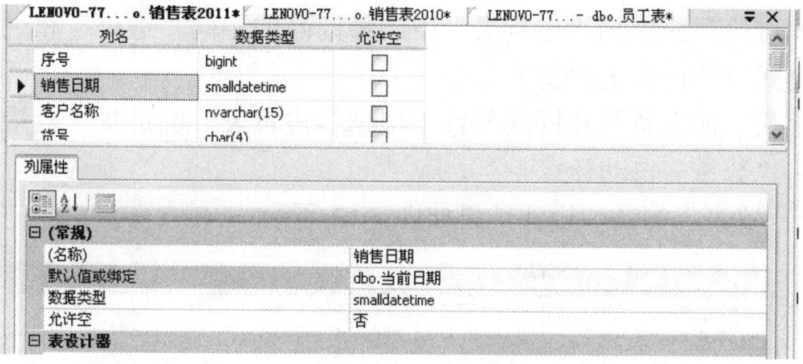

图 4.12 创建“当前日期”默认值对象

注意：

- 默认值约束或默认值对象使用的“默认值表达式”中都只能是常量、内置函数或表达式，不能包含任何数据表的字段名或其他对象名。
- 如果创建复杂的默认值，比如“销售表 2011”中输入“单价”、“数量”后即自动计算“金额”的默认值，则必须使用触发器。
- 不论哪种设置方式，一个字段上只能有一个默认值，已经设置了默认值的字段应取消原来的设置后才可以再设置新的默认值。

【实训项目 4-5】用 SSMS 创建 diannaoxs 数据库“商品一览表”及约束

根据表 1.22 在 SSMS 中创建“电脑器材销售管理”diannaoxs 数据库的“商品一览表”表结构及其约束。

(1) 设计“商品一览表”的表结构，如表 4.10 所示。

表 4.10 “商品一览表”的表结构

字 段 名	数据类型	字段长度	是否为空	约 束
货号	Char	4	否	主键、检查
货名	Nvarchar	8(16)	否	默认值
规格	Varchar	6	否	
单位	Nchar	1(2)	否	
平均进价	Smallmoney		是	检查
参考价格	Smallmoney		是	检查
库存量	BigInt		是	默认

- “货号”字段为关键字；设置只允许 4 位数字的检查约束。
- “货名”、“规格”、“单位”设置空值约束“否”，不允许为空。
- “货名”设置默认值“计算机”。
- “平均进价”、“参考价格”、“库存量”在确定经营某种产品初期可以暂时没有数据，允许为空；检查约束“不能为负”，即大于等于 0。
- “库存量”可设置默认值为 0。

在第 8 章学习触发器后我们再进行以下设置。

- “平均进价”应根据“进货表”中同种商品的不同“进价”和进货“数量”按一定的公式自动计算出加权平均值。
- “库存量”应在货号相同的条件下根据“进货表”的进货“数量”和“销售表”的销售“数量”自动计算。

(2) “商品一览表”的初步设计结果如图 4.13 所示。

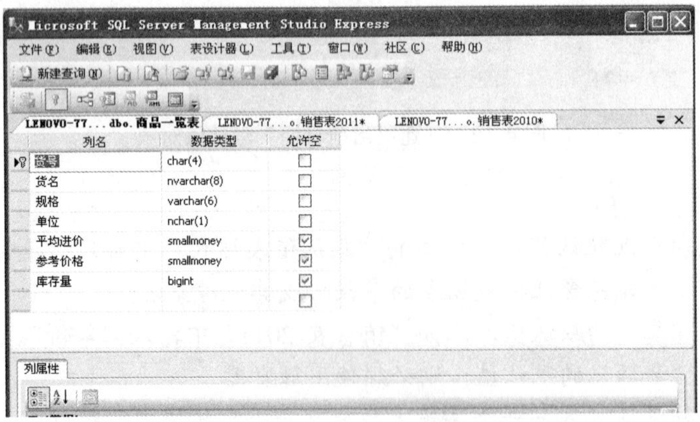

图 4.13 “商品一览表”的表设计视图

(3) 直接设置“货号”字段只允许 4 位数字的检查约束。

① 在“商品一览表”的设计器中(若已关闭，则右击“商品一览表”，在弹出的快捷菜单中选择“设计表”命令重新进入)，打开“货号”字段“属性”对话框，选择“CHECK 约束”选项卡。

② 单击“新建”按钮，在“约束表达式”文本框中输入：货号 like '[0-9][0-9][0-9][0-9]'。

③ 单击“关闭”按钮，完成检查约束的设置。

注意：设置了检查约束后，输入货号时必须是数字而且必须是 4 位。

【实训项目 4-6】用 SSMS 创建 diannaoxs 数据库“销售表 2011”

根据表 1.25 在 SSMS 中创建“电脑器材销售管理”diannaoxs 数据库的“销售表 2011”。

(1) 设计“销售表 2011”的表结构，如表 4.11 所示。

表 4.11　“销售表 2011”的表结构

字 段 名	数据类型	字段长度	是否为空	约　束
序号	BigInt		否	主键、标识列
销售日期	Smalldatetime		否	默认
客户名称	Nvarchar	15(30)	否	
货号	Char	4	否	外键
货名	Nvarchar	8(16)	是	默认
单价	Smallmoney		否	检查
数量	Int		否	检查
金额	Money		是	默认
销售员	Varchar	8	否	外键

- “序号”字段设置主键约束；并设置为自动编号的“标识列”为“是”，标识种子初值为 1，增量为 1。
- “销售日期”设置系统“当前日期”为默认值约束。
- “货号”设置外键约束引用“商品一览表”的“货号”字段。
- “货名”、“金额”可允许为空，其余字段不允许为空。
- “单价”、“数量”设置检查约束必须大于 0。
- “金额”可直接设置默认值 0，检查约束“不能为负”大于等于 0。
- “销售员”设置外键约束引用“员工表”的“姓名”字段。

在第 8 章学习触发器后我们可以创建“触发器”，每当添加一条新记录——即有商品销售时自动完成以下功能：

- 根据“货号”自动从“商品一览表”中获得“货名”。
- 自动检查“销售数量”不允许大于“商品一览表”中的“库存量”。
- 自动检查“单价”只允许在“商品一览表”中公司制定的“参考价格”5%范围内下浮或上调。
- 自动计算“金额=单价*数量”。
- 对“商品一览表”中“库存量”进行自动更新。

(2) “销售表 2011”的初步设计结果如图 4.14 所示。

注意：“序号”字段设置主键，并设置“标识列”为“是”(自动编号)，标识种子初值为 1，增量为 1。

(3) “货号”设置外键约束引用“商品一览表”的“货号”字段；“销售员”设置外键约束引用“员工表”的“姓名”字段。

① 选择“货号”字段，打开“属性”对话框选择“关系”选项卡。

② 单击“新建”按钮，在“主键表”中选择“商品一览表”的“货号”字段；在“外键表”中选择“销售表 2011”的“货号”字段。

③ 在“关系”选项卡下部取默认设置，选择级联更新相关的记录。

④ 再单击“新建”按钮：在“主键表”中选择“员工表”的“姓名”字段；在“外键表”中选择“销售表 2011”的“销售员”字段。

⑤ 在“关系”选项卡下部取默认设置，选择级联更新相关的记录。

⑥ 单击“关闭”按钮，即可完成外键约束设置。

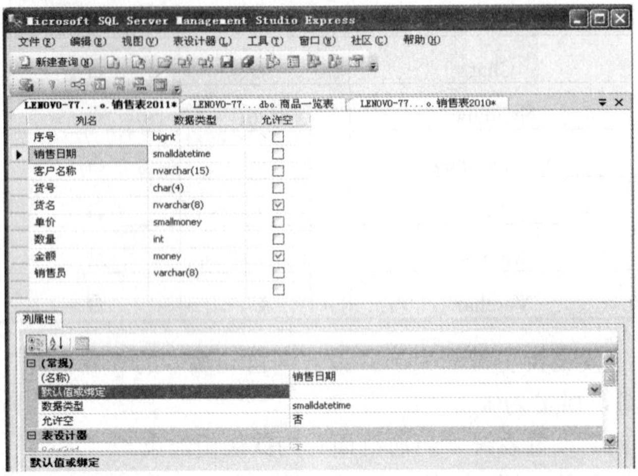

图 4.14 “销售表 2011”的表设计视图

(4) “金额”字段绑定【实训项目 4-4】创建的规则对象“不能为负”。

① 在根目录中单击 diannaoxs 数据库“规则”节点，右击“不能为负”规则对象，在弹出的快捷菜单中选择“属性”命令，打开“规则属性”对话框。

② 单击“绑定列”按钮，弹出“绑定列”对话框。在“表”中选择“销售表 2011”；选择“金额”字段并将其添加到“绑定列”中。

③ 单击“应用”、“确定”按钮，完成绑定“不能为负”规则的操作。

(5) 创建“大于 0”的规则对象，绑定到“单价”、“数量”字段作为必须大于 0 的检查约束，后面还将使用 SQL 语句将该规则绑定到“进货表 2011”中的“进价”字段。

① 右击“规则”对象图标，在弹出的快捷菜单中选择“新建规则”命令，弹出“规则属性”对话框。

② 在“名称”文本框中输入规则名称“大于 0”。在“文本” 文本框中输入条件表达式：@x>0。

③ 单击“确定”按钮，即完成了规则对象“大于 0”的创建。

④ 再在“规则”对象列表中右击“大于 0”规则对象，在弹出的快捷菜单中选择“属性”命令，打开“规则属性”对话框。

⑤ 单击“绑定列”按钮，弹出“绑定列”对话框，将“单价”、“数量”移动到被绑定列。

⑥ 单击“关闭”按钮，完成检查约束的设置。

4.5　用 T-SQL 语句创建数据表及约束对象

4.5.1　用 CREATE TABLE 语句创建表结构

语法格式：

CREATE TABLE 表名 ({ 字段名 字段属性 字段约束} [, … n])

- 列的定义必须放在圆括号中。
- 语法中参数顺序不能改动。
- 最多可以设置 1024 个字段。

1．字段属性

定义格式：

数据类型[(长度)] [identity(初始值 ,步长值)] [null | not null]

- 默认长度的数据类型“(长度)”不允许指定,需要指定长度时圆括号不能省略。
- identity 用于指定该列为自动编号字段(标识列)。
- null | not null 用于指定该列允许空值(默认)或不允许空值。

2．字段约束

定义格式：

[constraint 约束名] primary key [(主键列名)]

[constraint 约束名] unique [(唯一列名)]

[constraint 约束名] [foreign key [(外键列名)]]

references 引用表名(引用列名)

[constraint 约束名] check(检查表达式)

[constraint 约束名] default 默认值

- 约束名为以后修改管理时使用，省略为系统默认的约束名。
- 字段约束也可以在创建表结构以后另外单独设置。
- 定义字段的同时定义所绑定的约束时，可以省略列名。
- 不论创建表或单独创建规则对象，检查表达式中都不能使用任何字段名，需要引用字段的复杂约束必须用触发器实现。

【实训项目 4-7】用 SQL 语句创建 diannaoxs 数据库“供货商表”

根据表 1.23 用 SQL 语句创建“电脑器材销售管理”diannaoxs 数据库的“供货商表”。

(1) 设计“供货商表”的表结构，如表 4.12 所示。

表 4.12　“供货商表”的表结构

字 段 名	数据类型	字段长度	是否为空	约　束
供货商 ID	Char	4	否	主键、检查
供货商	Nvarchar	15(30)	否	唯一

续表

字 段 名	数据类型	字段长度	是否为空	约 束
厂家地址	Nvarchar	20(40)	否	唯一
账户	Char	15	否	唯一、检查
联系人	Varchar	8	是	

- 除联系人以外其余字段不允许为空。
- “供货商 ID”为主键，可设置检查约束只允许输入 4 位英文字母或数字字符。
- “供货商”、“厂家地址”、“账户”设置为唯一约束。
- “账户”可设置检查约束只允许输入数字字符和“-”号。

(2) 创建“供货商表”的 SQL 语句

```
Use diannaoxs                   -- 打开 diannaoxs 数据库
CREATE TABLE 供货商表           -- 创建“供货商表”数据表
   ( 供货商 ID  Char  (4)      not null   primary key
    check(供货商 ID  like '[a-zA-Z0-9][a-zA-Z0-9][a-zA-Z0-9][a-zA-Z0-9]'),
    供货商      Nvarchar(15)  not null ,
    厂家地址    Nvarchar(20)  not null  unique ,
    账户        Char(15)      not null  unique ,
    联系人      Varchar(8)    -- 默认 null 允许空值
   )
```

- Use diannaoxs 表示打开 diannaoxs 数据库，将“供货商表”创建在当前数据库中，如果没有打开的数据库，默认将新表创建到系统的 master 数据库中。
- “供货商 ID”设置的检查约束未指定约束名，则使用系统默认约束名。检查表达式只允许输入 4 个大小写英文字母或数字，输入数据时必须是 4 个字符。
- “供货商”应该设置唯一约束 unique，我们留待后面单独设置。
- “账户”应该设置检查约束只允许输入数字字符，我们留待后面使用 SQL 语句创建规则对象，再绑定到该字段。

(3) 在查询编辑器中输入 SQL 语句，按 F5 键或单击工具栏的“三角”执行按钮，运行结果在窗口中显示“命令已成功完成”，表示“供货商表”创建成功，如图 4.15 所示。

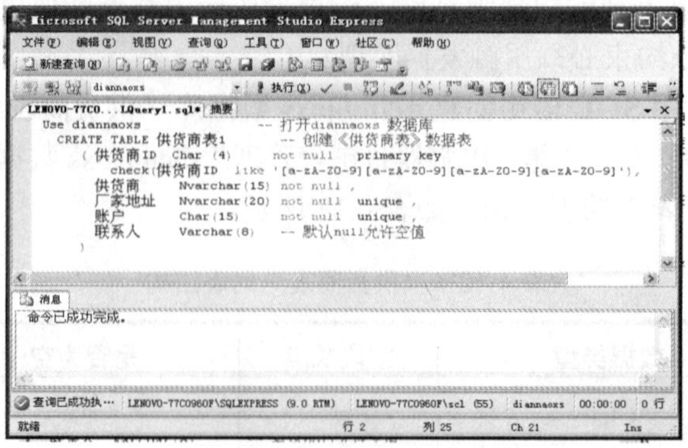

图 4.15　用 SQL 语句创建“供货商表”

在 SSMS 中选中“供货商表”，在右键快捷菜单中选择“打开表”→“返回所有行”命令可以看到已建好的表，如图 4.16 所示。

图 4.16　已创建有数据的“供货商表”

4.5.2　用 ALTER TABLE 语句修改表结构

SQL 修改表结构语句 ALTER TABLE 的语法格式：

```
ALTER TABLE 表名
  add 列名 数据类型[(长度)] [null|not null][default '默认值' ] 添加新列
  | alter column 列名 数据类型[(长度)][null|not null]              修改列属性
  | drop column 字段名 [ , …n ]                                    删除列
  | add constraint { 约束名 约束类型定义}列约束定义 [ , …n ] [ FOR 列名 ]
                                                                   添加列约束
  | drop constraint 约束名 [ , …n ]                                删除列约束
  | nocheck constraint 约束名                                     设置列约束无效
  | check constraint 约束名                                       设置列约束有效
  |Disable trigger 触发器名                                        禁用触发器
  | Enable trigger 触发器名                                       重新启用触发器
```

注意：ALTER TABLE 语句中只能使用单个子句，即各个子句不能组合使用。

1. 使用 add 子句添加列

ALTER TABLE 表名
　add 字段名 数据类型[(长度)][null| not null] [default ' 默认值']

- 新增加字段时可以同时设置空值约束、默认值约束。
- 若不允许为空时则必须给新增加的列指定默认值，否则语句执行错误。

【例 4-7】 向“供货商表”添加一个“联系电话”字段，数据类型为定长字符型 char(13)，长度 13，不允许为空(必须设置默认值)。代码如下：

```
USE diannaoxs
ALTER TABLE 供货商表
   add 联系电话 char(13)  not null  default  '00000000'
```

注意：添加的字段若不允许为空则必须设置默认值，如果不允许为空又不需要设置默认值，可在添加字段时先允许为空，再用 alter column 子句修改为不允许为空，这样就没有默认值了。

2．使用 alter column 子句修改字段属性

使用 alter column 子句可修改字段的数据类型、长度、是否允许为空值等属性，其语法格式为：

```
ALTER TABLE 表名
  alter column  字段名  数据类型[(长度)] [ null | not null]
```

- 将一个原来允许为空值的列改为不允许为空时，必须保证表中已有记录中该列没有空值，而且该列没有创建索引。
- 改变数据类型时，如果原来设置了默认值约束，一般应解除或删除约束后再修改，否则很容易发生错误。

【例 4-8】 将“供货商表”的“联系电话”字段，数据长度改为 20，允许为空(null 可以省略)。代码如下：

```
USE diannaoxs
ALTER TABLE 供货商表  alter column  联系电话  char(20)
```

3．用 add constraint 子句添加列约束

使用 add constraint 子句可一次向表的不同字段添加一个或多个约束，其语法格式为：

```
ALTER TABLE 表名
  add constraint 约束名 { 约束类型及定义 [ FOR 列名 ]} [ , …n ]
```

- 该语句添加约束必须指定约束名，而且必须是唯一的，不能与数据库已定义的其他规则对象、默认值等对象同名。
- 若约束类型及定义中没有指定列名时，必须用 FOR 指定列名(如默认值约束)；若约束类型及定义中已包含了列名，则不允许使用 FOR 子句。
- 如果只允许有一个约束的列已经设置了约束(检查约束除外)，则原有约束未解除不能添加新的约束(如默认值约束，用其他方法设置时可自动代替)。
- 使用一个约束名可以为不同字段添加多个约束，约束类型及定义格式如下。
  - ◆ 设置主键约束：primary key(列名)
  - ◆ 设置唯一约束：unique(列名)
  - ◆ 设置外键约束：foreign key(列名) references 引用表名(引用列名)
  - ◆ 设置检查约束：check(检查表达式)
  - ◆ 设置默认值约束：default 默认值

【实训项目 4-8】用 SQL 语句为“供货商表”添加约束

为“供货商表”的“供货商”添加约束“唯一厂家”，代码如下：

```
USE diannaoxs
ALTER TABLE 供货商表  add constraint 唯一厂家  unique(供货商)
```

注意： 约束定义中已使用了字段名，若再使用“FOR 供货商”会产生错误。

运行后显示“命令已成功完成”，“唯一厂家”的唯一约束添加成功。

【例 4-9】 为“供货商表”的“联系电话”字段设置名字为“电话约束”的唯一约束，默认值为“0531-12345678”。代码如下：

```
ALTER TABLE 供货商表
  add constraint 电话约束 unique(联系电话),
      default '0531-12345678'  FOR 联系电话
```

注意：

- unique(联系电话)后面若使用“FOR 联系电话”是错误的，而 default '0531-12345678' 后面省略“FOR 联系电话”也是错误的。
- 默认值只能有一个，在【例 4-7】添加“联系电话”字段时已指定默认值'000000'，原默认值不删除该代码无法执行。可在 SSMS 表设计器中将('000000')删除，或者用 drop constraint 子句删除约束后再运行该代码。

4. 用 nocheck|check constraint 子句设置列约束无效、恢复有效

使用 nocheck constraint 子句可使某个字段的某个约束暂时无效(约束仍然存在，但暂时不起作用)，用 check constraint 子句可使无效的约束恢复有效。其语法格式为：

```
ALTER TABLE 表名
  nocheck constraint 约束名        -- 指定约束暂时无效
ALTER TABLE 表名
  check constraint 约束名         -- 指定约束恢复有效
```

例如我们在“销售表”中设置了“数量”、“单价”、“金额”必须大于 0 的约束，当有客户退货时可以使约束暂时无效，输入退货记录(冲红)后再恢复有效(也可以先解除绑定的规则，退货后再重新绑定)。

【例 4-10】 使“供货商表”的约束“唯一厂家”暂时无效，然后再恢复其有效。代码如下：

```
ALTER TABLE 供货商表  nocheck constraint 唯一厂家
ALTER TABLE 供货商表  check constraint 唯一厂家
```

5. 用 drop constraint 子句删除列约束

使用 drop constraint 子句可以从指定表中删除一个或多个列约束，其语法格式为：

```
ALTER TABLE  表名  drop constraint 约束名 [ , …n ]
```

6. 用 drop column 子句删除字段

使用 drop column 子句可以删除指定表中的一个或多个列，其语句格式为：

```
ALTER TABLE 表名  drop column 字段名 [ , …n ]
```

注意：删除列时必须先删除该字段上创建的索引和约束后，才能删除该列。

【例 4-11】 删除“供货商表”的“联系电话”字段。

必须先删除该字段上的默认电话、“电话约束”唯一约束。代码如下：

```
USE diannaoxs
ALTER TABLE 供货商表  drop constraint 电话约束       --删除约束
ALTER TABLE 供货商表  drop column 联系电话           --删除字段
```

运行结果显示“命令已成功执行”，打开“供货商表”则“联系电话”已删除。

【实训项目 4-9】用 SQL 语句创建 diannaoxs 数据库“进货表 2011”

根据表 1.24 用 SQL 语句创建“电脑器材销售管理”diannaoxs 数据库的“进货表 2011”。

(1) 设计“进货表 2011”的表结构，如表 4.13 所示。

表 4.13 “进货表 2011”的表结构

字 段 名	数据类型	字段长度	是否为空	约 束
序号	BigInt		否	主键、标识列
进货日期	Smalldatetime		否	默认
货号	Char	4	否	外键
数量	Int		否	检查
进价	Smallmoney		否	检查
供货商 ID	Char	4	否	外键
收货人	Varchar	8	否	外键

- 所有字段均不允许为空。
- “序号”字段设置主键约束；并设置为自动增长的“标识列”。
- “进货日期”设置系统“当前日期”为默认值约束。
- “货号”设置外键约束与“商品一览表”建立关联。
- “数量”、“进价”设置检查约束必须大于 0。
- “供货商 ID”设置外键约束与“供货商表”进行关联。
- “收货人”设置外键约束与“员工表”建立关联。

在第 8 章学习触发器后我们可以创建“触发器”，每当添加一条新记录——即有商品进货时自动完成以下功能：

- 对“商品一览表”中“库存量”字段进行自动更新。
- 对“商品一览表”中“平均进价”字段进行自动更新。

(2) 简单创建“进货表 2011”的 SQL 语句：

```
Use diannaoxs
CREATE TABLE 进货表 2011
  ( 序号    BigInt  identity(1,1)  not null  primary key ,
   进货日期  Smalldatetime not null ,     -- 未设置默认值
   货号      Char(4)        not null
          foreign key  references 商品一览表(货号) ,
   数量      Int            not null  check( 数量>0 ) ,
   进价      Smallmoney    not null ,     -- 未设检查约束
```

```
    供货商 ID  Char           not null       -- 未指定长度未设外键约束
)
```

按照该表结构的设计，各个字段及其属性可在此全部设计完成，本例简单创建“进货表 2011”有意省略了“收货人”字段及其外键约束，以便之后修改添加。

- 因为在 SSMS 创建“销售表 2011”时已经创建了“大于 0”的规则对象，为了熟悉语法，对“数量”单独设置了大于 0 的检查约束而没有再指定约束名称。
- 另外还缺少了“进货日期”的默认值、“进价”大于 0 的检查约束，以及“供货商 ID”的字段长度(省略默认为 1)，留待之后修改。

(3) 添加“收货人”字段并设置外键约束引用“员工表”的“姓名”字段。

- 该字段不允许为空且不需要默认值，添加字段时可以先指定允许空，再修改为不允许空，这样可以不必设置默认值。
- 用 SQL 语句设置外键约束，必须指定约束名“员工姓名”。

SQL 代码如下：

```
USE diannaoxs
ALTER TABLE 进货表 2011
    add 收货人  Varchar(8)          --默认允许为空，否则必须设置'默认值'
ALTER TABLE 进货表 2011                 -- 修改为不允许为空，类型不能省略
    alter column  收货人  Varchar(8)  not null
ALTER TABLE 进货表 2011                 -- 添加外键约束
    add constraint 员工姓名  foreign key(收货人)  references 员工表(姓名)
```

运行结果如图 4.17 所示。

图 4.17　用 SQL 语句为“进货表 2011”添加“收货人”字段

(4) 将“当前日期”默认对象绑定到“进货日期”字段上。

```
EXEC   sp_bindefault    '当前日期'  ,  '进货表 2011. 进货日期'
```

运行结果显示：已将默认值绑定到列。

(5) 将“大于 0”的规则对象绑定到“进价”字段上。

```
EXEC sp_bindrule '大于 0', '进货表 2011.进价'
```

运行结果显示：已将规则绑定到表的列上。

(6) 将“供货商 ID”字段长度改为 4 并添加外键约束“供货厂家”，引用“供货商

表”的“供货商 ID”字段。SQL 代码如下：

```
USE diannaoxs
ALTER TABLE 进货表2011                -- 修改字段长度为 6，not null 不能省略
   alter column  供货商 ID  Char(4)  not null
ALTER TABLE 进货表2011                -- 添加外键约束“供货厂家”
  add constraint 供货厂家 foreign key(供货商 ID) references 供货商表(供货商 ID)
```

4.6 查看表信息、输入数据、编辑和删除记录

4.6.1 查看表信息

1. 用 SSMS 查看表信息

1) 查看表结构

展开数据库选中表节点，右边窗口会显示这一数据库中所有的表，对于每个表，都会显示它的所有者、类型和创建时间，如图 4.18 所示。

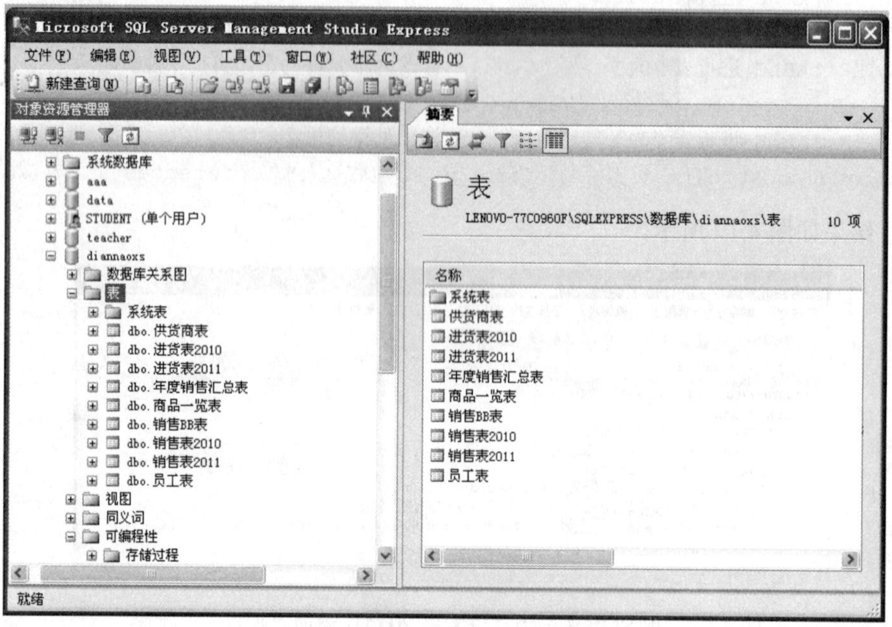

图 4.18　在 SSMS 中查看所有表的信息

在列表中选择一个表，右击打开快捷菜单，选择“属性”命令，即可以查看该表的详细信息。如图 4.19 所示为“商品一览表”的详细资料。

2) 查看表约束

选择要查看的表，单击“约束”命令，即可查看所建好的各种约束，如图 4.20 所示。

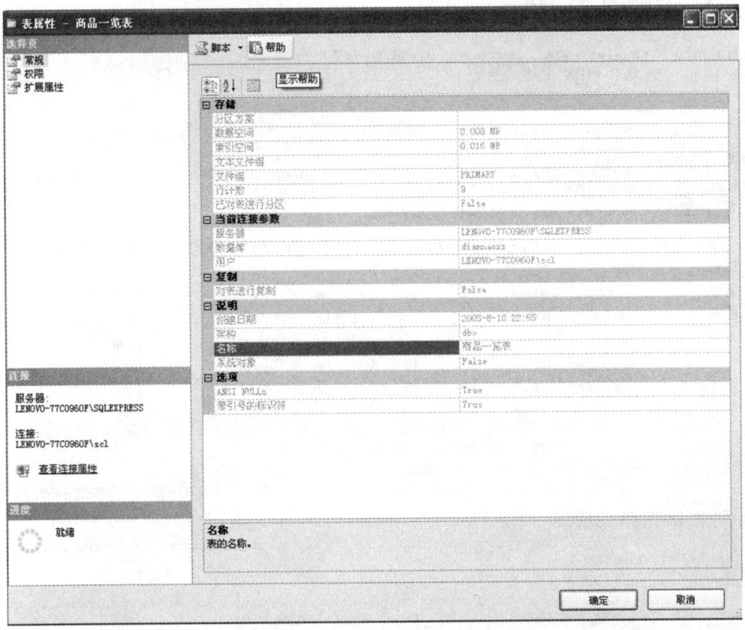

图 4.19　在 SSMS 中查看“商品一览表”的详细信息

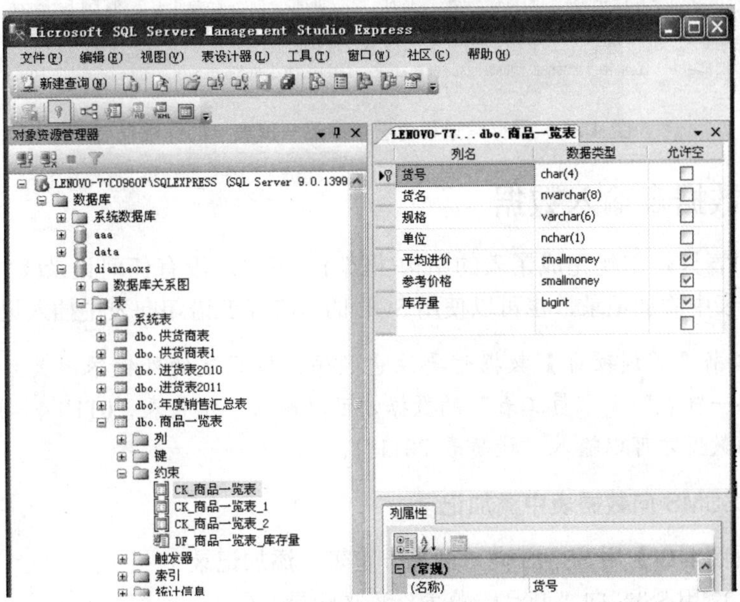

图 4.20　在 SSMS 中查看“商品一览表”的约束

2．使用 T-SQL 系统存储过程 sp_help 语句显示表结构及相关性

语法格式：[EXECUTE] sp_help　[表名]

省略表名则查看所有对象的简单信息，如：sp_help。

选择表名可查看指定表的信息，如：sp_help　商品一览表。

则可查阅“商品一览表”有关的结构、文件分组、索引、各种约束、表的依赖关系(相关性)等详细信息，如图 4.21 所示。

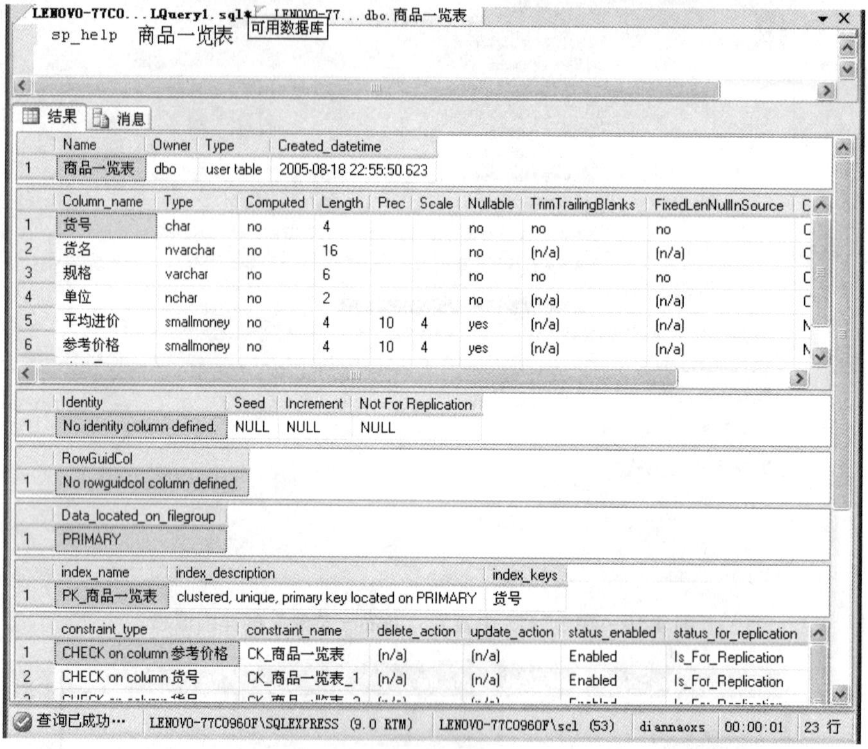

图 4.21　用存储过程查看“商品一览表”的详细信息

4.6.2　向数据表输入数据

新创建的表只是创建完成了表的结构(框架)，表中还没有任何记录(数据)，可以使用 SSMS 向数据表中添加记录，也可以使用 SQL 的 INSERT 语句向表中插入记录。

注意：输入本书【实训项目】数据时要注意顺序，按照表的外键依附关系，只有输入了“商品一览表”、“员工表”的数据才可以输入“销售表 2011”；再输入“供货商表”的数据才可以输入“进货表 2011”。

1. 使用 SSMS 向数据表中添加记录

【实训项目 4-10】用 SSMS 向“商品一览表”添加记录

参照表 1.22 用 SSMS 向“商品一览表”添加记录。

- “货号”绑定了只允许输入 4 位数字的规则，不允许输入非数字字符。
- “货名”设置了默认值“计算机”，若不输入时，系统自动填入“计算机”。
- “库存量”由系统自动计算，不需要输入，暂时自动以默认值 0 填入。

在 SSMS 中展开数据表，选中“商品一览表”，右击该表，在弹出的快捷菜单中选择“打开表”命令，打开数据表，如图 4.22 所示。

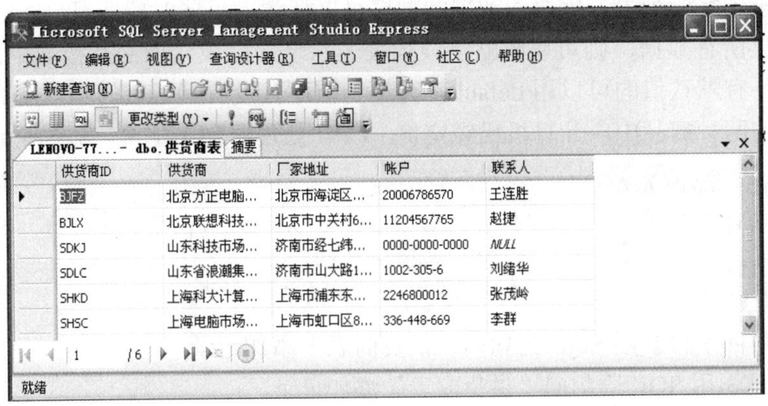

图 4.22　在 SSMS 中打开数据表操作

2. 使用 INSERT 语句向表中插入记录

添加记录语句 INSERT 有两种语法格式：

INSERT … VALUES	直接向表中各字段提供数据，一次只能添加一条记录
INSERT … SELECT	用其他表的数据向表中提供数据，可一次添加多条记录

1) 用 INSERT VALUES 语句向表中添加记录

语句格式：INSERT [INTO] 表名　[(字段列表)]　VALUES　(值列表)

功能：添加一条新记录，用值列表提供的数据为字段列表中对应的字段提供数据。

- 一个 INSERT　VALUES 语句只能向表中添加一条新记录。
- INTO 关键字完全可以省略。
- 字段列表的顺序可以任意，但提供数据的个数、顺序和类型必须与其一致。
- 给表中全部字段提供数据时字段列表可以省略，但此时提供数据的顺序(个数)必须与表中字段顺序一致，自动编号标识列不允许提供数据(直接省略，也不能使用逗号)，允许为空的字段不提供数据时必须使用 NULL。
- 如果只给表中部分字段提供数据时必须指定字段列表，但不为 NULL 的字段不允许省略，即只有允许为 NULL 的列才可以省略不提供数据(系统自动填充 NULL)，自动编号字段必须省略。
- 设置了默认值的字段使用默认值时，可以用 default 代表默认数据。
- 字符型和日期型数据要用单引号括起来。
- 值列表中可以嵌套使用子查询的数据，但必须用圆括号括起来。

【实训项目 4-11】用 SQL 语句向“商品一览表”添加记录

电脑公司准备新增加两种经营商品，需向“商品一览表”中增加两条记录。

一般在实际进货后才能制定“参考价格”，并自动计算“平均进价”和“库存量”，因此这三个字段是允许为空的。当用 INSERT 语句向表中插入记录时省略为空的字段，则系统会自动填充默认值，若没有设置默认值则填充 NULL。例如：

```
INSERT INTO 商品一览表 (货号, 货名, 规格, 单位, 参考价格)
 VALUES ('1003', '计算机', 'FZ', '套', 5500)
```

由于给出了字段列表，字段和数据的顺序可以任意，只要对应即可。

如果提供所有数据，则可以省略字段列表表示全部字段，但必须按表中的字段顺序提供全部数据，有默认值的可以用 default，允许为空而且没有默认值的必须用 NULL。

新增加的两种商品中，计算机已经定价，CPU 处理器尚未定价，添加记录的语句为：

```
INSERT  商品一览表
  VALUES  ('1003', '计算机', 'FZ', '套', default, 5500, default)
INSERT  商品一览表 (货号, 货名, 规格, 单位)
  VALUES  ( '3002', 'CPU 处理器', 'SY8800', '个')
```

【实训项目 4-12】用 SQL 语句向“供货商表”添加记录

参照表 1.23 用 SQL 语句向“供货商表”添加记录。

“供货商表”基本提供了全部字段的数据，可以省略字段列表，但数据必须按表字段顺序全部提供。“联系人”允许为空，无联系人可用 NULL，“账户”已设置默认值，无账户的可用 default 表示默认值‘00000-00000-0000’，但只允许一个。

```
USE diannaoxs
INSERT 供货商表 VALUES ( 'SDLC', '山东省浪潮集团公司销售公司',
                    '济南市山大路 1008 号', '1002-305-6', '刘绪华' )
INSERT 供货商表 VALUES ( 'BJFZ', '北京方正电脑有限公司',
                    '北京市海淀区友谊路 235 号甲', '20006786570', '王连胜' )
INSERT 供货商表 VALUES ( 'BJLX', '北京联想科技股份有限公司',
                    '北京市中关村 6068-6 号', '11204567765', '赵捷' )
INSERT 供货商表 VALUES ( 'SHSC', '上海电脑市场器材销售中心',
                    '上海市虹口区 8 弄科技路 225 号', '336-448-669', '李群' )
INSERT 供货商表 VALUES ( 'SHKD', '上海科大计算机技术服务公司',
                    '上海市浦东东方明珠 5925 号', '2246800012', '张茂岭' )
INSERT 供货商表 VALUES ( 'SDKJ', '山东科技市场计算机销售处',
                    '济南市经七纬二路 9415 号', default , NULL )
```

在查询编辑器中运行以上代码后，打开“供货商表”如图 4.23 所示。

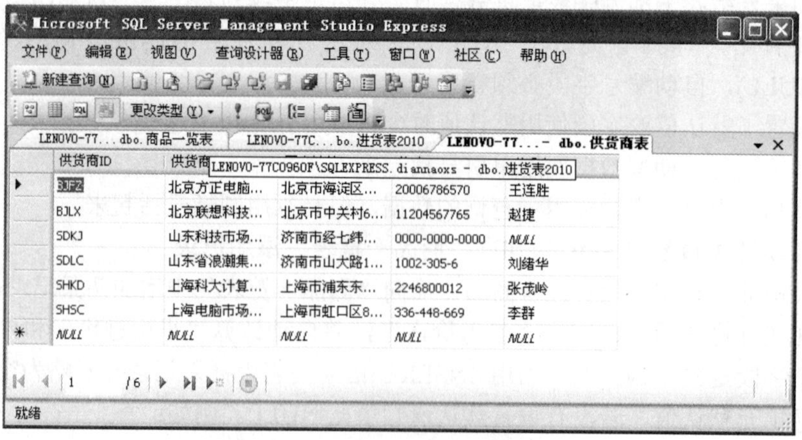

图 4.23　用 SQL 语句添加记录后的“供货商表”

【实训项目 4-13】用 SQL 语句向“员工表”添加记录的部分数据

参照表 1.21 或表 4.7 用 SQL 语句向“员工表”添加记录的部分数据。

注意： 因为姓名设置了唯一约束，在输入数据时如果出现同名，应想办法予以区分以满足唯一约束。

```
USE diannaoxs
INSERT 员工表 (员工ID, 姓名, 性别, 出生日期, 部门, 工作时间)
   VALUES ('11001', '吕川页',1,'1963-3-7', '办公室','1985-2-6')
INSERT 员工表 (员工ID, 姓名, 性别, 出生日期, 部门, 工作时间)
   VALUES ('22001', '郑学敏', 0, '1969-11-23', '办公室', '1994-7-1')
INSERT 员工表 (员工ID, 姓名, 性别, 出生日期, 部门, 工作时间)
   VALUES ('22002', '于  丽', 0, '1980-12-5', '材料处', '2002-2-15')
INSERT 员工表 (员工ID, 姓名, 性别, 出生日期, 部门, 工作时间)
   VALUES ('22003', '孙立华', 1, '1979-5-4', '材料处', '2001-9-9')
INSERT 员工表 (员工ID, 姓名, 性别, 出生日期, 部门, 工作时间)
   VALUES ('33001','高宏', 1,'1982-9-29', default,'2001-6-1')
INSERT 员工表 (员工ID, 姓名, 性别, 出生日期, 部门, 工作时间)
   VALUES ('33002', '章晓晓', 0, '1980-11-1', '销售科' , '2000-5-30')
INSERT 员工表 (员工ID, 姓名, 性别, 出生日期, 部门, 工作时间)
   VALUES ('33003', '陈刚', 1, '1979-6-30', default, '2003-11-1')
```

不提供数据的字段“照片”、“个人简历”是允许为空的，否则不能省略。由于只有部分字段则必须指定字段列表。“部门”字段设置了默认值，可以使用 default 表示“销售科”。

在查询编辑器中运行该语句后，打开“员工表”如图 4.24 所示。

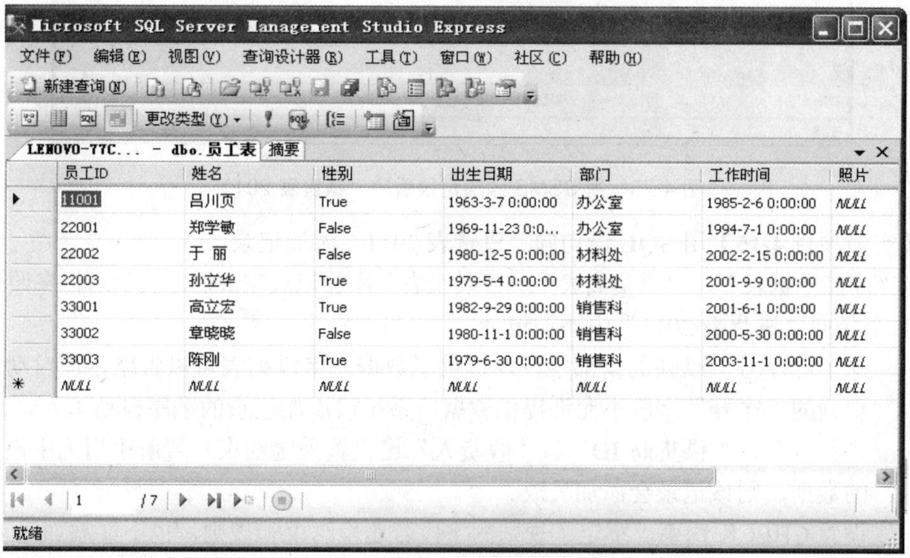

员工ID	姓名	性别	出生日期	部门	工作时间	照片
11001	吕川页	True	1963-3-7 0:00:00	办公室	1985-2-6 0:00:00	NULL
22001	郑学敏	False	1969-11-23 0:0...	办公室	1994-7-1 0:00:00	NULL
22002	于 丽	False	1980-12-5 0:00:00	材料处	2002-2-15 0:00:00	NULL
22003	孙立华	True	1979-5-4 0:00:00	材料处	2001-9-9 0:00:00	NULL
33001	高立宏	True	1982-9-29 0:00:00	销售科	2001-6-1 0:00:00	NULL
33002	章晓晓	False	1980-11-1 0:00:00	销售科	2000-5-30 0:00:00	NULL
33003	陈刚	True	1979-6-30 0:00:00	销售科	2003-11-1 0:00:00	NULL
NULL	NULL	NULL	NULL	NULL	NULL	NULL

图 4.24　用 SQL 语句添加记录后的“员工表”

【实训项目 4-14】用 SSMS 向“销售表 2011”添加记录

在“商品一览表”、“员工表”添加记录完成后，我们可以参照表 1.25 用 SSMS 向“销售表 2011”中添加记录。需要注意的是：

- “序号”为自动编号标识列，不需要输入数据，根据输入顺序自动产生。
- 原有的“销售日期”必须输入，以后运行时自动填入当前日期默认值。注意销售日期有顺序要求，各记录应按表中原有记录的顺序输入。
- “货名”、“金额”允许为空不需要输入，之后用 SQL 语句自动填入。
- 对设置外键约束的字段不允许输入父表引用列没有的值。如“货号”必须是“商品一览表”中已有的货号值，“销售员”必须是“员工表”中本公司的员工姓名。
- 设置了 CHECK 约束、绑定了规则的字段不允许输入违反约束或规则的数据。如“单价”、“数量”必须大于 0；“金额”不允许为负，不输入时自动填入默认值 0。

输入数据后“销售表 2011”显示结果如图 4.25 所示。

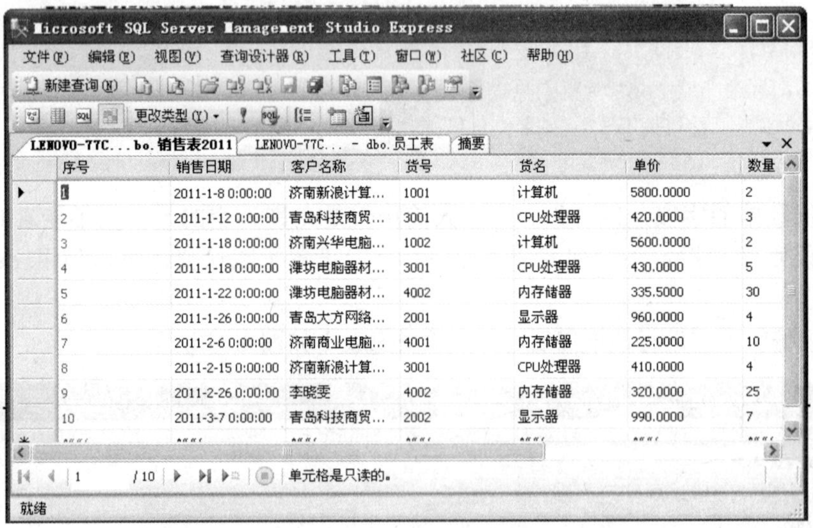

图 4.25　用 SSMS 添加记录后的“销售表 2011”

【实训项目 4-15】用 SQL 语句向“进货表 2011”添加记录

在“商品一览表”、“供货商表”、“员工表”添加记录完成后，我们可以参照表 1.24 用 SQL 语句向“进货表 2011”中添加记录。

- 除了“序号”以外的全部字段均提供了数据，字段列表可以省略，但自动编号标识列的“序号”字段不允许提供数据，系统按添加记录的顺序自动填入。
- “货号”、“供货商 ID”、“收货人”已设置外键约束，若所引用列中没有对应的数据，则该记录会添加失败。
- 设置 CHECK 约束、绑定了规则的字段若违反约束和规则，也不能添加记录。

```
USE diannaoxs
INSERT 进货表 2011 (进货日期, 货号, 数量, 进价, 供货商 ID, 收货人)
   VALUES ('2011-1-8', '1001', 10, 5300.00, 'SDLC', '孙立华')
```

```
INSERT 进货表 2011       --以下均可省略字段列表
   VALUES ('2011-1-8', '1002', 10, 5180.00, 'BJLX', '孙立华')
INSERT 进货表 2011
   VALUES ('2011-1-8', '3001', 30, 350.00, 'BJFZ', '孙立华')
INSERT 进货表 2011
   VALUES ('2011-1-20', '2001', 30, 860.00, 'BJFZ', '于  丽')
INSERT 进货表 2011
   VALUES ('2011-1-28', '2002', 30, 1060.00, 'SHSC', '于  丽')
INSERT 进货表 2011
   VALUES ('2011-2-5', '4001', 80, 185.50, 'SDLC', '孙立华')
INSERT 进货表 2011
   VALUES ('2011-2-5', '4002', 80, 280.50, 'BJLX', '孙立华')
INSERT 进货表 2011
   VALUES ('2011-2-16', '1001', 10, 5250.00, 'SHKD', '于  丽')
INSERT 进货表 2011
   VALUES ('2011-3-7', '3001', 30, 350.00, 'SHSC', '孙立华')
INSERT 进货表 2011
   VALUES ('2011-3-26', '4002', 80, 280.50, 'SDLC', '孙立华')
```

在查询编辑器中运行以上代码后，打开“进货表 2011”如图 4.26 所示。

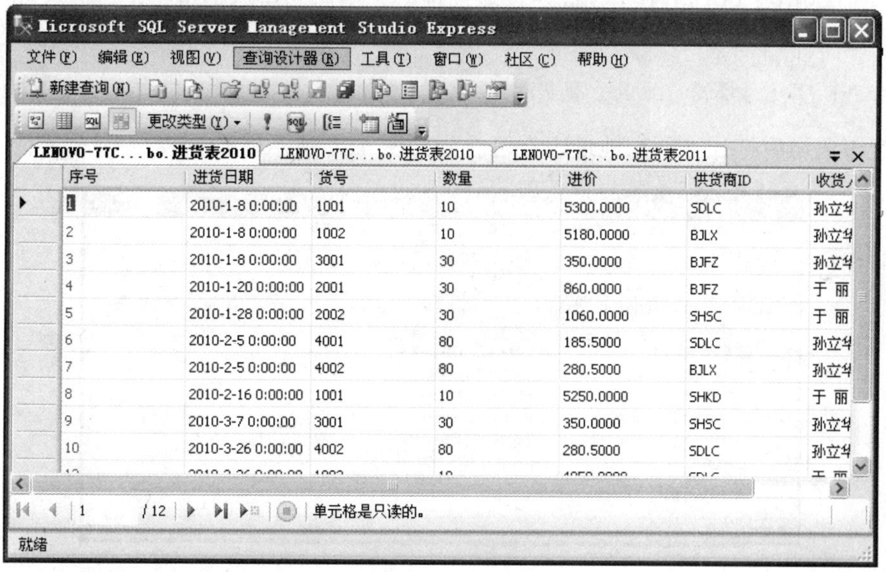

序号	进货日期	货号	数量	进价	供货商ID	收货人
1	2010-1-8 0:00:00	1001	10	5300.0000	SDLC	孙立华
2	2010-1-8 0:00:00	1002	10	5180.0000	BJLX	孙立华
3	2010-1-8 0:00:00	3001	30	350.0000	BJFZ	孙立华
4	2010-1-20 0:00:00	2001	30	860.0000	BJFZ	于 丽
5	2010-1-28 0:00:00	2002	30	1060.0000	SHSC	于 丽
6	2010-2-5 0:00:00	4001	80	185.5000	SDLC	孙立华
7	2010-2-5 0:00:00	4002	80	280.5000	BJLX	孙立华
8	2010-2-16 0:00:00	1001	10	5250.0000	SHKD	于 丽
9	2010-3-7 0:00:00	3001	30	350.0000	SHSC	孙立华
10	2010-3-26 0:00:00	4002	80	280.5000	SDLC	孙立华

图 4.26　用 SQL 语句添加记录后的“进货表 2011”

2) 用 INSERT SELECT 语句向表中添加记录

语句格式：INSERT　表名 1　[(字段列表 1)]

```
        SELECT  * | 字段列表 2  FROM  表名 2  [WHERE  条件表达式]
```

功能：用表 2 中的数据向表 1 添加记录，即用 SELECT 子句在表 2 中查询的结果集(可以是多条记录)按指定的字段将符合条件的全部记录添加到表 1 中。

● 该语句可以从一个或多个表或视图中得到数据，有关 SELECT 语句的完整语法将在第 5 章详细介绍。

- 表 2 的字段列表 2 中的字段个数、顺序和类型(*表示全部字段)必须与表 1 的字段列表 1 的个数、顺序和类型相兼容。
- 若给表 1 中全部字段提供数据，则字段列表 1 可以省略，但表 2 的字段列表 2 不能省略(全部字段可使用*号)，并且其顺序必须与表 1 字段的定义顺序一致。
- 若给表 1 中部分字段赋值，字段列表 1 必须给出要添加数据的列名。但要保证不提供数据的列必须是允许为空的。
- 条件表达式中可以嵌套使用子查询的数据，但必须用圆括号括起来。

【例 4-12】 在 diannaixs 数据库中创建一个“厂家地址表”，该表中只有“厂家名称”、“厂家地址”两个字段，其属性与“供货商表”中的“供货商”、“厂家地址”字段属性相同，然后从“供货商表”中取得数据。

(1) 先用 SSMS 或 CREATE TABLE 语句创建“厂家地址表”空表，也可以用下一章介绍的 SELECT 语句由“供货商表”复制创建一个新的“厂家地址”空表：

```
USE diannaoxs
SELECT 厂家名称=供货商, 厂家地址 INTO 厂家地址表
   FROM 供货商表 WHERE 1=2
```

(2) 用 INSERT SELECT 语句向“厂家地址表”全部字段添加记录：

```
USE diannaoxs
INSERT 厂家地址表 SELECT 供货商, 厂家地址 FROM 供货商表
```

运行该语句后打开“厂家地址表”可看到如图 4.27 所示的数据表。

图 4.27 从“供货商表”中取得数据的“厂家地址表”

【例 4-13】 创建一个“上海厂家表”，表中只有“厂家名称”、“厂家地址”，从“供货商表”中取得只有上海厂家的数据。

(1) 先用 SSMS 或 CREATE TABLE 语句创建“上海厂家表”空表。或用 SELECT 语句复制创建一个新的空表：

```
USE diannaoxs
SELECT 厂家名称=供货商, 厂家地址 INTO 上海厂家表
   FROM 供货商表 WHERE 1=2
```

(2) 用 INSERT SELECT 语句向表中全部字段添加记录。

```
USE diannaoxs
INSERT  上海厂家表
    SELECT 供货商, 厂家地址 FROM  供货商表 WHERE 厂家地址 like '%上海%'
```

运行该语句后打开“厂家地址表” 可看到如图 4.28 所示的数据表。

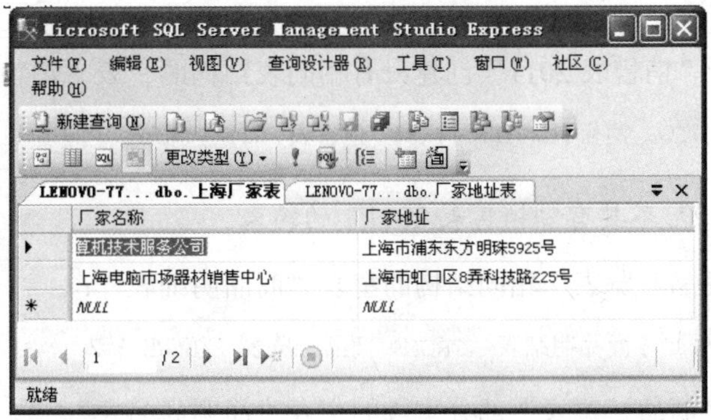

图 4.28　从“供货商表”中取得数据的“上海厂家表”

4.6.3　数据表的复制

用 SSMS 或 SQL 的 SELECT 语句都可以对数据表进行灵活的复制，我们将在第 5 章详细介绍 SELECT 语句。为了使读者更好地掌握数据的修改删除操作，我们提前简单介绍 SELECT 语句对数据表的复制创建，以便对复制表进行练习操作。

SELECT 语句用于复制创建新表的简单格式：

```
SELECT *| 字段列表  INTO 新表名 FROM 源表名 [ WHERE 条件表达式 ]
```

- 用 * 复制的新表与源表字段完全相同，也可用“字段列表”选择部分字段。
- 使用 WHERE 可以有选择的复制部分记录，只有满足条件的记录被复制，省略 WHERE 则连同全部数据一起复制。
- 使用恒为假的条件，如“WHERE 1=2”则没有记录，只复制一个有指定字段的空表。
- 原表字段上绑定的约束不能被复制。

例如 SQL 语句：

SELECT 厂家名称=供货商, 厂家地址 INTO　厂家地址表 1　FROM　供货商表

该语句用“供货商表”复制创建了“厂家地址表 1”，新表只有“供货商表”中的“供货商”、“厂家地址”两个字段，并在新表中将“供货商”改成了“厂家名称”，因为省略了 WHERE 则相应字段的数据全部复制到了新表中。

【例 4-14】 用“供货商表”复制创建一个“上海厂家地址表”：

```
USE diannaoxs
SELECT 厂家名称=供货商, 厂家地址 INTO 上海厂家地址表
 FROM  供货商表  WHERE 厂家地址 like '上海%'
```

该语句创建的新表“上海厂家地址表”只有“供货商表”中的“供货商”、“厂家地址”两个字段，并且只复制了满足条件的记录。

【例 4-15】 用“进货表 2011”复制一张内容完全相同的“进货 AA 表”，以便读者操作练习用。代码如下：

```
SELECT  *  INTO  进货AA表  FROM  进货表2011
```

打开“进货 AA 表”则与“进货表 2011”完全相同，但没有约束。

【例 4-16】 用“销售表 2011”创建只有相同表结构的空表“销售表 2012”：

```
SELECT  *  INTO  销售表2012  FROM  销售表2011  WHERE 1=2
```

注意：“销售表 2012”不具有“销售表 2011”的约束。

创建一张与“商品一览表”相同结构的空表“商品明细表”：

```
SELECT  *  INTO  商品明细表  FROM  商品一览表  WHERE 1=2
```

创建一张只有“商品一览表”部分字段的空表“简明商品表”：

```
SELECT  货号, 货名, 规格, 参考价格 INTO 简明商品表
    FROM  商品一览表  WHERE  1=2
```

4.6.4 数据表数据的更新、编辑、修改和删除

对数据表中的数据经常会需要修改删除，例如客户的地址发生了变化则需要修改，调离的职工、不再经营的商品也可能根据需要进行删除，这是数据库维护必不可少的操作。

1. 使用 SSMS 修改更新数据

展开所有的数据表列表，选择要操作的表，单击“操作”菜单或右击该表，选择“打开表”→“返回所有行”命令，弹出“查询设计器”的结果窗口，可以看到全部已经输入的记录数据。

在“查询设计器”结果窗口中我们可以追加输入记录，也可以查阅、编辑修改任何一个字段的数据，只要不违反约束。

单击记录最左端的标志块选中一行，在右键快捷菜单中可以选择复制、粘贴、删除一整条记录的操作。

在 SSMS 中对整个表的查询、插入、更新、复制等操作将在第 5 章详细介绍。

2. 使用 UPDATE 语句修改更新数据

语法格式：

```
UPDATE  表名1  SET { 列名=表达式 }[ , … n ]
    [FROM 表名2|表名列表及连接方式] [WHERE 条件表达式]
```

功能：用表达式的值修改(替换)表 1 中满足条件记录的指定字段。

- “表名 1”指定需要修改的数据表。
- SET 子句指定被修改的列和修改更新的数据，同一条件下可以对多个列的数据进

行同时修改更新。

- 若表达式中使用其他表的数据时必须使用 FROM 指定数据来源“表名 2”，使用外键连接的表时可以指定连接方式，但必须是一对一关系。
- WHERE 子句指定被修改记录的条件，只有满足条件的记录才被更新。如果省略则表中所有记录相应的字段都会被更新。
- 表达式或条件表达式中可以嵌套使用子查询的数据，但必须用圆括号括起来。

【实训项目 4-16】用 SQL 语句更新“商品一览表”、“销售表 2011”的部分数据

(1) 将“商品一览表”中新增加的“1003”计算机参考价格下调 3%。

在查询编辑器中输入以下代码：

```
USE diannaoxs
UPDATE  商品一览表 SET 参考价格=参考价格*0.97  WHERE 货号= '1003'
```

打开“商品一览表”可看到该商品价格已由 5500 元更新为 5335 元。

(2) 简单计算“销售表 2011”中已有记录的“金额”：金额=单价*数量；并将“货名”根据货号相等的条件用“商品一览表”中的“货名”填入。

在查询编辑器中输入以下代码：

```
USE diannaoxs
UPDATE  销售表 2011  SET  金额=单价*数量
UPDATE  销售表 2011  SET  货名=商品一览表.货名
   FROM  商品一览表  WHERE  销售表 2011.货号=商品一览表.货号
```

注意：

- 计算“金额”时，由于使用同一表中的字段数据更新，是逐条记录进行的，所以可以省略条件。如果使用条件可以写成： WHERE 序号=序号
- 修改“货名”时，由于使用外键连接“商品一览表”，必须使用 FROM，还可使用指定连接方式和连接条件的格式，但使用连接条件不能使用 WHERE 只能使用 on。如：

```
UPDATE  销售表 2011  SET  货名=商品一览表.货名
  FROM 销售表 2011 Join 商品一览表 on 销售表 2011.货号=商品一览表.货号
```

- 数据库正常运行时，每添加一条新的销售记录都由触发器自动计算“金额”、填入“货名”并自动更新“商品一览表”的“库存”。

打开“销售表 2011”可看到每条销售记录的金额都已计算，而且已按“商品一览表”中“货名”自动填入，如图 4.29 所示。

(3) 用“销售表 2011”复制一个“销售 BB 表”，将“销售 BB 表”中第 6 条记录的销售日期改为 2005 年 1 月 28 日；将“青岛科技商贸公司”改为“青岛科技商贸有限公司”(注意该公司有两条记录)。

在查询编辑器中输入以下代码：

```
USE diannaoxs
SELECT * INTO  销售 BB 表  FROM  销售表 2011      -- 创建销售表 BB
```

```
UPDATE  销售BB表  SET  销售日期='2005-1-28'
   WHERE  销售日期='2005-1-26'                    -- 正确的条件：序号=6
UPDATE  销售BB表  SET  客户名称='青岛科技商贸有限公司'
   WHERE  客户名称='青岛科技商贸公司'
打开“销售BB表”可看到有关的3条记录按要求进行了修改更新
```

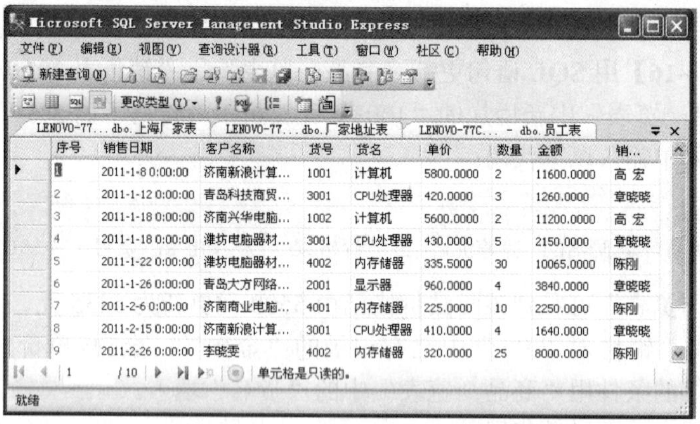

图 4.29 用 SQL 语句更新数据后的“销售表 2011”

注意：

- 因为使用“WHERE 销售日期='2005-1-26' ”，若表中有多条 1 月 26 日的销售记录时将被全部修改为 1 月 28 日，正确条件应该使用“WHERE 序号=6”。
- 在实际应用中，进货表、销售表作为原始记录是不允许修改的，可以创建触发器不允许修改，以实现数据保护。

3. 数据表记录的删除

随着数据的使用和修改，表中可能存在一些无用的数据，不仅占用空间还会影响修改和查询数据的速度，应及时将它们删除。

(1) 使用 DELETE 语句删除记录。

语法格式：DELETE 表名 [FROM 其他表名] [WHERE 条件表达式]

功能：删除满足条件的所有记录，并将删除操作保存在日志文件中(通过事务回滚可以恢复)。

- 省略 WHERE 则删除指定表中的全部记录。
- 当删除条件中使用其他表的数据时可用 FROM 指定所在的表名。
- 条件表达式中可以嵌套使用子查询的数据，但必须用圆括号括起来。
- 有自动编号字段的记录被删除后，字段编号不会重新排列，被删除的自动编号不能被新添加的记录使用。

删除记录最主要的是选择好条件，否则会将不该删除的删除，甚至会删除所有的记录。

如删除“AA 表”中没有定价(价格字段为空值)的所有商品，可以使用 SQL 语句：

```
DELETE AA表  WHERE 价格 IS NULL
```

【例 4-17】 删除“销售 BB 表”中所有“青岛”的客户：

```
USE diannaoxs
DELETE  销售BB表  WHERE 客户名称  LIKE '%青岛%'
```

执行结果“(所影响的行数为行)”，即删除了 3 条记录。如图 4.30 所示。

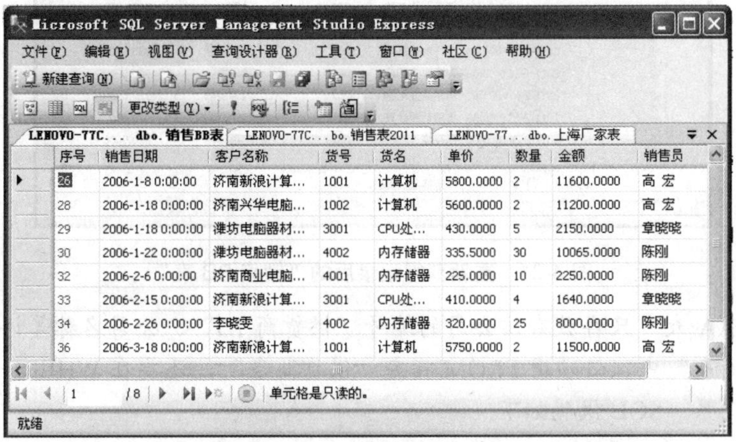

图 4.30　删除“青岛”客户记录后的“销售 BB 表”

【例 4-18】 删除“销售 BB 表”中的所有记录。

```
USE diannaoxs
DELETE  销售BB表
```

执行结果“(所影响的行数为 8 行)”删除了 8 条记录。打开“销售 BB 表”可看到该表结构没有删除，只是已成为一张没有记录的空表。但是注意原来表中自动编号已增长到 11，如果再向这个空表中添加第一条新记录时，其自动编号为 12。

如果我们重新从“销售表 2011”取得全部记录添加到销售 BB 表，可输入代码：

```
INSERT  销售BB表(销售日期,客户名称,货号,货名,单价,数量,金额,销售员)
    SELECT  销售日期,客户名称,货号,货名,单价,数量,金额,销售员
        FROM  销售表2011
```

注意：自动编号字段不允许提供数据，所以 SELECT 必须指定字段列表而不能用*表示所有字段，但是被插入的表中可以忽略自动编号字段，因此下列语句是等价的。

```
    INSERT  销售BB表
        SELECT  销售日期,客户名称,货号,货名,单价,数量,金额,销售员
            FROM  销售表2011
```

执行结果“(所影响的行数为 11 行)”，添加了 11 条记录，请注意序号的值，如图 4.31 所示。

【例 4-19】 从例 4-15 用“进货表 2011”复制的“进货 AA 表”中删除与生产厂家“北京方正电脑有限公司”有关的所有进货记录。

图 4.31　重新获得记录后的“销售 BB 表”

注意：“进货 AA 表”只存放有该公司的编号“供货商 ID”、公司名称等详细信息存储在“供货商表”中，必须用 FROM 指定“供货商表”，还要在 WHERE 中指出两个表的连接关系。SQL 代码如下：

```
DELETE 进货AA表  FROM 供货商表
    WHERE 进货AA表.供货商ID=供货商表.供货商ID
          AND 供货商表.供货商='北京方正电脑有限公司'
```

执行结果“(所影响的行数为 2 行)”，删除了第 3、4 行。

关于 WHERE 子句，通过下一章 SELECT 查询语句将会更详细地使用。

(2) 使用 TRUNCATE TABLE 语句快速永久删除全部记录。

语法格式：TRUNCATE TABLE 表名

- 该语句通过释放表的数据页快速永久地删除指定表中的全部记录，但删除的数据不可恢复(只将对数据页的操作保存在日志文件，而不保存记录的删除操作)。
- 该语句将全部记录删除后只保留表的结构——空表，表中若有自动编号字段则自动编号被重新恢复初始值，即以后向表中添加第一条记录时从初始值开始。

注意：因为 TRUNCATE 操作不做日志记录，删除是不可恢复的，建议在执行 TRUNCATE TABLE 语句之前先对数据库备份，以备恢复。

4.7　数据表及约束对象的删除

4.7.1　用 SSMS 删除数据表及其他对象

在 SSMS 中选中要操作的数据表后右击，可以很方便地进行删除操作。但是必须注意以下几点。

- 表的删除是永久性的，应当特别慎重，建议在删除之前先对数据库进行备份，以备恢复。
- 如果一个表被其他表的外键约束所引用，则必须先删除设置外键的表或解除其外键约束才能对该表进行修改或删除操作。

- 已经被绑定的规则、默认值对象不能删除，必须先解除绑定。

【例 4-20】 在 SSMS 中删除“上海厂家表”。

在删除时，还会弹出如图 4.32 所示的“删除对象”确认对话框，单击“删除”按钮，即可删除所选择的对象。

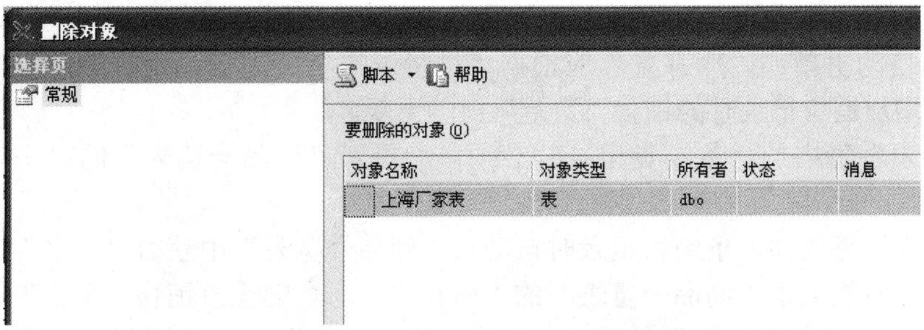

图 4.32　“删除对象”确认对话框

4.7.2　用 DROP TABLE 语句删除数据表及约束对象

1．用 DROP TABLE 语句删除数据表

语法格式：DROP TABLE 表名[，… n]

说明：

- DROP TABLE 语句一次可以删除多个数据表，但不能删除系统表。
- 如果一个表被其他表的外键约束所引用，则必须先删除设置外键的表或解除其外键约束才能对该表进行修改或删除操作。
- 一旦一个表被删除，那么它的数据、结构定义、约束、索引都将被同时永久地删除，其存储数据和索引的空间都被释放。
- 表的删除是永久性的，应当特别慎重。

【例 4-21】 将前面例题中创建的“厂家地址表”、“厂家地址表 1”删除。SQL 代码如下：

```
DROP TABLE  厂家地址表，厂家地址表 1
```

执行结果为“命令已成功完成”，刷新 diannaoxs 数据库表列表，则 4 个表已经删除。

2．用 DROP RULE 语句删除规则

语法格式：DROP RULE 规则名[，… n]
已经被绑定了的规则对象不能删除，必须先解除绑定。

3．用 DROP DEFAULT 语句删除默认值

语法格式：DROP DEFAULT 默认名称[，… n]
已经被绑定了的默认值对象不能删除，必须先解除绑定。

4.8 数据库应用实例“电脑器材销售管理”的数据表

通过本章【实训项目 4-1】～【实训项目 4-16】的操作，我们已经初步完成了“电脑器材销售管理”diannaoxs 数据库中 5 个数据表的规范化设计和创建，其中：

“商品一览表”中的“平均进价”应根据“进货表”增加进货记录时的“进价”和进货“数量”自动更新；“库存量”应根据“进货表”增加进货记录时的进货“数量”和“销售表”增加销售记录时的销售“数量”自动更新。

“进货表”每增加一条进货记录时必须自动更新“商品一览表”的“平均进价”和“库存量”。

“销售表”每增加一条销售记录时自动从“商品一览表”中获得“货名”；自动检查销售“数量”不能大于“商品一览表”的“库存量”；自动检查销售“单价”不允许超出“商品一览表”“参考价格”的 5%；自动计算“金额”；自动更新“商品一览表”的“库存量”。

这些复杂的约束检查和自动计算功能在创建表时是无法完成的，需要在第 8 章学习了触发器以后实现。

创建数据库的目的是为了有效的使用它，充分利用原始数据获得重要的信息。创建完成规范化的数据库仅仅为使用数据库创造了良好的基础，在后续各章我们将进一步学习如何使用数据库。

【实训项目 4-17】完善 diannaoxs 实训项目数据库

为了给后续各章提供更好的使用模型，既有利于学习各个知识面又不过于复杂，我们给 diannaoxs 数据库再增加几条销售记录，例如：

2011-3-20：“高宏”销售给济南新浪计算机公司 1001 号商品 3 件，单价 5780
“章晓晓”销售给济南新浪计算机公司 3001 号商品 5 件，单价 400
“陈刚”销售给潍坊电脑器材商店 4002 号商品 25 件，单价 320
2011-3-26：“于　丽”从山东省浪潮集团公司购进 1003 号商品 10 件，进价 4950

(1) 向“销售表”添加记录的代码(货名、金额允许为空，可以省略)：

```
USE diannaoxs
INSERT 销售表2011 (销售日期, 客户名称, 货号, 数量, 单价, 销售员)
   VALUES ('2011-3-20', '济南新浪计算机公司', '1001', 3, 5780, '高宏')
INSERT 销售表2011 (销售日期, 客户名称, 货号, 数量, 单价, 销售员)
   VALUES ('2011-3-20', '济南新浪计算机公司', '3001', 5, 400, '章晓晓')
INSERT 销售表2011 (销售日期, 客户名称, 货号, 数量, 单价, 销售员)
   VALUES ('2011-3-20', '潍坊电脑器材商店', '4002', 25, 320, '陈刚')
INSERT 进货表2011
   VALUES ('2011-3-26', '1003', 10, 4950, 'SDLC', '于  丽')
```

(2) 计算销售金额，从“商品一览表”获得商品名称的代码：

```
UPDATE  销售表2011  SET  金额=单价*数量  WHERE 销售日期>='2005-3-20'
UPDATE  销售表2011  SET  货名=商品一览表.货名   FROM  商品一览表
   WHERE  销售表2011.货号=商品一览表.货号 and  销售日期>='2005-3-20'
```

至此，除了“商品一览表”的“平均进价”、“库存量”需要使用“进货表”和“销售表”的数据进行计算更新，我们将在第 5 章查询中完成外，diannaoxs 数据库模型各数据表的数据如图 4.33～图 4.37 所示。为了便于练习对照，读者若随本书一同进行操作的话，可将自己的数据表进行调整，与这些数据表一致。

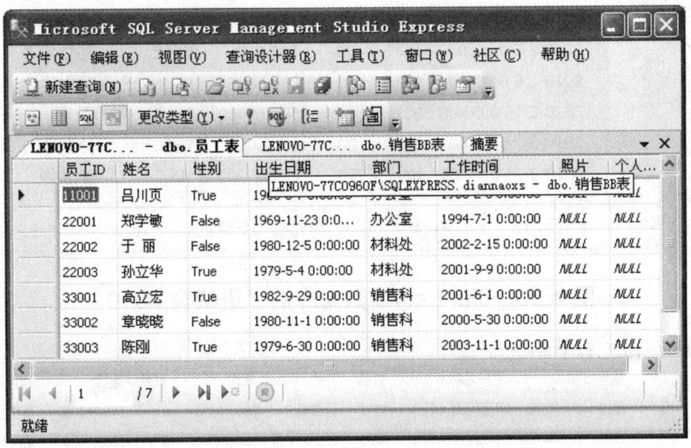

图 4.33 diannaoxs 数据库的“员工表”

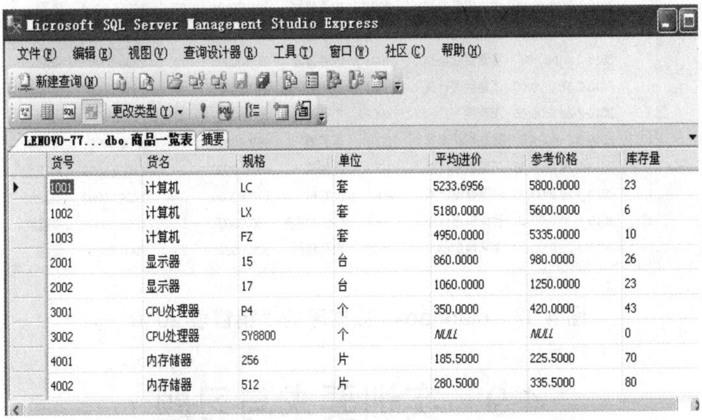

图 4.34 diannaoxs 数据库的“商品一览表”

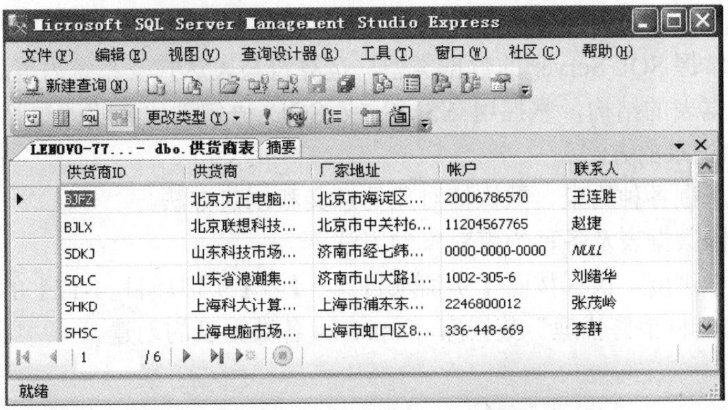

图 4.35 diannaoxs 数据库的“供货商表”

LENOVO-77C...bo.进货表2010　LENOVO-77C...bo.进货表2011

序号	进货日期	货号	数...	进价	供货商ID	收货人
1	2010-1-8 0:00:00	1001	10	5300.0000	SDLC	孙立华
2	2010-1-8 0:00:00	1002	10	5180.0000	BJLX	孙立华
3	2010-1-8 0:00:00	3001	30	350.0000	BJFZ	孙立华
4	2010-1-20 0:00:00	2001	30	860.0000	BJFZ	于 丽
5	2010-1-28 0:00:00	2002	30	1060.0000	SHSC	于 丽
6	2010-2-5 0:00:00	4001	80	185.5000	SDLC	孙立华
7	2010-2-5 0:00:00	4002	80	280.5000	BJLX	孙立华
8	2010-2-16 0:00:00	1001	10	5250.0000	SHKD	于 丽
9	2010-3-7 0:00:00	3001	30	350.0000	SHSC	孙立华
10	2010-3-26 0:00:00	4002	80	280.5000	SDLC	孙立华

1 /12 单元格是只读的。

图 4.36　diannaoxs 数据库的“进货表 2010”

LENOVO-77C...bo.销售表2010　摘要

序...	销售日期	客户名称	货号	货名	单价	数量	金额	销售员
1	2010-1-8 0:00:00	济南新浪计算...	1001	计算机	5800.0000	2	11600.0000	高立宏
2	2010-1-12 0:00:00	青岛科技商贸...	3001	CPU处理器	420.0000	3	1260.0000	章晓晓
3	2010-1-18 0:00:00	济南兴华电脑...	1002	计算机	5600.0000	2	11200.0000	高立宏
4	2010-1-18 0:00:00	潍坊电脑器材...	3001	CPU处理器	430.0000	5	2150.0000	章晓晓
5	2010-1-22 0:00:00	潍坊电脑器材...	4002	内存储器	335.5000	30	10065.0000	陈刚
6	2010-1-26 0:00:00	青岛大方网络...	2001	显示器	960.0000	4	3840.0000	章晓晓
7	2010-2-6 0:00:00	济南商业电脑...	4001	内存储器	225.0000	10	2250.0000	陈刚
8	2010-2-15 0:00:00	济南新浪计算...	3001	CPU处理器	410.0000	4	1640.0000	章晓晓
9	2010-2-26 0:00:00	李晓雯	4002	内存储器	320.0000	25	8000.0000	陈刚
10	2010-3-7 0:00:00	青岛科技商贸...	2002	显示器	990.0000	7	6930.0000	章晓晓
11	2010-3-18 0:00:00	济南新浪计算...	1001	计算机	5750.0000	2	11500.0000	高立宏
12	2010-3-20 0:00:00	济南新浪计算...	1001	计算机	5780.0000	3	17340.0000	高立宏
13	2010-3-20 0:00:00	济南新浪计算...	3001	CPU处理器	400.0000	5	2000.0000	章晓晓
14	2010-3-20 0:00:00	潍坊电脑器材...	4002	内存储器	320.0000	25	8000.0000	陈刚

图 4.37　diannaoxs 数据库的“销售表 2010”

4.9　实训要求与习题

实训要求

(1) 理解并掌握 SQL Server 的数据类型、运算符与表达式及系统内置函数。

(2) 理解数据表的结构，掌握用 SSMS 或 SQL 语句创建、修改数据表和向数据表添加、修改、删除记录的方法。

(3) 理解并掌握各种约束、默认值对象的意义和创建方法。

(4) 学会删除数据表及各种约束对象的方法。

(5) 根据教学进度，认真按照【实训项目 4-1】~【实训项目 4-17】的要求进行操作，独立完成“电脑器材销售管理”数据库 diannaoxs 各数据表的创建。

练习题

(1) SQL Server 提供的系统数据类型有：________、________、Unicode 数据、________、

________、________和货币数据，也可以使用用户定义的数据类型。

(2) 文本和图像数据在 SQL Server 中是用 text、ntext 和 image 数据类型来表示的，由于它们的数据量一般较大，所以经常被存储在专门的页中，在数据行的相应位置处只保存指向这些数据存储位置的________。SQL Server 2005 中，使用________可用于指定表中文本和图像数据是否在________中存储。

(3) 创建表用________语句，向表中添加记录用________语句，查看表的定义信息用________语句，删除表用________语句。

(4) 默认值的作用是____________________。创建默认值用____________语句，删除默认值用____________语句。绑定默认值用____________语句，解除绑定的默认值用________语句。

(5) 如果当前日期为 2003/9/17，下面可以返回 17 的函数是(　　)。

A. DATEPART(8,9,GETDATE())　　B. DATEPART(day,GETDATE())

C. GETDATE(date)　　D. DATEPART(date,GETDATE())

(6) 在查询编辑器中运行下面的语句：

```
create table numbers (n1 int,  n2 numeric(5,0),  n3 numeric(4,2) )
go
insert numbers values(1.7,1.6,1.4)
select * from numbers
```

得到的结果是(　　)。

A. 2,2,1.50　　B. 1.7,1.6,1.4

C. 1,2,1.40　　D. create 命令不会执行，因为不能为 N2 列设置精度为 0

(7) 建立一个数据库，以存储一个单位的员工信息，设计代码如下：

```
create table member
 ( l_name char(20) null, f_name varchar(30) not null,
   address_line1 varchar(30)  null, address_line2 varchar(30) null,
   address2_line1 varchar(30) not null,
   address2_line2 char(30) null, spouse_name char(30) not null
 )
```

判断其设计方面的问题，为了使设计更好，还应修改(　　)。

A. 把所有 NULL 修改为 NOT NULL，而且把 NOT NULL 修改为 NULL

B. 该表有进一步规范化的必要

C. spouse_name 字符的长度，应该设置为 255 以上

D. 所有字段都应允许为空

(8) 若想删除 orders 表中所有超过 3 年的老定单，可以使用的 SQL 语句是(　　)。

A. delete from orders where orderdate<dateadd(yyyy,−3,getdate())

B. delete from orders where orderdate<dateadd(yyyy,3,getdate())

C. delete from orders where orderdate<getdate(),−3

D. delete from orders where orderdate<getdate(),3

(9) 用两种方法删除表中所有记录，各有什么特点？哪种方法更好？

(10) 编写一条 UPDTE 语句，将“商品一览表”中所有库存量大于 20 的货品价格降低 10%。

(11) 在 SSMS 中创建一个“学生管理”数据库。

① 创建“学生信息”表：

学号(从 2011001 自动递增 1)、姓名、性别(字符型)、电话号码、家庭住址。

学号字段设置主键约束，家庭住址设置唯一约束，性别字段设置默认值“男”。

② 创建“学生成绩”表：学号、选修课程名称、成绩。

学号字段设置外键约束，成绩字段设置大于等于 0、小于等于 100 检查约束。

③ 分别用 SSMS 和 SQL 语句给两个表添加部分记录。

(12) 用 SQL 语句创建教师数据库 teacher。

① 创建“教师基本情况表”(jbqk)：

教师编号(teacher_no 主键)、教师姓名(teacher_name)、所在部门编号(department_no 外键)、教师职称(teacher_grade 默认值“讲师”)。

② 创建“教师部门信息表”(bmxx)：

部门编号(department_no 主键)、部门名称(department_name 唯一)、部门描述(department_ms)。

③ 创建“教师上课情况表”(skqk)：

序号(number 自动编号)、教师编号(teacher_no 外键)、所上课程(course_kc)、是否专业课(course_zy)、课时数(course_ks 大于 30 小于 100)、任课班数(classe_number 大于 0)、总人数(total_number 大于 0)。

④ 每个表至少输入 6 条记录。要求记录要符合现实意义。

⑤ 向各表中插入一条记录，再删除各表中的第 5 条记录。

第 5 章　数据库查询与视图

学习目的与要求

创建数据库的目的是为了有效地存储管理数据，更重要的是对其进行整理加工以获得我们需要的重要信息。而查询和视图正是从数据库中获取信息最简单、最常用、最主要的操作，是数据库使用频率最高的操作，是数据库应用的灵魂，其主要作用是根据用户的请求，对众多数据表的大量数据进行处理，筛选、查找并统计出用户需要的信息资料。通过本章学习，读者应理解和掌握 SQL Server 2005 数据表的各种查询操作，包括单表单条件查询、单表多条件查询、多表连接及多条件查询、统计汇总查询、子查询及查询结果的排序、分组；理解视图的意义，掌握视图的创建和使用。

实训项目

【实训项目 5-1】～【实训项目 5-11】通过数据库查询语句，在年度结束时自动创建下一年度的“销售表 2012”和“进货表 2012”，计算更新“商品一览表”的平均进价和库存量，统计计算各种商品的相关数据或信息，创建“年度销售汇总表”，核算库存商品成本并估计营业额和大约可实现利润，创建部分商品或全部商品完整的“销售信息视图”以及“进货信息视图”。

5.1　SELECT 语句的格式与简单查询

5.1.1　SELECT 查询语句格式

SELECT 是 SQL 语言中使用频率最高的语句，是 SQL 语言的灵魂。SELECT 语句的作用是让数据库服务器根据客户端的请求查找出用户所需要的信息资料——数据集合，并按用户规定的格式整理成“结果集”返回给客户端。

SELECT 语句除了查看数据库中的表格和视图的信息外，还可以查看 SQL Server 的系统信息、复制创建数据表。

SELECT 语句的语法格式：

```
SELECT  [记录显示范围]  字段列表
   [ INTO 新表名]
   [ FROM  表名或表名列表及其连接方式]  [ WHERE 筛选记录条件表达式]
   [ GROUP BY 分组字段名列表 [HAVING 分组条件表达式] ]
   [ ORDER BY 排序字段名列表 [ASC | DESC] ]
   [ { COMPUTE 集合函数(列名 1)  [ BY 列名 2] } [ …n ] ]
```

说明：

① SELECT 语句中各子句的顺序：

SELECT → [记录范围] → 字段列表 → [INTO] → [FROM] → [WHERE]

→ [GROUP BY → [HAVING]] → [ORDER BY → [COMPUTE]]

② FROM 用于指定数据来源。

单表查询简单格式：FROM　表名

多表查询时的格式：FROM　表名列表及其连接方式

③ COMPUTE 子句不能与 INTO 子句或 GROUP BY 子句同时使用。

5.1.2　使用 SELECT 语句进行无数据源检索

无数据源检索就是查询输出不在数据表中的数据。一般用来输出常量或变量的值(相当于 PRINT 或其他语言的输出语句)，也可用于查看 SQL Server 2005 的系统信息。

SELECT 是用于显示查询结果集的语句，所以输出常量或变量值时，是在网格窗口用表格的形式输出。

【例 5-1】 用 SELECT 语句输出常量值：SELECT　'sql server 6.5',　256*256

该语句相当于显示两个计算列，因为没有指定别名则列标题为“(无名列)”。

也可使用语句：SELECT　字符串常量='sql server 6.5', 计算结果=256*256

该语句为两个计算列指定了别名作列标题。两个语句的执行结果分别如图 5.1 所示。

图 5.1　无数据源检索的输出结果

【例 5-2】 查看全局变量——本地 SQL Server 服务器的版本信息：SELECT @@version。

其中@@version 为系统无参数存储过程，也称为全局变量。服务器的返回结果是：

```
Microsoft SQL Server  2005 - 8.00.194 (Intel X86)
Aug  6 2005 00:57:48
Copyright (c) 1988-2005 Microsoft Corporation
Personal Edition on Windows 4.10 (Build 2222:  A )
```

【例 5-3】 查询本地 SQL Server 服务器使用的语言：SELECT @@language

服务器的返回结果是：简体中文。

5.1.3　指定字段列表及列别名(列标题)

字段列表用于指定查询结果集中所需要显示的列，可以使用以下格式：

```
*              指定所使用的全部数据表的全部字段
表名.*         多表查询时指定某一个表的全部字段
字段列表       指定所需要显示的列
```

字段列表可以指定字段名也可以指定表达式(计算列)，还可为字段列或计算列指定别名(列标题)，多个列之间用逗号隔开。指定显示列的格式：

```
[表名.]字段名 | 计算表达式 | 别名={ [表名.]字段名 | 计算表达式 }
```

若指定别名时也可写成 ANSI 标准的格式：

```
{ [表名.]字段名 | 计算表达式 } [ AS ] 别名
```

说明：

- 多表查询时同名字段必须加表名作字段名前缀，单表或不重复字段可以不加。
- 指定显示的列可以是单个字段，也可以是派生列——由多个字段运算后产生的列或是由表达式计算后产生的列，统称为计算列。
- 显示字段列时若不指定别名则以字段名为查询结果的列标题，可以指定别名代替字段名作为查询结果的列标题。
- 显示计算列时若不指定别名则显示为“(无名列)”，可指定别名作为显示的列标题。
- 字段列表的顺序是查询结果的显示顺序，可以与数据表定义的字段顺序不同。

注意：

- 别名就是表达式的名字，为字段指定别名相当于表达式中只有一个字段变量。
- 别名不允许出现在其他表达式当中，当某个表达式需要使用别名所代表的计算结果时，必须使用原表达式或字段名。

【例 5-4】 查询“进货表 2011”的全部记录，只显示“进货日期，货号，数量，供货商 ID”字段：

```
SELECT 供货商 ID, 进货日期, 货号, 数量 FROM 进货表 2011
```

注意：SELECT 语句中指定的字段列表顺序可以任意，不需要与表的定义顺序一致。它只表示查询结果集的显示顺序，不会对数据表的字段顺序进行更改。

5.1.4 指定查询结果的显示范围

指定查询结果集中记录的显示范围有三个选项：

```
ALL                      显示查询结果集的全部记录(默认值)
| DISTINCT[ROW]          对查询结果集过滤重复行
| TOP n [percent]        显示查询结果集开头的 n [%]个记录
```

说明：

- 若不指定显示范围则默认选项 ALL，显示查询结果集的全部记录。
- DISTINCT 子句对多列字段查询时将返回多列数据组合后的唯一记录。
- TOP 子句是限制结果返回行数。

【例 5-5】 查询“销售表 2011”的记录，按不同记录显示范围显示全部字段：

```
显示全部查询结果的记录：    SELECT ALL              * FROM 销售表 2011
在查询记录中去掉重复行：    SELECT DISTINCT         * FROM 销售表 2011
```

```
只显示查询结果前 5 条记录：  SELECT  TOP  5              *  FROM 销售表 2011
只显示查询结果前 20%记录：   SELECT  TOP  20 percent    *  FROM 销售表 2011
```

第一个语句中 ALL 为默认范围，可以省略，显示查询结果集的全部 14 条记录。

第二个语句去掉重复行也显示全部 14 条记录，因为* 取了全部字段包括主键字段，查询结果中没有完全相同的行。

第三个语句则只显示查询结果中的前 5 条记录。

第四个语句则只显示查询结果中的前 20%，即前 3 条记录。

当查询结果的数据量非常庞大又没有必要对所有数据进行浏览时，使用 TOP 指定显示记录的范围可以大大减少查询时间。

【例 5-6】 查询“销售表 2011”的记录，只显示字段“客户名称”，比较过滤重复行的效果：

```
SELECT              客户名称 FROM 销售表 2011
SELECT  DISTINCT  客户名称 FROM 销售表 2011
```

第一个语句显示查询结果中全部 14 条记录的“客户名称”，第二个语句使用 DISTINCT 过滤重复行后只显示 7 条记录，表示总共与 7 个客户有销售业务。

注意：

- 如果使用语句：

```
SELECT  ALL   DISTINCT 客户名称 FROM 销售表 2011
```

或者想在查询结果的前 5 条记录中去掉重复行：

```
SELECT TOP  5  DISTINCT 客户名称 FROM 销售表 2011
```

都会产生语法错误，因为 ALL、DISTINCT、TOP 不允许同时使用。

- 使用 DISTINCT 关键字对多列字段查询时将返回多列数据组合后的唯一记录。下列语句中 DISTINCT 的作用是什么？

```
SELECT  DISTINCT 货号, 进价 FROM 进货表 2011
SELECT  DISTINCT 供货商 ID, 货号, 进价 FROM 进货表 2011
```

第一条语句可查询相同商品的不同进价，或相同进价的不同商品。

第二条语句可查询相同厂家相同商品的不同进价，或相同厂家相同进价的不同商品，或着相同商品相同进价的不同厂家。

【例 5-7】 查询“进货表 2011”的前 5 条记录，只显示“进货日期，货号，数量，供货商 ID”字段，使用别名显示标题“进货日期，商品编号，数量，供货商代码”。

```
SELECT TOP  5 供货商代码=供货商 ID, 进货日期, 商品编号=货号, 数量
  FROM 进货表 2011
```

或者：

```
SELECT TOP  5 供货商 ID AS 供货商代码, 进货日期, 货号 AS 商品编号, 数量
  FROM 进货表 2011
```

执行结果如图 5.2 所示。

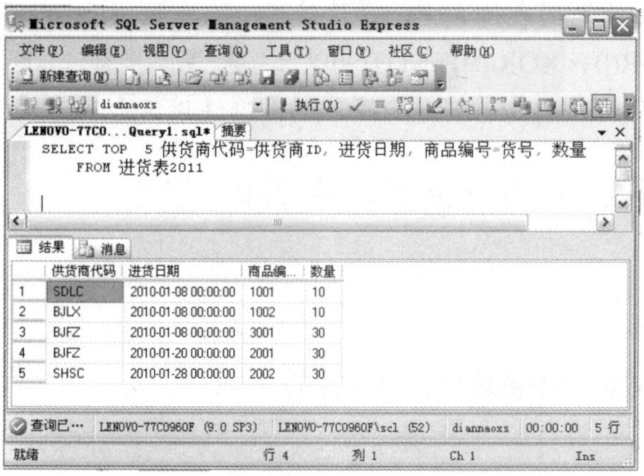

图 5.2 查询“进货表 2011”前 5 条记录部分字段

注意：

- 用户可使用任意的别名作为结果集的列标题，或为计算列加上任意的标题。
- 在计算列表达式后面直接给出列名是 ANSI 规则的标准方法，AS 可以省略，别名也可以加单引号。如：供货商 ID “供货商代码”。

【例 5-8】 使用字段组合的计算列查询“商品一览表”，显示“货号，货名，每件毛利，字段外数据”。

```
USE diannaoxs
SELECT  商品信息=货号+ ',' +货名, 每件毛利=参考价格*0.1,
        30*2+5 字段外数据,  256*256   FROM 商品一览表
```

本例假设“每件毛利”为参考价格的 10%，“字段外数据”并没有实际意义，只是为了说明语法。在查询编辑器输入以上代码，运行结果如图 5.3 所示。

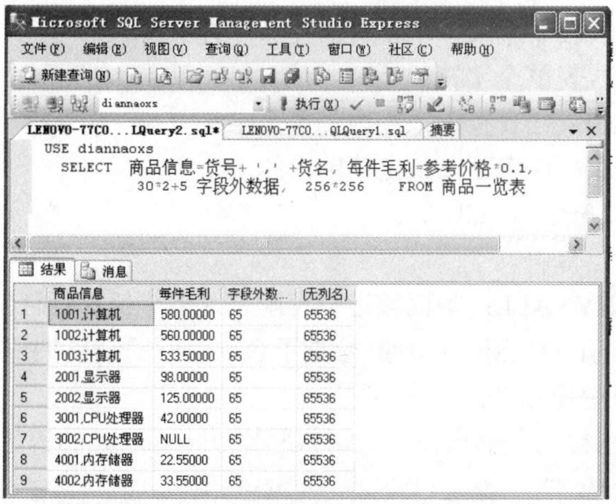

图 5.3 用计算列显示查询结果

注意：

- 在 T-SQL 的计算列表达式中，允许使用+、-、*、/、%以及位运算的逻辑运算符 AND(&)、OR(|)、XOR(^)、NOT(~)以及字符串连接符(+)。
- 字符型字段可以使用加号将几个字段的数据连接输出在一列中。如：货号+货名。

5.1.5 用 WHERE 子句查询满足条件的记录

格式：

```
WHERE  条件表达式
```

功能：从查询的数据集中挑选出符合条件的记录。

说明：

- WHERE 子句必须紧跟在 FROM 子句后面。
- 条件表达式用于指定被显示记录所满足的查询条件。

注意：

- 条件表达式中可以包含字段名，但不允许使用为某个字段或计算列指定的别名，必须使用原字段名或计算列的表达式，因为 WHERE 子句指定的内容就是表达式。
- 条件表达式的运算结果必须是逻辑值 TRUE、FALSE、UNKNOWN。

条件表达式中可以使用上一章所介绍的逻辑运算符和表达式：

(1) 比较运算符：>、>=、=、<、<=、<>、!=、!>、!<。

(2) 逻辑运算符： not 、and 、or。

(3) 范围运算符： [not] between 起始值 and 终止值。

(4) 列表运算符： [not] in (值 1, … , 值 n)。

(5) 模糊匹配运算符： [not] like '通配符'。

通配符：%：代表 0 个或多个字符的任意字符串。

_：代表单个字符。

[abcd]：代表指定范围内的单个字符。

[^abc]：代表不在指定范围内的单个字符。

(6) 空值运算符： [not] is null。

(7) 用于子查询的运算符。

列表运算符 ANY | ALL：与比较运算符配合对多个值进行任意的比较。

存在逻辑运算符[not] exists：判断检查子查询返回的结果集中是否包含记录。

集合函数在 5.3 节中详细介绍。

【例 5-9】 在“销售表”中查询一次销售额超过 10000 元的销售记录。

```
USE diannaoxs
SELECT 销售员, 销售日期, 货名, 单价, 数量, 金额   FROM 销售表
 WHERE  金额>=10000
```

查询结果如图 5.4 所示。

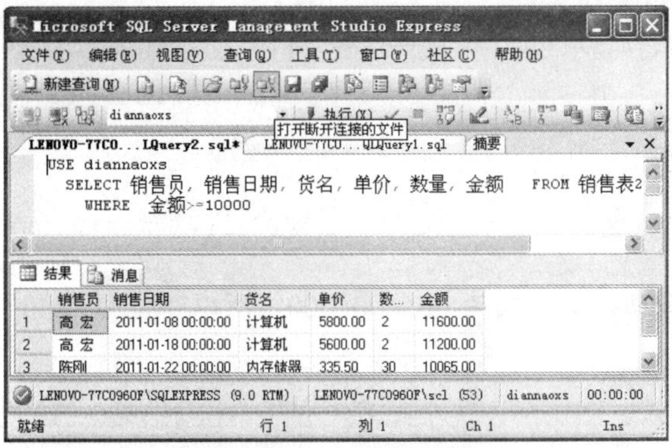

图 5.4　例 5-9 查询结果

【例 5-10】 在“商品一览表”中查询参考价格下浮 25%以后低于 1000 元的商品信息。

```
SELECT 货号, 货名, 规格, 原参考价格=参考价格, 下浮后价格=参考价格*0.75
  FROM 商品一览表  WHERE  参考价格*0.75<1000
```

查询结果如图 5.5 所示。

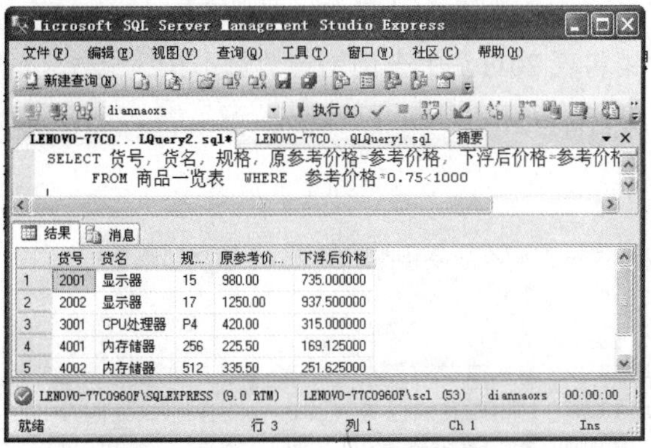

图 5.5　例 5-10 查询结果

注意：空值 NULL 不参与数值的比较。

【例 5-11】 在“销售表 2011”中查询“陈刚”销售金额低于 10000 元的销售记录。

```
SELECT  *  FROM 销售表 2011  WHERE  销售员= '陈刚'  and  金额<10000
```

查询结果如图 5.6 所示。

图 5.6　例 5-11 查询结果

【例 5-12】 在“销售表 2011”中查询 2011 年 2 月份的销售记录。

```
SELECT  *  FROM 销售表 2011
   WHERE  销售日期>='2011/2/1'  and  销售日期<'2011-3-1'
```

或者：

```
SELECT  *  FROM 销售表 2011
   WHERE  销售日期  between  '/2/1'  and  '2011-3-1'
```

注意：未设置时间的日期默认时间为 00: 00: 00，所以终值为 2011 年 3 月 1 日。

查询结果如图 5.7 所示。

	序号	销售日期	客户名称	货号	货名	单价	数...	金额	销售员
1	1	2011-01-08 00:00:00	济南新浪计算机公司	1001	计算机	5800.00	2	11600.00	高宏
2	3	2011-01-18 00:00:00	济南兴华电脑销售公司	1002	计算机	5600.00	2	11200.00	高宏
3	5	2011-01-22 00:00:00	潍坊电脑器材商店	4002	内存储器	335.50	30	10065.00	陈刚
4	11	2011-03-18 00:00:00	济南新浪计算机公司	1001	计算机	5750.00	2	11500.00	高宏
5	17	2011-08-25 01:35:00	济南商业电脑商城	1002	计算机	5500.00	2	11000.00	章晓晓

图 5.7 例 5-12 查询结果

【例 5-13】 在“销售表 2011”中查询销售数量不在 3～25 之间的销售记录。

```
SELECT  *  FROM 销售表 2011  WHERE  数量 not  between  3  and  25
```

或者：

```
SELECT  *  FROM 销售表 2011 WHERE  数量<3  or  数量>25
```

查询结果如图 5.8 所示。

	序号	销售日期	客户名称	货号	货名	单价	数...	金额	销售员
1	1	2010-01-08 00:00:00	济南新浪计算机公司	1001	计算机	5800.00	2	11600.00	高立宏
2	3	2010-01-18 00:00:00	济南兴华电脑销售公司	1002	计算机	5600.00	2	11200.00	高立宏
3	5	2010-01-22 00:00:00	潍坊电脑器材商店	4002	内存储器	335.50	30	10065.00	陈刚
4	11	2010-03-18 00:00:00	济南新浪计算机公司	1001	计算机	5750.00	2	11500.00	高立宏

图 5.8 例 5-13 查询结果

【例 5-14】 在“员工表”中查询 1980 年出生的员工信息。

```
SELECT * FROM 员工表  WHERE  出生日期  between '1980/1/1'  and  '1981/1/1'
```

或者：

```
SELECT * FROM 员工表  WHERE  year(出生日期)=1980
```

1980 作为日期处理时也可以加上单引号。查询结果如图 5.9 所示。

	员工ID	姓名	性...	出生日期	部门	工作时间	照片	个人简历
1	22002	于 丽	0	1980-12-05 00:00:00.000	材料处	2002-02-15 00:00:00	NULL	NULL
2	33002	章晓晓	0	1980-11-01 00:00:00.000	销售科	2000-05-30 00:00:00	NULL	NULL

图 5.9　例 5-14 查询结果

【例 5-15】 在“员工表”中查询陈刚和高宏的资料。

```
SELECT 员工 ID, 姓名, 性别, 出生日期=Convert(char(12), 出生日期,111),
       年龄=year(getdate())-year(出生日期), 部门,
       工龄=CASt(year(getdate())-year(工作时间) AS varchar(2))+'年'
  FROM 员工表  WHERE  姓名='陈刚'  or  姓名='高宏'
```

注意表达式中 char()与 varchar()的区别，会影响输出列宽。查询结果如图 5.10 所示。

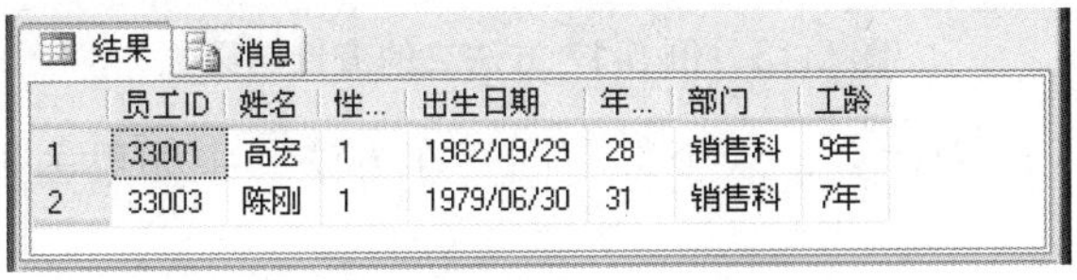

	员工ID	姓名	性...	出生日期	年...	部门	工龄
1	33001	高宏	1	1982/09/29	28	销售科	9年
2	33003	陈刚	1	1979/06/30	31	销售科	7年

图 5.10　例 5-15 查询结果

【例 5-16】 在“员工表”中查询姓“于”的员工信息。

```
SELECT  *  FROM 员工表  WHERE  姓名 like  '于%'
```

查询结果如图 5.11 所示。

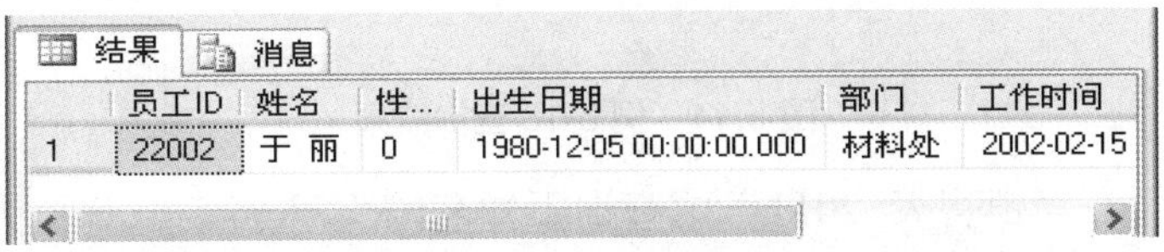

	员工ID	姓名	性...	出生日期	部门	工作时间
1	22002	于 丽	0	1980-12-05 00:00:00.000	材料处	2002-02-15

图 5.11　例 5-16 查询结果

【例 5-17】 在“销售表 2011”中查询潍坊与青岛两地的客户。

方法一：

```
SELECT  DISTINCT  客户名称  FROM  销售表 2011
    WHERE  客户名称 like '%潍坊%'  or  客户名称 like  '%青岛%'
```

查询结果如图 5.12 所示。

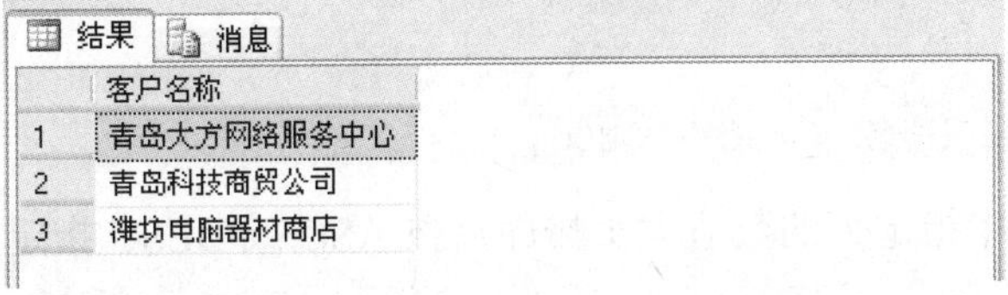

	客户名称
1	青岛大方网络服务中心
2	青岛科技商贸公司
3	潍坊电脑器材商店

图 5.12　例 5-17 方法一的查询结果

方法二：

```
SELECT  DISTINCT 客户名称, 购货日期=Convert(char(12), 销售日期, 111),
        购买商品=货名, 数量, 金额=Convert(varchar(10), 金额)
    FROM  销售表 2011
    WHERE  客户名称 like '%潍坊%'  or  客户名称 like  '%青岛%'
```

查询结果如图 5.13 所示。

	客户名称	购货日期	购买商品	数...	金额
1	青岛大方网络服务中心	2010/01/26	显示器	4	3840.00
2	青岛科技商贸公司	2010/01/12	CPU处理器	3	1260.00
3	青岛科技商贸公司	2010/03/07	显示器	7	6930.00
4	潍坊电脑器材商店	2010/01/18	CPU处理器	5	2150.00
5	潍坊电脑器材商店	2010/01/22	内存储器	30	10065...
6	潍坊电脑器材商店	2010/03/20	内存储器	25	8000.00

图 5.13　例 5-17 方法二的查询结果

分析：与方法一比较为什么记录个数不同？在方法二中如果去掉 DISTINCT 有何区别？为什么？

【例 5-18】 在“供货商表”中查询账户后 4 位数是 7765 的厂家信息。

```
SELECT  *  FROM  供货商表  WHERE  账户  like  '%7765'
```

查询结果如图 5.14 所示。

	供货商ID	供货商	厂家地址	帐户	联系人
1	BJLX	北京联想科技股份有限公司	北京市中关村6068-6号	11204567765	赵捷

图 5.14　例 5-18 查询结果

【例 5-19】 在“销售表 2011”中查询不知名(未输入货名，列值为空)商品的销售记录。

```
SELECT  *  FROM  销售表 2011  WHERE  货名  is  null
```

运行代码后在网格窗口中没有任何数据输出，切换到“消息”选项卡可以看到结果为“(所影响的行数为 0 行)”，因为该字段没有空值的记录。

如果使用“WHERE　not 货名 is　null”结果如何？

5.1.6　用 ORDER BY 子句对查询结果集排序

格式：

```
ORDER BY  { 列名或别名 [ ASC | DESC] } [ , …n ]
```

功能：按结果集中指定列的数值大小排序后按 ASC 或 DESC 指定的顺序显示。

说明：

- ASC 是默认方式，表示按升序排序，可以省略；DESC 表示降序排序。

- 指定多列排序时，各列的先后顺序决定排序的优先级。
- 如果对 SELECT 语句中的别名字段或计算列排序，且 SELECT 语句没有使用 DISTINCT 过滤重复行时，则允许在 ORDER BY 中使用字段别名排序，否则只能使用原字段名或计算列表达式。
- 如果 SELECT 语句中没有指定 GROUP BY 分组，也没有用 DISTINCT 过滤重复行，则可以指定不在 SELECT 字段列表中的字段进行排序，但该字段必须包含在 FROM 指定的数据源中。
- Ntext、Text 或 Image 类型的列不允许排序。

注意：

- 使用 GROUP BY 分组时允许用别名，但不允许对 SELECT 没有指定的字段排序。
- 使用 DISTINCT 过滤重复行时，既不允许用别名也不允许对 SELECT 没有指定的字段排序。
- ORDER BY 的作用只是排列查询结果集中的显示顺序，而不是对数据表排序。如果要对数据表排序可以创建索引对象，可加快查询速度。

【例 5-20】 按进货“数量”升序排序查询“进货表 2011”的记录。

```
USE diannaoxs
SELECT  *  FROM  进货表 2011  ORDER BY  数量
```

查询结果如图 5.15 所示。

	序号	进货日期	货号	数...	进价	供货商...	收货人
1	1	2010-01-08 00:00:00	1001	10	5300.00	SDLC	孙立华
2	2	2010-01-08 00:00:00	1002	10	5180.00	BJLX	孙立华
3	8	2010-02-16 00:00:00	1001	10	5250.00	SHKD	于 丽
4	12	2010-03-26 00:00:00	1003	10	4950.00	SDLC	于 丽
5	15	2005-08-25 08:54:00	1001	10	5180.00	BJLX	孙立华
6	9	2010-03-07 00:00:00	3001	30	350.00	SHSC	孙立华
7	3	2010-01-08 00:00:00	3001	30	350.00	BJFZ	孙立华
8	4	2010-01-20 00:00:00	2001	30	860.00	BJFZ	于 丽
9	5	2010-01-28 00:00:00	2002	30	1060.00	SHSC	于 丽
10	6	2010-02-05 00:00:00	4001	80	185.50	SDLC	孙立华
11	7	2010-02-05 00:00:00	4002	80	280.50	BJLX	孙立华
12	10	2010-03-26 00:00:00	4002	80	280.50	SDLC	孙立华

图 5.15　例 5-20 的排序查询结果

【例 5-21】 按销售“数量”降序排序查询“销售表 2011”中“章晓晓”的销售记录。

```
SELECT 销售员 AS 姓名, 销售日期, 货名  商品名称, 数量
   FROM  销售表 2011  WHERE 销售员='章晓晓'  ORDER BY  数量 DESC
```

查询结果如图 5.16 所示。

	姓名	销售日期	商品名称	数量
1	章晓晓	2010-03-07 00:00:00	显示器	7
2	章晓晓	2010-03-20 00:00:00	CPU处理器	5
3	章晓晓	2010-01-18 00:00:00	CPU处理器	5
4	章晓晓	2010-01-26 00:00:00	显示器	4
5	章晓晓	2010-02-15 00:00:00	CPU处理器	4
6	章晓晓	2010-01-12 00:00:00	CPU处理器	3
7	章晓晓	2009-08-25 01:35:00	计算机	2

图 5.16　例 5-21 的排序查询结果

注意：WHERE 子句中不允许使用别名，若写成：WHERE 姓名='章晓晓' 是错误的。

【例 5-22】 按“年龄”降序、“姓名”升序排序查询“员工表”的信息。

```
SELECT 员工ID, 姓名, 性别, 出生日期=Convert(char(12), 出生日期, 111),
       年龄=year(getdate()) - year(出生日期), 部门
  FROM 员工表  ORDER BY 年龄 DESC, 姓名
```

查询结果如图 5.17 所示。

	员工ID	姓名	性...	出生日期	年...	部门
1	11001	吕川页	1	1963/03/07	47	办公室
2	22001	郑学敏	0	1969/11/23	41	办公室
3	33003	陈刚	1	1979/06/30	31	销售科
4	22003	孙立华	1	1979/05/04	31	材料处
5	22002	于 丽	0	1980/12/05	30	材料处
6	33002	章晓晓	0	1980/11/01	30	销售科
7	33001	高宏	1	1982/09/29	28	销售科

图 5.17　例 5-22 的排序查询结果

注意：

- “年龄”是计算列的别名，WHERE 子句不允许使用别名，但 ORDER BY 子句只要不与 DISTINCT 同时使用则可以使用别名，并按该计算列的值进行排序。也可以直接指定按计算表达式排序：
  ORDER BY　year(getdate())-year(出生日期)DESC, 姓名
- 多个字段排序时由 ORDER BY 后字段的书写顺序确定排序优先级，本例“年龄”是第一级，在年龄相同的记录中再按第二级“姓名”排序，依次可以有第三级、第四级……。
- 对汉字的排序规则与“汉语词典”中按拼音排列的顺序相同，如“章”大于“孙”。

【例 5-23】 按“参考价格”升序排序查询“商品一览表”的部分信息。

```
SELECT 货号, 货名, 规格  FROM  商品一览表  ORDER BY  参考价格
```

由于 SELECT 语句中没有用 GROUP BY 分组，也没有用 DISTINCT 过滤重复行，所以可以指定对不在 SELECT 字段列表中的“参考价格”排序，虽然结果集中不显示参考价格，但已按各自“参考价格”进行了排序，其中 NULL 被排在第一位。查询结果如图 5.18

所示。

	货号	货名	规格
2	4001	内存储器	256
3	4002	内存储器	512
4	3001	CPU处理器	P4
5	2001	显示器	15
6	2002	显示器	17
7	1003	计算机	FZ
8	1002	计算机	LX
9	1001	计算机	LC

图 5.18　例 5-23 的排序查询结果

5.2　SELECT 多表连接查询与创建新表

在数据库的应用中，经常需要从多个相关的表中查询数据，如果多个表之间存在关联关系，则可以使用连接查询同时查看各表的数据。

第 1 章介绍了数据表的交叉连接、内连接、外连接、自连接等 4 种方式，FROM 子句可用于多个数据源的多表连接，其语法格式为：

```
FROM 表名 1 [ IN 数据库名] { [连接方式] 表名 2 [ON 连接条件] } [ … n ]
```

或：

```
FROM 表名列表 WHERE 连接条件
```

5.2.1　交叉连接 cross　join

交叉连接又称非限制连接、无条件连接或笛卡儿连接，就是将两个表不加任何限制地组合在一起，连接结果是具有两个表记录数乘积的逻辑数据表。

两个表采用交叉连接没有实际意义，仅用于说明表的连接原理。

语法格式：

格式一：

```
SELECT 字段列表 FROM 表名 1 { Cross Join 表名 2 } […n ]
```

格式二：

```
SELECT 字段列表 FROM 表名 1 , 表名 2 [ , …n ]
```

【例 5-24】 将“供货商表”与“进货表 2011”进行交叉连接并观察结果。

```
USE diannaoxs
SELECT * FROM 供货商表, 进货表 2011
```

或者：

```
SELECT * FROM 供货商表 cross join 进货表 2011
```

"供货商表"有 5 条记录，"进货表 2011"有 10 条记录，连接结果总共有 50 条记录。

5.2.2 内连接 [inner] join

内连接也叫自然连接，只将两个表中满足指定条件的记录连接成一条新的记录，舍弃所有不满足条件没有进行连接的记录。

内连接是数据表最常用的连接方式，其语法格式如下。

格式一：

```
SELECT 列名列表
  FROM 表名 1  { [inner] Join 表名 2  ON  表名 1.列名=表名 2 .列名 } [...n ]
```

格式二：

```
SELECT 列名列表
  FROM 表名 1 , 表名 2 [ , ... ]  WHERE 表名 1.列名=表名 2 .列名 [and ... ]
```

说明：

- 当表名太长时，一般可在 FROM 指定表的同时为表定义一个别名，定义格式为：

```
表名 [AS] 别名  或：表名.别名 (用 AS、空格隔开或用.连接，顺序相同)
```

- 如果两个表有相同的字段名，在指定字段名时必须在列名前面加上表名(或表别名)作为前缀加以区别，用"表名.列名"或"表别名.列名"表示。
- 如果列名是某个表中单独具有的，可以不加前缀，但加上表名会增强可读性。

注意：为表名定义别名后，在 SELECT 及各个子句中指定字段时只能加"表别名"前缀，即必须使用"别名.列名"的格式，不允许再使用"表名.列名"。

【例 5-25】 将"供货商表"与"进货表 2011"进行简单的内连接并观察结果。

```
USE diannaoxs
SELECT  *  FROM 供货商表 AS g  join 进货表 2011 AS  j
               ON  g.供货商 ID=j.供货商 ID
```

或：

```
SELECT  *  FROM 供货商表 AS  g , 进货表 2011 AS  j
  WHERE  g.供货商 ID=j.供货商 ID
```

该语句将货号相等的记录连接起来显示两个表的全部字段。

【例 5-26】 将"商品一览表"与"销售表 2011"进行内连接，显示完整的销售表。

```
SELECT  销售日期=convert(varchar(12), 销售日期, 111), 客户名称, s.货号,
        s.货名, s.规格, s.单位, 单价=convert(varchar(10), 单价), 数量,
        金额=convert(varchar(10), 金额, 1), 销售员
   FROM 商品一览表 s  join  销售表 2011  x  on  s.货号=x.货号
```

查询结果如图 5.19 所示。

	销售日期	客户名称	货号	货名	规...	单...	单价	数...	金额	销售员
1	2011/01/08	济南新浪计算机公司	1001	计算机	LC	套	5800.00	2	11,600.00	高宏
2	2011/01/12	青岛科技商贸公司	3001	CPU处理器	P4	个	420.00	3	1,260.00	章晓晓
3	2011/01/18	济南兴华电脑销售公司	1002	计算机	LX	套	5600.00	2	11,200.00	高宏
4	2011/01/18	潍坊电脑器材商店	3001	CPU处理器	P4	个	430.00	5	2,150.00	章晓晓
5	2011/01/22	潍坊电脑器材商店	4002	内存储器	512	片	335.50	30	10,065.00	陈刚
6	2011/01/26	青岛大方网络服务中心	2001	显示器	15	台	960.00	4	3,840.00	章晓晓
7	2011/02/06	济南商业电脑商城	4001	内存储器	256	片	225.00	10	2,250.00	陈刚
8	2011/02/15	济南新浪计算机公司	3001	CPU处理器	P4	个	410.00	4	1,640.00	章晓晓
9	2011/02/26	李晓雯	4002	内存储器	512	片	320.00	25	8,000.00	陈刚
10	2011/03/07	青岛科技商贸公司	2002	显示器	17	台	990.00	7	6,930.00	章晓晓
11	2011/03/18	济南新浪计算机公司	1001	计算机	LC	套	5750.00	2	11,500.00	高宏
12	2011/03/20	济南新浪计算机公司	1001	计算机	LC	套	5780.00	3	17,340.00	高宏
13	2011/03/20	济南新浪计算机公司	3001	CPU处理器	P4	个	400.00	5	2,000.00	章晓晓
14	2011/03/20	潍坊电脑器材商店	4002	内存储器	512	片	320.00	25	8,000.00	陈刚
15	2011/08/25	济南商业电脑商城	1002	计算机	LX	套	5500.00	2	11,000.00	章晓晓

图 5.19　“商品一览表”与“销售表 2011”内连接查询结果

注意：

- 内连接时两个表的先后顺序任意(外连接则区分左右)。
- 两个表共有的字段若内容相同，可任选其一，但表名前缀不能省略。

【例 5-27】 将“供货商表”、“进货表”、“商品一览表”三个表进行内连接。

格式一：

```
SELECT  进货日期=convert(varchar(12), 进货日期, 111), s.货号, s.货名, s.规格,
    s.单位, 数量, 进价=convert(varchar(10), 进价),供货商,发货人=联系人,收货人
  FROM 供货商表 AS  g  join  进货表 2011  j
    ON  g.供货商 ID=j.供货商 ID  join  商品一览表  s  ON  j.货号=s.货号
```

格式二：

```
SELECT  进货日期=convert(varchar(12), 进货日期, 111), s.货号, s.货名, s.规格,
    s.单位, 数量, 进价=convert(varchar(10), 进价),供货商,发货人=联系人,收货人
  FROM 供货商表 AS  g ，进货表 2011  j ，商品一览表  s
  WHERE  g.供货商 ID=j.供货商 ID  and  j.货号=s.货号
```

查询结果如图 5.20 所示。

	进货日期	货号	货名	规...	单...	数...	进价	供货商	发货人	收货人
1	2010/01/08	1001	计算机	LC	套	10	5300.00	山东省浪潮集团公司销售公司	刘绪华	孙立华
2	2010/01/08	1002	计算机	LX	套	10	5180.00	北京联想科技股份有限公司	赵捷	孙立华
3	2010/01/08	3001	CPU处理器	P4	个	30	350.00	北京方正电脑有限公司	王连胜	孙立华
4	2010/01/20	2001	显示器	15	台	30	860.00	北京方正电脑有限公司	王连胜	于 丽
5	2010/01/28	2002	显示器	17	台	30	1060.00	上海电脑市场器材销售中心	李群	于 丽
6	2010/02/05	4001	内存储器	256	片	80	185.50	山东省浪潮集团公司销售公司	刘绪华	孙立华
7	2010/02/05	4002	内存储器	512	片	80	280.50	北京联想科技股份有限公司	赵捷	孙立华
8	2010/02/16	1001	计算机	LC	套	10	5250.00	上海科大计算机技术服务公司	张茂岭	于 丽
9	2010/03/07	3001	CPU处理器	P4	个	30	350.00	上海电脑市场器材销售中心	李群	孙立华
10	2010/03/26	4002	内存储器	512	片	80	280.50	山东省浪潮集团公司销售公司	刘绪华	孙立华
11	2010/03/26	1003	计算机	FZ	套	10	4950.00	山东省浪潮集团公司销售公司	刘绪华	于 丽
12	2005/08/25	1001	计算机	LC	套	10	5180.00	北京联想科技股份有限公司	赵捷	孙立华

图 5.20　三个表内连接查询结果

5.2.3 外连接 left | right | full [outer] join

在内连接(自然连接)中，必须是两个表中匹配的记录才能在结果集中出现。而外连接只限制一个表，对另一个表不加限制(所有的行都可出现在结果集中)，以便在结果集中保证该表的完整性。

外连接分为左外连接、右外连接、全外连接三种。

1. 左外连接

左外连接返回左表(表名 1)的全部记录及右表相关的信息。

左外连接取左表的全部记录按指定条件与右表中满足条件的记录进行连接，若右表中没有满足条件的记录则在相应字段填入 NULL(bit 位类型字段填 0)。但条件不限制左表，左表的全部记录都包括在结果集中，以保持左表的完整性。

语法格式：

```
SELECT 列名列表
  FROM 表名 1  left [outer] join 表名 2  ON  表名 1.列名=表名 2 .列名
```

【例 5-28】 使用左外连接查询“供货商表”与“进货表 2011”，获取生产厂家提供货物的品种(货号)、供货日期和供货数量。

```
SELECT  生产厂家=g.供货商,  j.货号,
        供货日期=convert(varchar(15), j.进货日期, 111) , 供货数量=j.数量,
        货款金额=convert(varchar(10), j.进价*j.数量), j.收货人
    FROM 供货商表 AS  g  left  join  进货表 2011  j
      ON  g.供货商 ID=j.供货商 ID
```

查询结果如图 5.21 所示。

	生产厂家	货号	供货日期	供货数...	货款金...	收货人
1	北京方正电脑有限公司	3001	2010/01/08	30	10500.00	孙立华
2	北京方正电脑有限公司	2001	2010/01/20	30	25800.00	于 丽
3	北京联想科技股份有限公司	1002	2010/01/08	10	51800.00	孙立华
4	北京联想科技股份有限公司	4002	2010/02/05	80	22440.00	孙立华
5	北京联想科技股份有限公司	1001	2005/08/25	10	51800.00	孙立华
6	山东科技市场计算机销售处	NULL	NULL	NULL	NULL	NULL
7	山东省浪潮集团公司销售公司	1001	2010/01/08	10	53000.00	孙立华
8	山东省浪潮集团公司销售公司	4001	2010/02/05	80	14840.00	孙立华
9	山东省浪潮集团公司销售公司	4002	2010/03/26	80	22440.00	孙立华
10	山东省浪潮集团公司销售公司	1003	2010/03/26	10	49500.00	于 丽
11	上海科大计算机技术服务公司	1001	2010/02/16	10	52500.00	于 丽
12	上海电脑市场器材销售中心	2002	2010/01/28	30	31800.00	于 丽
13	上海电脑市场器材销售中心	3001	2010/03/07	30	10500.00	孙立华

图 5.21 “供货商表”与“进货表 2011”左外连接查询结果

注意：

- 左外连接默认按左表的主键顺序排序。
- 左外连接可以保证左表的完整性，在查询结果中明显可以看到，还没有进货的厂家的进货数据为 NULL，说明还没有业务发生。

2. 右外连接

右外连接返回右表的全部记录及左表相关的信息。

右外连接与左外连接相同，只是把两个表的顺序颠倒了一下，就是取右表的全部记录按指定条件与左表中满足条件的记录进行连接，若左表中没有满足条件的记录则在相应字段填入 NULL(bit 位类型字段填 0)，右表的全部记录都在结果集中，保持右表的完整性。

语法格式：

```
SELECT 列名列表
  FROM 表名1  right [outer] join 表名2  ON 表名1.列名=表名2 .列名
```

注意：右外连接与左外连接只是表的顺序不一样，如果把左外连接中表的顺序变一下，再使用右外连接，其结果是相同的。

【例 5-29】 将“销售表 2011”与“商品一览表”右外连接，查询销售产品与公司所经营产品的对应情况。

```
SELECT  销售日期=convert(varchar(12), 销售日期,111), 客户名称, s.货号,
        s.货名, s.规格, s.单位, s.库存量, 单价=convert(varchar(10), 单价),
        数量, 金额=convert(varchar(10), 金额, 1)
   FROM 销售表2011  x  right  join 商品一览表  s  ON  s.货号=x.货号
```

查询结果如图 5.22 所示。

	销售日期	客户名称	货号	货名	规格	单...	库存...	单价
1	2010/01/08	济南新浪计算机公司	1001	计算机	LC	套	23	5800
2	2010/03/18	济南新浪计算机公司	1001	计算机	LC	套	23	5750
3	2010/03/20	济南新浪计算机公司	1001	计算机	LC	套	23	5780
4	2010/01/18	济南兴华电脑销售公司	1002	计算机	LX	套	6	5600
5	2009/08/25	济南商业电脑商城	1002	计算机	LX	套	6	5500
6	NULL	NULL	1003	计算机	FZ	套	10	NULL
7	2010/01/26	青岛大方网络服务中心	2001	显示器	15	台	26	960.0
8	2010/03/07	青岛科技商贸公司	2002	显示器	17	台	23	990.0
9	2010/01/12	青岛科技商贸公司	3001	CPU处理器	P4	个	43	420.0
10	2010/01/18	潍坊电脑器材商店	3001	CPU处理器	P4	个	43	430.0
11	2010/02/15	济南新浪计算机公司	3001	CPU处理器	P4	个	43	410.0
12	2010/03/20	济南新浪计算机公司	3001	CPU处理器	P4	个	43	400.0
13	NULL	NULL	3002	CPU处理器	SY8800	个	0	NULL
14	2010/02/06	济南商业电脑商城	4001	内存储器	256	片	70	225.0
15	2010/01/22	潍坊电脑器材商店	4002	内存储器	512	片	80	335.5
16	2010/02/26	李晓雯	4002	内存储器	512	片	80	320.0
17	2010/03/20	潍坊电脑器材商店	4002	内存储器	512	片	80	320.0

图 5.22　“销售表 2011”与“商品一览表”右外连接查询结果

注意：

- 右外连接默认按右表的主键“货号”顺序排序，若增加“ORDER BY 销售日期”则顺序与“销售日期”一致，没销售的产品(日期为 NULL)将排在最前面。
- 右外连接保证右表的完整性，从查询结果可看出未销售的产品(销售信息为 NULL)。

- 如果计算了库存量之后就可看到第 6 条记录有库存没销售，第 13 条记录库存为 0，说明还没有进货，所以没有销售。

3. 全外连接

全外连接返回左表与右表的全部记录。

全外连接相当于先进行左外连接再进行右外连接的综合连接，就是取左表的全部记录按指定条件与右表中满足条件的记录进行连接。右表中不满足条件的记录则在相应字段填入 NULL，再将右表不满足条件的记录列出，在左表不符合条件记录的相应字段填入 NULL。

全外连接使两个表的全部记录都包括在结果集中，可以保持两个表的完整性。

语法格式：

```
SELECT 列名列表
  FROM 表名 1  full  [outer]  join 表名 2  ON  表名 1.列名=表名 2 .列名
```

【例 5-30】 使用全外连接查询“供货商表”与“进货表”，获取生产厂家给提供供货的品种、供货日期和供货数量。

```
SELECT  生产厂家=g.供货商,  j.货号,
        供货日期=convert(varchar(15), j.进货日期, 111) ,供货数量=j.数量,
        货款金额=convert(varchar(10), j.进价*j.数量) , j.收货人
    FROM 供货商表 AS  g  full  join  进货表  j
        ON  g.供货商 ID=j.供货商 ID
```

注意：

- 该查询结果与【例 5-28】图 5.21 左连接时完全一致，可明显看到已建立厂家信息且尚未进货的厂家。
- 假设存在已经进货却还没有登记厂家信息的现象，这在全外连接查询结果中一目了然(因设置了外键，这种情况是不可能发生的)。

5.2.4 自内连接 join

自内连接简称自连接，是一张表自己对自己的内连接，即在一张表的两个副本之间进行内连接。用自连接可以将同一个表的不同行连接起来。

使用自连接时，必须为两个副本指定别名，使之在逻辑上成为两个表。

语法格式：

```
SELECT 列名列表
  FROM 表名 [AS] 别名 1  join 表名.别名 2  ON 别名 1.列名=别名 2.列名
```

【例 5-31】 使用自连接在“进货表 2011”中找出已经进货 2 次及 2 次以上的厂家。

```
USE diannaoxs
SELECT  DISTINCT  g1.供货商 ID, g1.货号,
        供货日期 1=convert(varchar(15), g1.进货日期, 111) ,
```

```
        供货数量=g1.数量, 货款金额=convert(varchar(10), g1.进价*g1.数量)
    FROM 进货表2011  AS  g1   join  进货表2011  AS  g2
        ON  g1.供货商ID= g2.供货商ID  and  g1.货号<>g2.货号
    ORDER BY  g1.供货商ID , convert(varchar(15), g1.进货日期, 111)
```

查询结果如图 5.23 所示。可见其中只有 4 个进货两次以上的厂家及有关信息。另外，厂家 SHKD 只进货一次，SDKJ 没有进货则被删除了。

	供货商ID	货号	供货日期1	供货数...	货款金额
1	BJFZ	3001	2010/01/08	30	10500.00
2	BJFZ	2001	2010/01/20	30	25800.00
3	BJLX	1001	2005/08/25	10	51800.00
4	BJLX	1002	2010/01/08	10	51800.00
5	BJLX	4002	2010/02/05	80	22440.00
6	SDLC	1001	2010/01/08	10	53000.00
7	SDLC	4001	2010/02/05	80	14840.00
8	SDLC	1003	2010/03/26	10	49500.00
9	SDLC	4002	2010/03/26	80	22440.00
10	SHSC	2002	2010/01/28	30	31800.00
11	SHSC	3001	2010/03/07	30	10500.00

图 5.23　“进货表 2011”自连接查询结果

注意：

- 自连接虽然使用一个表但有两个副本，在逻辑上是两个表而且字段完全相同，因此字段列表中字段名必须加上其中一个表的别名作为前缀。
- 使用自连接会产生许多重复行，一般加关键字 DISTINCT 过滤掉重复行。
- 自连接默认按 ON 使用的连接字段排序(供货商 ID，货号)，为了按厂家顺序再按进货日期排序，本例使用了 ORDER BY 指定排序。
- 由于使用了 DISTINCT，所以不允许使用字段列表没有指定的“g1.进货日期”排序，也不允许使用别名“供货日期”进行排序，本例使用了字段列表中的表达式。

5.2.5　使用 INTO 子句创建新表

语法格式：

```
INTO 新表名
```

使用 SELECT INTO 语句首先创建一个新表，然后用查询的结果填充新表，也就是说 SELECT 语句只要加上 INTO 子句，其查询结果集不再显示而被添加到创建的新表中。

说明：

- INTO 子句必须是 SELECT 语句的第一个子句，紧跟在字段列表之后。
- 用 INTO 创建的新表可以是以“#”开头的临时表，也可以是永久表，但新表中的字段没有原表字段上绑定的约束对象。
- 用户在执行带 INTO 的 SELECT 语句时，必须拥有创建表的权限。
- INTO 子句不能与 COMPUTE 子句一起使用。

- SELECT INTO 可将几个表或视图中的数据组合成一个表。
- SELECT INTO 可用于创建一个包含选自连接服务器的新表。

现在我们可以回顾一下上一章简单介绍的数据表复制创建了。

语句格式：

```
SELECT * | 字段列表 INTO 新表名 FROM 源表名 [WHERE 条件表达式]
```

说明：

- 使用 * 复制的新表与源表字段完全相同，用“字段列表”可以选择部分字段。
- 使用 WHERE 可以有选择的复制部分记录，只有满足条件的记录才被复制，省略 WHERE 则连同全部数据一起复制。
- 使用恒为假的条件“WHERE 1=2”则没有记录，只复制一个具有指定字段的空表。
- 原表字段上绑定的约束不能被复制。

前面介绍的所有例题，只要在 SELECT 之后加上 INTO 子句，指定一个合法唯一的表名字，其查询结果都将被添加到创建的指定新表中。

【实训项目 5-1】2011 年度结束时创建“销售表 2012”、“进货表 2012”

使用 SQL 查询语句，可在 2011 年度结束时自动创建下一年度的“销售表”和“进货表”。

```
SELECT * INTO 销售表2012 FROM 销售表2011 WHERE 1=2
SELECT * INTO 进货表2012 FROM 进货表2011 WHERE 1=2
```

将“销售表”、“进货表”设置各种约束，在 2012 年就可以使用这两个新表了。

注意：SQL Server 2005 的用户自定义数据类型(见第 7 章)实际上就是在系统已有的类型上绑定各种规则、默认值等约束对象，如果事先创建好绑定约束对象的自定义数据类型，在创建“销售表 2012”时使用这些自定义数据类型，则用 SELECT INTO 创建的“销售表 2012”就与“销售表 2011”完全相同了。

5.3 用 SELECT 语句对数据进行统计汇总

5.3.1 集合函数(聚合函数、统计函数)

为了有效地处理由查询得到的数据集合，SQL Server 提供了一系列统计函数。这些函数可以把存储在数据库中的数据汇总为一个整体而不再是一行行单独的记录，SELECT 语句使用这些函数可实现数据集合的汇总及统计运算。

```
avg([ALL | DISTINCT] 列名)      求指定数字字段的平均值
sum([ALL | DISTINCT] 列名)      求指定数字字段的总和
max([ALL | DISTINCT] 列名)      求指定数字字段中的最大值
min([ALL | DISTINCT] 列名)      求指定数字字段中的最小值
count([ALL | DISTINCT] 列名)    求满足条件记录中指定字段不为空的记录个数
```

说明：

- 列名是函数指定的统计对象，可以是多列组成的表达式也可以是计算列的别名。
- 使用 ALL 指定全部记录范围(默认)，ALL 完全可以不用。
- 使用 DISTINCT 则在计算之前先消除重复的值再汇总，也隐含 ALL 全部范围。
- count(*) 可以包括空值记录，其他函数均不统计空值记录——忽略空值。

注意：

- 当集合函数使用 DISTINCT 时，不允许使用计算列或字段的别名。
- 集合函数将查询结果集统计为单一数据，即汇总为一条记录，在 SELECT 中使用了集合函数就不允许再指定字段名，用 GROUP BY 指定的字段除外。

【例 5-32】 计算“商品一览表”中已制定参考价格的商品的总值、平均价、最高价、最低价、已定价商品个数，总商品个数。

```
USE diannaoxs
SELECT  sum(参考价格), avg(参考价格), max(参考价格), min(参考价格),
        count(参考价格), count(*) FROM  商品一览表
```

查询结果如图 5.24 所示。

结果 | 消息

	(无列名)	(无列名)	(无列名)	(无列名)	(无列名)	(无列名)
1	19946.00	2493.25	5800.00	225.50	8	9

图 5.24　例 5-32 使用集合函数的查询结果

仔细考察 SELECT 语句的结构可以发现，SELECT 所选择的字段列表中全部都是表达式构成的计算列，因为没有指定别名所以都是“(无名列)”，我们可以给它们指定别名：

```
SELECT  sum(参考价格) 总价格 , avg(参考价格) AS 平均价 ,
         最高价=max(参考价格), 最低价=min(参考价格),
         定价商品数=count(参考价格), 总商品数=count(*)
    FROM  商品一览表
```

查询结果如图 5.25 所示。

结果 | 消息

	总价格	平均价	最高价	最低...	定价商品...	总商品数
1	19946.00	2493.25	5800.00	225.50	8	9

图 5.25　使用集合函数增加别名的查询结果

注意：同一 SELECT 语句中各集合函数可以各自指定自己要统计的字段。如 count(*)也可使用 count(货号)。

【例 5-33】 对参考价格下浮 10%后进行统计。

```
SELECT  avg(参考价格*0.9) AS 平均价, 最高价=max(参考价格*.9),
        最低价=min(参考价格*.9), 定价商品数=count(参考价格)
   FROM  商品一览表
```

其中 count(参考价格)也可写成 count(参考价格*.9)，查询结果如图 5.26 所示。

	平均价	最高价	最低价	定价商品数
1	2243.925000	5220.00000	202.95000	8

图 5.26　参考价格下浮 10%的查询结果

【例 5-34】 使用 WHERE 指定记录条件，统计计算机整机类商品(货号第一位数字 1)的平均价、最高价、最低价、已定价商品个数，总商品个数。

```
SELECT  avg(参考价格) AS 整机类平均价, 最高价=max(参考价格),
        最低价=min(参考价格), 定价商品数=count(参考价格), 总商品数=count(*)
    FROM  商品一览表  WHERE  货号 like '1%'
```

查询结果如图 5.27 所示。

	平均价	最高价	最低价	定价商品数
1	2243.925000	5220.00000	202.95000	8

图 5.27　例 5-34 指定条件使用集合函数的查询结果

注意： 条件最好不要使用“货名='计算机'”因为该类整机的名称可能不同，若所有整机名称中都包括“计算机”三个字时可以使用“货名='%计算机%'”。

【例 5-35】 使用 DISTINCT 关键字显示已经销售的商品种类。

```
SELECT  已销售商品种类=count(DISTINCT 货号)  FROM  销售表
```

查询结果显示已销售商品种类为 7，若不使用 DISTINCT 结果为 14。

5.3.2　用 GROUP BY 子句对记录分类统计汇总

大多数情况下，SELECT 语句使用统计函数返回的是所有记录数据的统计结果。如果需要按某一字段中的数据值分类之后再进行统计，可使用 GROUP BY 子句。

格式：

```
GROUP BY 分组字段名列表  [ HAVING 条件表达式 ]
```

功能：按指定条件对指定字段依次分组进行统计汇总。

说明：

- 使用 GROUP BY 子句时，SELECT 指定的字段必须包含且只能包含 GROUP BY 子句中指定的分组字段(可以为它指定别名)，其他必须是由集合函数组成的一个或多个计算列，统计函数中所使用的列不受限制。
- GROUP BY 子句中不允许使用字段或计算列的别名，可直接使用表达式。
- GROUP BY 子句指定表达式时，SELECT 指定的字段中可以不包括该表达式。

- HAVING 子句用于指定统计结果所要满足的条件，表达式中可以直接使用计算列的表达式而不允许使用别名。
- HAVING 子句必须配合 GROUP BY 子句使用，且设置的条件必须与 GROUP BY 子句指定的分组字段有关。

注意：

- 使用 GROUP BY 的 SELECT 语句仍可使用 ORDER BY 子句对统计结果排序，但必须在 GROUP BY 之后，可以使用别名但不允许对 SELECT 没指定的列排序。
- HAVING 子句是对分组统计后的查询结果进行筛选，在统计结果中选择满足条件的记录作为统计汇总后的结果集。
- 使用 GROUP BY 的 SELECT 语句仍可使用 WHERE 子句指定条件，但 WHERE 子句是在分组前对原表记录进行筛选，使满足条件的记录参加分组统计。

【例 5-36】 按货名分类统计同类商品的总数量及平均价格。

```
SELECT 货名, 商品数量=count(货号), 平均价格=avg(参考价格)
    FROM 商品一览表  GROUP  BY  货名
```

查询结果如图 5.28 所示。

	货名	商品数...	平均价格
1	CPU处理器	2	420.00
2	计算机	3	5578.3333
3	内存储器	2	280.50
4	显示器	2	1115.00

图 5.28　例 5-36 用集合函数分类统计查询结果

从查询结果可以看出，分类字段“货名”中的每一个数据值都得到一行统计值，所有的统计函数都按“货号”值分类后再进行统计计算。

注意：

- count()也可使用“规格”等同类商品中不重复的字段，使用“*”则包含 NULL。
- 查询结果默认按货名排序，可指定按降序排序；也可指定按“商品数量”或“平均价格”别名排序，但不允许对“货号”排序，因为使用 GROUP BY 时不允许对 SELECT 没有指定的字段排序。
- SELECT 指定的字段如果没有“货名”字段，或使用 GROUP BY 子句没有指定的列，则会出现语法错误。如以下语句都是错误的：

```
SELECT 商品数量=count(货号), 平均价格=avg(参考价格)
    FROM 商品一览表  GROUP  BY  货名
SELECT 货号, 货名, 商品数量=count(货号), 平均价格=avg(参考价格)
    FROM 商品一览表  GROUP  BY  货名
```

【例 5-37】 统计公司员工人数、平均年龄、最大年龄、最小年龄、平均工龄、最长工龄和最短工龄。

```
SELECT 职工人数=count(*),
       平均年龄=CASt(avg(year(getdate())-year(出生日期)) AS varchar(2))+'岁',
       最大年龄=max(year(getdate())-year(出生日期)),
       最小年龄=min(year(getdate())-year(出生日期)),
       平均工龄=CASt(avg(year(getdate())-year(工作时间)) AS varchar(2))+'年',
       最长工龄=max(year(getdate())-year(工作时间)),
       最短工龄=min(year(getdate())-year(工作时间))   FROM 员工表
```

查询结果如图 5.29 所示。

	职工人数	平均年...	最大年...	最小年...	平均工...	最长工...	最短工龄
1	7	34岁	47	28	12年	25	7

图 5.29　例 5-37 统计公司人数及年龄

我们也可以按部门分类统计“员工表”各部门员工人数及平均年龄。

```
SELECT 部门, count(*),
       CASt(avg(year(getdate())-year(出生日期)) AS varchar(2))+'岁' 平均年龄,
       max(year(getdate())-year(出生日期)) 最大年龄,
       min(year(getdate())-year(出生日期)) 最小年龄,
       CASt(avg(year(getdate())-year(工作时间)) AS varchar(2))+'年' 平均工龄,
       max(year(getdate())-year(工作时间)) 最长工龄,
       min(year(getdate())-year(工作时间)) 最短工龄
   FROM 员工表  GROUP  BY  部门
```

查询结果如图 5.30 所示。

	部门	(无列名)	平均年...	最大年...	最小年...	平均工...	最长工...	最短工龄
1	办公室	2	44岁	47	41	20年	25	16
2	材料处	2	30岁	31	30	8年	9	8
3	销售科	3	29岁	31	28	8年	10	7

图 5.30　统计各部门人数及平均年龄

读者可以将“(无名列)”命名为“员工人数”。

【例 5-38】 在“进货表 2011”中按“供货商 ID”分类统计从各厂家进货的次数、总数量及进货总价格。

```
SELECT 厂家编号=供货商 ID, 进货次数=count(供货商 ID),
       sum(数量) 进货总数, sum( 数量*进价) 总货款
   FROM 进货表 2011  GROUP  BY  供货商 ID
```

查询结果如图 5.31 所示。

	厂家编号	进货次...	进货总...	总货款
1	BJFZ	2	60	36300.00
2	BJLX	3	100	126040.00
3	SDLC	4	180	139780.00
4	SHKD	1	10	52500.00
5	SHSC	2	60	42300.00

图 5.31　例 5-38 统计进货总数及平均总货款

【例 5-39】 按货号分类统计“销售表 2011”中各种商品的销售总数量、平均价格、最高价、最低价以及销售总金额。

```
SELECT 货号, 销售总数量=sum(数量), 平均价格=avg(单价), 最高价=max(单价),
        最低价=min(单价), 销售总金额=sum(金额)
    FROM 销售表2011 GROUP BY 货号
```

查询结果如图 5.32 所示。

	货号	销售总数...	平均价格	最高价	最低价	销售总金额
1	1001	7	5776.6666	5800.00	5750.00	40440.00
2	1002	4	5550.00	5600.00	5500.00	22200.00
3	2001	4	960.00	960.00	960.00	3840.00
4	2002	7	990.00	990.00	990.00	6930.00
5	3001	17	415.00	430.00	400.00	7050.00
6	4001	10	225.00	225.00	225.00	2250.00
7	4002	80	325.1666	335.50	320.00	26065.00

图 5.32　例 5-39 统计销售数据的结果

【例 5-40】 按货名分类统计“销售表 2011”中不包括计算机整机的各种商品的销售总数量、平均价格以及销售总金额。

方法一：

```
SELECT 货名,销售总数量=sum(数量),平均价格=avg(单价),销售总金额=sum(金额)
    FROM 销售表2011 WHERE 货名<>'计算机' GROUP BY 货名
```

方法二：

```
SELECT 货名,销售总数量=sum(数量),平均价格=avg(单价),销售总金额=sum(金额)
    FROM 销售表2011 GROUP BY 货名 HAVING 货名<>'计算机'
```

查询结果如图 5.33 所示。

	货名	销售总数...	平均价...	销售总金额
1	CPU处理器	17	415.00	7050.00
2	内存储器	90	300.125	28315.00
3	显示器	11	975.00	10770.00

图 5.33　例 5-40 两种方法统计的销售数据

注意：由于使用“货名”字段分类，WHERE 先将商品“计算机”过滤掉再分组统计，而 HAVING 是在分组统计结果中再将“计算机”过滤掉，两种方法结果是一样的。

如果使用“货号”分类，使用 WHERE 在统计之前仍然可以将“计算机”商品过滤掉：

```
SELECT 货号,销售总数量=sum(数量),平均价格=avg(单价),销售总金额=sum(金额)
    FROM 销售表2011 WHERE 货名<>'计算机' GROUP BY 货号
```

查询结果如图 5.34 所示。

	货号	销售总数...	平均价...	销售总金额
1	2001	4	960.00	3840.00
2	2002	7	990.00	6930.00
3	3001	17	415.00	7050.00
4	4001	10	225.00	2250.00
5	4002	80	325.1666	26065.00

图 5.34 例 5-40 用“货号”分组用 WHERE 过滤“货名”

注意：使用“货号”分类时，HAVING 无法将“计算机”过滤掉，因为在分组统计结果中找不到商品名称“计算机”，以下 SQL 语句是错误的。

```
SELECT 货号,销售总数量=sum(数量),平均价格=avg(单价),销售总金额=sum(金额)
FROM  销售表  GROUP BY  货号  HAVING  货名<>'计算机'
```

如果如果使用“HAVING　货号　not　like　'1%' ”则查询结果与图 5.34 相同。

【例 5-41】 按货号分类统计“销售表 2011”中销售总量大于 10 的商品销售总数量、平均价格以及销售总金额。

```
SELECT 货号, 销售总量=sum(数量), 平均价格=avg(单价), 总金额=sum(金额)
   FROM  销售表 2011 GROUP BY  货号  HAVING  sum(数量)>10
```

查询结果如图 5.35 所示。

	货号	销售总...	平均价...	总金额
1	3001	17	415.00	7050.00
2	4002	80	325.1666	26065.00

图 5.35 例 5-41 使用 HAVING 条件的统计结果

注意：

- 不能使用“HAVING　销售总量>10”，HAVING 子句不允许使用别名。
- 也不能使用“WHERE　sum(数量)>10”，在统计之前是无法确定 sum(数量)的。

【例 5-42】 在“销售表 2011”中按客户名称分类统计各客户的购货总数量、单笔最大量、单笔最小量、平均价格及购货总金额。

```
SELECT 客户名称, 购货总量=sum(数量), 单笔最大量=max(数量),
       单笔最小量=min(数量), 平均价格= convert(varchar(10), avg(单价)),
       购货总金额= convert(varchar(10), sum(金额), 1)
   FROM  销售表 2011  GROUP BY  客户名称
```

查询结果如图 5.36 所示。

	客户名称	购货总...	单笔最大...	单笔最小...	平均价...	购货总金额
1	济南商业电脑商城	12	10	2	2862.50	13,250.00
2	济南新浪计算机公司	16	5	2	3628.00	44,080.00
3	济南兴华电脑销售公司	2	2	2	5600.00	11,200.00
4	李晓雯	25	25	25	320.00	8,000.00
5	青岛大方网络服务中心	4	4	4	960.00	3,840.00
6	青岛科技商贸公司	10	7	3	705.00	8,190.00
7	潍坊电脑器材商店	60	30	5	361.83	20,215.00

图 5.36 例 5-42 对客户购货情况的统计结果

还可以设置条件“HAVING sum(数量)>20”对统计结果进行过滤，如图 5.37 所示。

	客户名称	购货总...	单笔最大...	单笔最小...	平均价...	购货总金额
1	李晓雯	25	25	25	320.00	8,000.00
2	潍坊电脑器材商店	60	30	5	361.83	20,215.00

图 5.37 例 5-42 对客户购货情况过滤后的统计结果

【例 5-43】 在“销售表 2011”中按客户名称和所购商品种类组合分类，统计各客户同一类商品的购货总数量、平均价、最高价、最低价及购货总金额。

```
SELECT 客户名称，货号，购货总量=sum(数量)，平均价=avg(单价)，
        最高价=max(单价)，最低价=min(单价)，购货总金额=sum(金额)
    FROM 销售表2011 GROUP BY 客户名称，货号 ORDER BY 客户名称
```

查询结果如图 5.38 所示。

注意：第一分组是客户名称，相同的客户再按货号分组，结果集默认按主键排序，不符合我们分类的要求，因此设置了“ORDER BY 客户名称”指定按客户排序。

	客户名称	货号	购货总...	平均价	最高价	最低价	购货总金额
1	济南商业电脑商城	1002	2	5500.00	5500.00	5500.00	11000.00
2	济南商业电脑商城	4001	10	225.00	225.00	225.00	2250.00
3	济南新浪计算机公司	1001	7	5776.6666	5800.00	5750.00	40440.00
4	济南新浪计算机公司	3001	9	405.00	410.00	400.00	3640.00
5	济南兴华电脑销售公司	1002	2	5600.00	5600.00	5600.00	11200.00
6	李晓雯	4002	25	320.00	320.00	320.00	8000.00
7	青岛大方网络服务中心	2001	4	960.00	960.00	960.00	3840.00
8	青岛科技商贸公司	2002	7	990.00	990.00	990.00	6930.00
9	青岛科技商贸公司	3001	3	420.00	420.00	420.00	1260.00
10	潍坊电脑器材商店	3001	5	430.00	430.00	430.00	2150.00
11	潍坊电脑器材商店	4002	55	327.75	335.50	320.00	18065.00

图 5.38 例 5-43 按客户按货号分类后的统计结果

【例 5-44】 在“销售表 2011”中按日期分类统计每天的商品日销售量、单笔最大金额、单笔最小金额和每日总销售额。

```
SELECT 销售日期=convert(varchar(12), 销售日期, 111), 日销售量=sum(数量),
        单笔最大金额=convert(varchar(10), max(金额)),
        单笔最小金额=convert(varchar(10), min(金额)),
        每日总销售额=convert(varchar(10), sum(金额), 1)
    FROM 销售表2011 GROUP BY 销售日期
```

查询结果如图 5.39 所示。

【例 5-45】 在“销售表 2011”中分类统计各销售员的业绩：销售数量、单笔最大数量、单笔最大金额、三个月平均日营业额、总营业额，并按总营业额降序排序。

```
SELECT 销售员, 销售数量=sum(数量), 单笔最大数量=max(数量),
        单笔最大金额=convert(varchar(10), max(金额)),
        日营业额=convert(varchar(10), sum(金额)/90),
        总营业额=convert(varchar(10), sum(金额), 1)
    FROM 销售表2011 GROUP BY 销售员 ORDER BY 总营业额 DESC
```

	销售日期	日销售...	单笔最大金额	单笔最小金额	每日总销售额
1	2011/01/08	2	11600.00	11600.00	11,600.00
2	2011/01/12	3	1260.00	1260.00	1,260.00
3	2011/01/18	7	11200.00	2150.00	13,350.00
4	2011/01/22	30	10065.00	10065.00	10,065.00
5	2011/01/26	4	3840.00	3840.00	3,840.00
6	2011/02/06	10	2250.00	2250.00	2,250.00
7	2011/02/15	4	1640.00	1640.00	1,640.00
8	2011/02/26	25	8000.00	8000.00	8,000.00
9	2011/03/07	7	6930.00	6930.00	6,930.00
10	2011/03/18	2	11500.00	11500.00	11,500.00
11	2011/03/20	33	17340.00	2000.00	27,340.00
12	2011/08/25	2	11000.00	11000.00	11,000.00

图 5.39　例 5-44 按日期分类后的统计结果

查询结果如图 5.40 所示。

	销售员	销售数...	单笔最大数量	单笔最大金额	日营业...	总营业额
1	高宏	9	3	17340.00	573.78	51,640.00
2	章晓晓	30	7	11000.00	320.22	28,820.00
3	陈刚	90	30	10065.00	314.61	28,315.00

图 5.40　例 5-45 按销售员分类后的统计结果

【例 5-46】 在“进货表 2011”中按“货号”“进价”分类统计相同货号不同价格的进货次数和进货数量。

```
SELECT 货号, 进价, 进货次数=count(*), 总数量=sum(数量)
  FROM 进货表2011  GROUP BY 货号, 进价  ORDER BY 货号
```

注意：分组字段会过滤 NULL，3002 号商品“进价”为 NULL 将被忽略。

查询结果如图 5.41 所示。

	货号	进价	进货次...	总数量
1	1001	5180.00	1	10
2	1001	5250.00	1	10
3	1001	5300.00	1	10
4	1002	5180.00	1	10
5	1003	4950.00	1	10
6	2001	860.00	1	30
7	2002	1060.00	1	30
8	3001	350.00	2	60
9	4001	185.50	1	80
10	4002	280.50	2	160

图 5.41　例 5-46 按货号、进价分类后的统计结果

5.3.3　综合举例练习

【例 5-47】 在“销售表 2011”中按月份分类统计每月的商品月销售量、单笔最大金额、单笔最小金额、平均价格和每月总销售额。

方法一：由于在“销售表 2011”中没有月份字段，我们可以先用需要汇总的字段复制创建一个临时表“#销售月份表”，利用函数把“销售日期”转换成相应的“月份”字段，然后对“#销售月份表”按月份分组统计。

注意：#开头的表为临时表，数据库关闭时自动删除，否则为永久表。

```
SELECT 月份=Month(销售日期), 数量, 单价, 金额 INTO  #销售月份表
    FROM  销售表 2011
SELECT 月份, 月销售量=sum(数量),
        单笔最大金额=convert(varchar(10), max(金额)),
        单笔最小金额=convert(varchar(10), min(金额)),
        平均价格=avg(单价), 总销售额=convert(varchar(10), sum(金额), 1)
    FROM  #销售月份表  GROUP BY  月份
```

方法二：不使用临时表，直接对表达式 Month(销售日期)分组，以下语句结果相同：

```
SELECT 月份=Month(销售日期), 月销售量=sum(数量),
        单笔最大金额=convert(varchar(10), max(金额)),
        单笔最小金额=convert(varchar(10), min(金额)),
        平均价格=avg(单价), 总销售额=convert(varchar(10), sum(金额), 1)
    FROM  销售表 2011  GROUP  BY  Month(销售日期)
```

查询结果如图 5.42 所示。

	月份	月销售...	单笔最大金额	单笔最小金额	平均价格	总销售额
1	1	46	11600.00	1260.00	2257.5833	40,115.00
2	2	39	8000.00	1640.00	318.3333	11,890.00
3	3	42	17340.00	2000.00	2648.00	45,770.00
4	8	2	11000.00	11000.00	5500.00	11,000.00

图 5.42　例 5-47 按月份分类后的统计结果

注意：

- 不使用临时表时，不允许使用“GROUP BY 月份”，必须使用“GROUP BY Month(销售日期)”。
- GROUP BY 使用表达式时 SELECT 中也可以不指定“月份=Month(销售日期)”字段。

【例 5-48】 用内连接对两个表组合分类。

对“进货表 2011”中的厂家“供货商 ID”和“商品一览表”中的“货名”进行分类，统计从厂家进货的商品名称、进货次数、总数量及货款总额。

```
SELECT 供货商 ID, 货名, 进货次数=count(*), 总数量=sum(数量),
        货款总额=convert(varchar(10), sum(数量*进价))
    FROM 进货表 2011  j  join 商品一览表 s  ON  j.货号=s.货号
    GROUP  BY  j.供货商 ID,  s.货名  ORDER  BY  供货商 ID
```

或：

```
SELECT 供货商 ID, 货名, 进货次数=count(*), 总数量=sum(数量),
       货款总额=convert(varchar(10), sum(数量*进价))
   FROM 进货表 2011  j, 商品一览表 s  WHERE  j.货号=s.货号
   GROUP  BY  j.供货商 ID,  s.货名  ORDER  BY  供货商 ID
```

查询结果如图 5.43 所示。

【实训项目 5-2】计算更新“商品一览表”平均进价

使用“进货表 2011”的查询结果简单更新“商品一览表”的平均进价。

如果计算商品的销售毛利润，应该对同一个货号的商品按“(销售价格-进货价格)*销售数量”进行计算，但同一商品不同厂家的进货价格不同、不同时间同一厂家的同一商品进货价格也会不同，如果准确计算应该把不同进价的同一商品作为不同种类(不同货号)，但这样会使商品种类无形增多，给商品的管理带来不便。

	供货商ID	货名	进货次...	总数...	货款总额
1	BJFZ	CPU处理器	1	30	10500.00
2	BJFZ	显示器	1	30	25800.00
3	BJLX	计算机	2	20	103600.00
4	BJLX	内存储器	1	80	22440.00
5	SDLC	计算机	2	20	102500.00
6	SDLC	内存储器	2	160	37280.00
7	SHKD	计算机	1	10	52500.00
8	SHSC	CPU处理器	1	30	10500.00
9	SHSC	显示器	1	30	31800.00

图 5.43　例 5-48 对两个表组合分类后的统计结果

我们采用平均进货价格的简单方法处理同一种商品，但是这里所说的“平均进价”不是价格的简单平均值，是加权平均。计算公式为：

平均进价=总进货金额/总进货量

总进货金额=(进货价格 1*进货数量 1)+(进货价格 2*进货数量 2)+ …

总进货量=进货数量 1+进货数量 2+ …

若 UPDATE 更新表达式中使用多表字段时，要求多表之间必须是一对一的关系(若不是一对一关系则必须使用子查询)，以保证表达式有确定的值。但“进货表”中的货号不是关键字，同一个货号商品的进货记录有多条，即总进货金额和总进货量不是来自一条记录，无法对平均进价进行一对一计算更新。我们可以按货号分类汇总创建货号唯一的临时表“#进货量表”，再用这个表的数据与“商品一览表”按一对一关系更新“平均进价”。

```
USE diannaoxs
SELECT 货号, 总进货量=sum(数量) , 总进货金额= sum(数量*进价)
   INTO  #进货量表  FROM 进货表 2011  GROUP BY 货号
UPDATE  商品一览表  SET  平均进价= j.总进货金额 / j.总进货量
   FROM  #进货量表 j  WHERE 商品一览表.货号=j.货号
SELECT  *  FROM  商品一览表
```

查询结果如图 5.44 所示。

	货号	货名	规格	单...	平均进价	参考价...	库存量
1	1001	计算机	LC	套	5233.6956	5800.00	23
2	1002	计算机	LX	套	5180.00	5600.00	6
3	1003	计算机	FZ	套	4950.00	5335.00	10
4	2001	显示器	15	台	860.00	980.00	26
5	2002	显示器	17	台	1060.00	1250.00	23
6	3001	CPU处理器	P4	个	350.00	420.00	43
7	3002	CPU处理器	SY8800	个	NULL	NULL	0
8	4001	内存储器	256	片	185.50	225.50	70
9	4002	内存储器	512	片	280.50	335.50	80

图 5.44　计算平均价格后的“商品一览表”

在【实训项目 5-6】中我们再用子查询计算已有商品的“平均进价”，在第 8 章为“进货表”创建触发器，每次进货时都会自动计算“商品一览表”的“平均进价”。

【实训项目 5-3】计算更新“商品一览表”库存量

用“进货表 2011”和“销售表 2011”的查询结果简单更新“商品一览表”的“库存量”。

用已有记录简单计算库存量的公式：库存量=总进货量-总销售量

在“销售表 2011”和“进货表 2011”中，货号都不是关键字，总进货量和总销售量是多条记录的计算结果，无法与库存量按相同货号进行一对一计算。我们可以按货号分类汇总创建货号唯一的临时表“#销售量表”，再与【实训项目 5-2】刚创建的“#进货量表”进行全外连接，创建一个“#进货销售量表”，最后用 UPDATE 语句更新“商品一览表”的“库存量”。

为什么不直接用“#销售量表”、“#进货量表”与“商品一览表”三个表通过内连接计算库存量，还要使用“#销售量表”与“#进货量表”进行全外连接再创建一个“#进货销售量表”呢？

这是因为进货量和销售量分别来自两个表，已进货的商品(有记录)可能没销售(无记录，不存在数据)；若是以前采购的商品则有销售记录而无新的进货记录，也不存在数据。那么在计算“总进货量-总销售量”时会因为其中一项不存在而出现错误。

使用全外连接可以保证两个表的完整性，任一个表中不存在的记录都会被填充 NULL，我们将 NULL 改为数值 0，再计算“库存量=总进货量-总销售量”就不会出错了。

用已有记录简单计算库存量的代码如下(直接使用已创建的“#进货量表”)：

```
USE diannaoxs
SELECT 货号, 总销售量=sum(数量)  INTO  #销售量表
   FROM 销售表 2011  GROUP BY 货号
SELECT 货号 1=j.货号, 货号 2=x.货号,  j.总进货量,  x.总销售量
   INTO  #进货销售量表
   FROM  #进货量表  j  full  join  #销售量表  x  ON  j.货号=x.货号
/* 以下语句将有进货未销售或有销售未进货的 NULL 更新为相应货号和数量 0;
  如果销售量大于进货量则库存为负值，更新库存量时会出现违反约束的错误;
```

```
  正常运行时有约束保证不会出现这种情况  */
UPDATE  #进货销售量表
    SET  货号 1=货号 2 , 总进货量=0   WHERE 货号 1  IS  NULL
UPDATE  #进货销售量表
    SET  货号 2=货号 1 , 总销售量=0   WHERE 货号 2  IS  NULL
UPDATE  商品一览表                     -- 更新“商品一览表”的库存量
    SET  库存量= jx.总进货量- jx.总销售量
    FROM  #进货销售量表  jx  WHERE  商品一览表.货号=jx.货号 1
SELECT  *  FROM 商品一览表
```

查询结果如图 5.45 所示。

在【实训项目 5-6】中我们再用子查询计算已有商品的“库存量”，在第 8 章分别为“进货表”和“销售表”创建触发器，每次进货或销售时都会自动计算“商品一览表”的“库存量”。

	货号	货名	规格	单...	平均进价	参考价...	库存量
1	1001	计算机	LC	套	5233.6956	5800.00	23
2	1002	计算机	LX	套	5180.00	5600.00	6
3	1003	计算机	FZ	套	4950.00	5335.00	10
4	2001	显示器	15	台	860.00	980.00	26
5	2002	显示器	17	台	1060.00	1250.00	23
6	3001	CPU处理器	P4	个	350.00	420.00	43
7	3002	CPU处理器	SY8800	个	NULL	NULL	0
8	4001	内存储器	256	片	185.50	225.50	70
9	4002	内存储器	512	片	280.50	335.50	80

图 5.45 计算“库存量”后的“商品一览表”

【实训项目 5-4】统计各种商品数据、创建“年度销售汇总表”

按年度以及各个月份计算机公司各种商品的总营业额、销售毛利润并创建“年度销售汇总表”。

1) 按年度计算各种商品的营业额、销售毛利润

```
SELECT  s.货号, s.货名, 平均进价, 平均销价=avg(单价), 销售数量=sum(数量),
        营业额=sum(金额), 毛利润=( sum(金额)-平均进价* sum(数量))
   FROM 商品一览表  s  Join 销售表  x  ON  s.货号=x.货号
   GROUP  BY  s.货号,  s.货名, 平均进价
```

注意：

- 为了在结果中显示货名、平均进价，必须在 GROUP BY 中指定这两个字段。
- 平均销价只是简单的数值平均，不是加权平均，不能使用它计算营业额。
- 计算毛利润时，平均进价*sum(数量)为什么正确？能否写成 sum(平均进价*数量)?

查询结果如图 5.46 所示。呵！有一种商品卖赔了，请读者用 SELECT 语句找找看，是谁卖的？

	货号	货名	平均进价	平均销价	销售数...	营业额	毛利润
1	1001	计算机	5233.6956	5776.6666	7	40440.00	3804.1308
2	1002	计算机	5180.00	5550.00	4	22200.00	1480.00
3	2001	显示器	860.00	960.00	4	3840.00	400.00
4	2002	显示器	1060.00	990.00	7	6930.00	-490.00
5	3001	CPU处理器	350.00	415.00	17	7050.00	1100.00
6	4001	内存储器	185.50	225.00	10	2250.00	395.00
7	4002	内存储器	280.50	325.1666	80	26065.00	3625.00

图 5.46　按年度计算各种商品的营业额、销售毛利润

2) 按年度计算总营业额、销售毛利润

```
SELECT  销货次数=count(x.货号), 销货总数量=sum(数量),
        总营业额=convert(varchar(10), sum(金额) ),
        毛利润= convert(varchar(10), sum(金额) - sum(平均进价*数量) )
   FROM 商品一览表 s, 销售表  x  WHERE  s.货号=x.货号
```

注意：

- 销货次数=count(x.货号)中能否用 count(s.货号)？用 count(*)呢？为什么？
- sum(平均进价*数量)能否写成“ 平均进价* sum(数量) ”？错在哪里？
- FROM 语句为什么用 WHERE 子句？与前一个 FROM 有何区别？

查询结果如图 5.47 所示。

结果　消息

	销货次数	销货总数...	总营业额	毛利润
1	15	129	108775.00	10314.13

图 5.47　按年度计算总营业额、销售毛利润

3) 创建“年度销售汇总表”

我们可以创建一个“年度销售汇总表”存放各年份的销货次数、销货总数量、总营业额、毛利润等销售情况。

```
SELECT 年份=year(销售日期), 销货次数=count(x.货号),
       销货总数量=sum(数量), 总营业额=convert(varchar(10), sum(金额) ),
       毛利润= convert(varchar(10), sum(金额)- sum(平均进价*数量) )
   INTO 年度销售汇总表
   FROM 商品一览表 s, 销售表 x  WHERE  s.货号=x.货号
   GROUP BY year(销售日期)
SELECT  *  FROM  年度销售汇总表
```

经查询可以看到销售情况已经存入“年度销售汇总表”中，假设 2012 年度销售完毕，我们又可以把 2012 年的销售情况也追加到该表中。

讲解 INTO 子句时，我们在【实训项目 5-1】中已经创建了“销售表 2012”的空表，现在利用年度销售数据模拟 2012 年的销售数据并追加到“年度销售汇总表”中：

```
INSERT  销售表 2012        -- 将销售表前 10 条记录全部插入销售表 2012
   SELECT TOP 10  销售日期, 客户名称, 货号, 货名, 单价, 数量, 金额, 销售员
```

```
        FROM  销售表 2011
UPDATE  销售表 2012      -- 将销售表 2012 所有原记录的销售日期增加 1 年
    SET 销售日期=Dateadd(yy, 1, 销售日期)
INSERT 年度销售汇总表    -- 将销售表 2012 的销售情况插入年度销售汇总表
    SELECT 年份=year(销售日期), 销货次数=count(x.货号),
            销货总数量=sum(数量), 总营业额=convert(varchar(10), sum(金额) ),
            毛利润= convert(varchar(10), sum(金额)- sum(平均进价*数量) )
        FROM 商品一览表 s, 销售表 2012 x  WHERE  s.货号=x.货号
        GROUP BY year(销售日期)
SELECT  *  FROM  年度销售汇总表
```

以上代码查询结果如图 5.48 所示。

	年份	销货次...	销货总数...	总营业...	毛利润
1	2007	10	92	58935.00	5682.50
2	2011	10	92	58935.00	5765.11
3	2012	10	92	58935.00	5765.11
4	2006	14	127	97775.00	9385.00

图 5.48　年度销售汇总表

4) 计算年度每个月份各种商品的营业额、销售毛利润

```
SELECT 月份=Month(销售日期), 销货次数=count(*), 月销售量=sum(数量),
        营业额=convert(varchar(10), sum(金额) ),
        毛利润= convert(varchar(10), sum(金额)- sum(平均进价*数量) )
    FROM 商品一览表 s Join 销售表  x  ON  s.货号=x.货号
    GROUP BY  Month(销售日期)
```

查询结果如图 5.49 所示。

	月份	销货次...	月销售...	营业额	毛利润
1	1	6	46	40115.00	4632.61
2	2	3	39	11890.00	1622.50
3	3	5	42	45770.00	3419.02
4	8	1	2	11000.00	640.00

图 5.49　年度各月份总营业额、销售毛利润

【实训项目 5-5】核算库存商品成本价、估计营业额和大约可实现利润

```
SELECT 库存商品总数=sum(库存量),
        成本金额=convert(varchar(10), sum(平均进价*数量) ),
        估计销售金额=convert(varchar(10), sum(参考价格*数量) ),
        可实现利润=convert(varchar(10), sum((参考价格-平均进价)*数量) )
    FROM 商品一览表 s  Join 销售表 2011  x  ON  s.货号=x.货号
```

查询结果如图 5.50 所示。

	库存商品总数	成本金...	估计销售金额	可实现利润
1	612	98460.87	111905.00	13444.13

图 5.50　库存商品的成本、利润核算

5.3.4　用 COMPUTE 子句显示参加统计的清单及统计结果

格式：

```
{ COMPUTE  集合函数(列名1 ) [ ，…n ]  [ BY 列名2[ ，…n ] ] } [ …n ]
```

功能：先按列名 2 分类显示参加汇总记录的详细信息，再在附加行中显示对列名 1 的汇总值(单用集合函数或 GROUP BY 仅显示统计汇总值)。

说明：

- COMPUTE 子句可以指定多个集合函数，但不允许指定列别名。
- SELECT 指定的字段列表是显示详细信息使用的字段，必须包含 COMPUTE 子句集合函数使用的列名 1，与 BY 分组字段列名 2 无关，也可以使用*表示全部字段。
- COMPUTE 子句不带 BY 表示对全部记录统计，相当于在 SELECT 查询结果后面带一个统计值的后缀。
- COMPUTE 子句带 BY 子句时表示分组统计，必须配合 ORDER BY 排序子句使用，且紧跟 ORDER BY 之后。
- BY 后的列名 2 是要分组的字段(相当于 GROUP BY)，可以不在 SELECT 指定的字段中，但必须包含在 ORDER BY 子句中，而且必须是第一顺序。BY 指定多个字段分组时，也必须与 ORDER BY 的第一顺序一致。
- COMPUTE 子句不能与 INTO 子句或 GROUP BY 子句同时使用。
- 一个 SELECT 语句中可使用多个 COMPUTE 子句，一个子句显示一个附加行，多个子句时 BY 分组字段必须一致，且与 ORDER BY 一致，子句之间不能使用逗号。

【例 5-49】 用 COMPUTE 子句在“销售表 2011”中按销售员分类统计每个销售员的总营业额。

使用 GROUP BY 子句：

```
SELECT  销售员，总营业额=sum(金额)  FROM 销售表 2011  GROUP BY 销售员
```

查询结果如图 5.51 所示。

	销售员	总营业额
1	陈刚	28315.00
2	高宏	51640.00
3	章晓晓	28820.00

图 5.51　用 GROUP BY 统计销售员的总营业额

使用 COMPUTE　BY 子句：

```
SELECT  *  FROM  销售表  ORDER  BY 销售员，销售日期
    COMPUTE  sum(金额)  BY 销售员
```

查询结果如图 5.52 所示。

结果 | 消息

	序号	销售日期	客户名称	货号	货名	单价	数...	金额	销售员
1	5	2011-01-22 00:00:00	潍坊电脑器材商店	4002	内存储器	335.50	30	10065.00	陈刚
2	7	2011-02-06 00:00:00	济南商业电脑商城	4001	内存储器	225.00	10	2250.00	陈刚
3	9	2011-02-26 00:00:00	李晓雯	4002	内存储器	320.00	25	8000.00	陈刚
4	14	2011-03-20 00:00:00	潍坊电脑器材商店	4002	内存储器	320.00	25	8000.00	陈刚

	sum
1	28315.00

	序号	销售日期	客户名称	货号	货名	单价	数...	金额	销售员
1	1	2011-01-08 00:00:00	济南新浪计算机公司	1001	计算机	5800.00	2	11600.00	高宏
2	3	2011-01-18 00:00:00	济南兴华电脑销售公司	1002	计算机	5600.00	2	11200.00	高宏
3	11	2011-03-18 00:00:00	济南新浪计算机公司	1001	计算机	5750.00	2	11500.00	高宏
4	12	2011-03-20 00:00:00	济南新浪计算机公司	1001	计算机	5780.00	3	17340.00	高宏

	sum
1	51640.00

	序号	销售日期	客户名称	货号	货名	单价	数...	金额	销售员
1	2	2011-01-12 00:00:00	青岛科技商贸公司	3001	CPU处理器	420.00	3	1260.00	章晓晓
2	4	2011-01-18 00:00:00	潍坊电脑器材商店	3001	CPU处理器	430.00	5	2150.00	章晓晓
3	6	2011-01-26 00:00:00	青岛大方网络服...	2001	显示器	960.00	4	3840.00	章晓晓
4	8	2011-02-15 00:00:00	济南新浪计算机...	3001	CPU处理器	410.00	4	1640.00	章晓晓
5	10	2011-03-07 00:00:00	青岛科技商贸公司	2002	显示器	990.00	7	6930.00	章晓晓
6	13	2011-03-20 00:00:00	济南新浪计算机...	3001	CPU处理器	400.00	5	2000.00	章晓晓
7	17	2011-08-25 01:35:00	济南商业电脑商城	1002	计算机	5500...	2	11000...	章晓晓

	sum
1	28820.00

图 5.52　例 5-49 用 COMPUTE BY 子句统计销售员的总营业额

注意：

- COMPUTE　sum(金额)　BY 销售员：表示先按销售员分组显示详细信息，再在附加行中显示 sum(金额)的汇总值。
- 金额必须出现在 SELECT 指定的字段中，销售员必须出现在 ORDER BY 中。
- 省略“BY 销售员”则不分组，此时也可省略 ORDER BY，显示完全部记录后在附加行显示 sum(金额)。

如果增加查询销售总数量，则 SQL 语句代码如下：

```
SELECT  *  FROM  销售表  ORDER BY 销售员, 销售日期
   COMPUTE  sum(金额), sum(数量) BY 销售员
```

该语句在一个附加行中显示 sum(金额)和 sum(数量)两项汇总值，以下语句用两个附加行分别显示 sum(金额)和 sum(数量)的汇总值：

```
SELECT  *  FROM  销售表  ORDER BY 销售员, 销售日期
   COMPUTE  sum(金额)  BY 销售员  COMPUTE  sum(数量)  BY 销售员
```

5.4　SELECT 合并结果集与子查询

5.4.1　合并查询结果集

使用 UNION 关键字可以把两个或两个以上的查询结果集合并为一个结果集。

语法格式：

SELECT 语句 1　{UNION　[ALL]　SELECT 语句 2}[，… n]

说明：

- UNION 所合并的是两个 SELECT 的查询结果集而不是合并被查询的数据表，两个结果集必须具有相同的列数、相同的对应数据类型(相同的顺序)。
- 合并后结果集中的列名来自第一个 SELECT 语句。
- 任一个 SELECT 中若包含 ORDER BY 子句都将对最后的结果集排序。
- 使用 ALL 关键字则不删除重复行，保留两个结果集的全部，若不指定 ALL 则默认在合并后的结果集中删除重复行。

注意：合并不是连接，连接是把不同表的字段组合起来构成逻辑记录(横向连接)，而合并结果集是把不同表的记录按前后顺序组合成一个逻辑表(纵向连接)。

例如“销售表 2011”、“销售表 2012”、“销售表 2013”分别存放着各年度的销售记录，如果要像一个整体那样查询 2011、2012 和 2013 三年中某个客户的购货情况，就可以使用 UNION 合并结果集。

【例 5-50】 使用“销售表 2011”“销售表 2012”，用合并结果集查询两年中一次购货金额超过一万元的销售记录。

在【实训项目 5-4】中已经创建了有 10 条记录的“销售表 2012”，可直接使用该表，将两个查询结果集用 UNION 合并起来。代码如下：

```
USE diannaoxs
SELECT 销售日期, 客户名称, 货名, 数量, 金额 FROM  销售表 2011
    WHERE  金额>=10000
    UNION  SELECT 销售日期, 客户名称, 货名, 数量, 金额 FROM 销售表 2011
            WHERE  金额>=10000
```

查询结果如图 5.53 所示。

	销售日期	客户名称	货名	数...	金额
1	2011-01-08 00:00:00	济南新浪计算机公司	计算机	2	11600.00
2	2011-01-18 00:00:00	济南兴华电脑销售公司	计算机	2	11200.00
3	2011-01-22 00:00:00	潍坊电脑器材商店	内存储器	30	10065.00
4	2011-03-18 00:00:00	济南新浪计算机公司	计算机	2	11500.00
5	2011-03-20 00:00:00	济南新浪计算机公司	计算机	3	17340.00
6	2011-08-25 01:35:00	济南商业电脑商城	计算机	2	11000.00
7	2012-01-08 00:00:00	济南新浪计算机公司	计算机	2	11600.00
8	2012-01-18 00:00:00	济南兴华电脑销售公司	计算机	2	11200.00
9	2012-01-22 00:00:00	潍坊电脑器材商店	内存储器	30	10065.00

图 5.53　合并结果集查询结果

5.4.2　子查询

子查询是指一条 SELECT 语句作为另一条 SELECT 语句的一部分，也就是说如果一个查询返回一个单值或一列值并嵌套在 SELECT、INSERT、UPDATE 或 DELETE 语句中，则称之为子查询。包含子查询的外层 SELECT 语句称为主查询或外层查询，内层的 SELECT 语句称为子查询或内部查询。

一个子查询还可以嵌套任意数量的子查询，子查询必须用圆括号括起来。

子查询分为嵌套子查询和相关子查询两种。

1) 嵌套子查询

嵌套子查询的执行不依赖于外层查询，其执行过程为：

先执行子查询(只执行一次)，其结果不显示，仅将子查询的一个单值或者一列多值作为外部查询的条件使用，然后执行外部查询并显示查询结果。

2) 相关子查询

相关子查询就是子查询的执行依赖于外部查询，子查询根据外查询提供的数据进行查询，再将结果返回给外部查询。一般是子查询的 WHERE 子句中引用了外查询数据源的字段值，外查询将字段值逐一传递给子查询并使用子查询的值。其执行过程如下：

外查询每处理一行都将值传递给子查询，子查询立即执行并返回查询值。如果子查询的值满足外部查询条件，外查询就得到一条结果并处理下一行，否则直接处理下一行，直到外层查询执行完毕。

相关子查询引用外查询的表时可以使用该表的别名。

1. 使用子查询的单值进行比较运算

子查询通过集合函数或者通过 WHERE 条件可以得到单个值，外部查询可以在条件表达式中使用该值进行比较运算。

【例 5-51】 查询“销售表 2011”中高于平均单价的商品销售信息。

可以使用子查询得到平均单价并作为外查询的条件。代码如下：

```
SELECT  *  FROM  销售表 2011
   WHERE 单价>( SELECT  avg(单价)  FROM  销售表 2011 )
```

查询结果如图 5.54 所示。

结果 | 消息

	序号	销售日期	客户名称	货号	货名	单价	数...	金额	销售员
1	1	2011-01-08 00:00:00	济南新浪计算机公司	1001	计算机	5800.00	2	11600.00	高宏
2	3	2011-01-18 00:00:00	济南兴华电脑销售公司	1002	计算机	5600.00	2	11200.00	高宏
3	11	2011-03-18 00:00:00	济南新浪计算机公司	1001	计算机	5750.00	2	11500.00	高宏
4	12	2011-03-20 00:00:00	济南新浪计算机公司	1001	计算机	5780.00	3	17340.00	高宏
5	17	2011-08-25 01:35:00	济南商业电脑商城	1002	计算机	5500.00	2	11000.00	章晓晓

图 5.54　使用单值子查询进行比较的查询结果

【例 5-52】 我们曾统计过公司员工的平均年龄，可查询“员工表”中大于平均年龄的员工信息。

```
USE diannaoxs
SELECT 员工 ID, 姓名, 性别, 出生日期=Convert(char(12),出生日期,111),
```

```
      年龄=year(getdate())-year(出生日期), 部门,
      工龄=CASt(year(getdate())-year(工作时间) AS varchar(2))+'年'
   FROM 员工表  WHERE ( year(getdate())-year(出生日期) )
            > (SELECT  avg( year(getdate())-year(出生日期)) FROM 员工表)
```

查询结果如图 5.55 所示。

	员工ID	姓名	性...	出生日期	年...	部门	工龄
1	11001	吕川页	1	1963/03/07	47	办公室	25年
2	22001	郑学敏	0	1969/11/23	41	办公室	16年

图 5.55　使用单值子查询查询“员工表”

【例 5-53】 使用多层嵌套子查询，在“销售表”中查询单笔最大销售金额的销售员的职工信息。

```
SELECT 员工 ID, 姓名, 性别, 出生日期=Convert(char(12), 出生日期, 111),
      部门, 工作时间= Convert(char(12), 工作时间, 111)  FROM 员工表
  WHERE  姓名=( SELECT  销售员  FROM 销售表 2011
               WHERE  金额=( SELECT max(金额) FROM 销售表 2011 ) )
```

该语句使用最内层子查询得到最大金额(必须是唯一值)，用这个金额使得外层的子查询得到相应的销售员，最后用外查询找到该员工的信息。查询结果如图 5.56 所示。

结果　消息

	员工ID	姓名	性...	出生日期	部门	工作时间
1	33001	高宏	1	1982/09/29	销售科	2001/06/01

图 5.56　使用“销售表”两层嵌套单值子查询查询“员工表”

2. 使用子查询的一列值进行列表包含[not] in 运算

若子查询返回数据表的一列值，外查询可以使用列表包含运算符 in 或 not in 与子查询返回的一列多个值进行比较。

【例 5-54】 根据“销售表”的销售记录，查询“商品一览表”中已经销售过的商品的信息(用“销售表”存在的货号查询“商品一览表”中的信息)。

```
SELECT  *  FROM  商品一览表
     WHERE 货号 in( SELECT 货号 FROM 销售表 2011)
```

查询结果如图 5.57 所示。

	货号	货名	规...	单...	平均进价	参考价...	库存量
1	1001	计算机	LC	套	5233.6956	5800.00	23
2	1002	计算机	LX	套	5180.00	5600.00	6
3	2001	显示器	15	台	860.00	980.00	26
4	2002	显示器	17	台	1060.00	1250.00	23
5	3001	CPU处理器	P4	个	350.00	420.00	43
6	4001	内存储器	256	片	185.50	225.50	70
7	4002	内存储器	512	片	280.50	335.50	80

图 5.57　使用“销售表”多值子查询查询“商品一览表”

3．使用子查询的一列值进行列表比较 ANY|ALL 运算

列表运算符 ANY 与包含运算符 IN 功能大致相同，IN 可以独立进行相等(包含)比较，而 ANY 必须与比较运算符配合使用，但可以进行任何比较。

列表比较的条件表达式格式：

```
表达式  比较运算符  ANY (子查询的一列值)
表达式  比较运算符  ALL (子查询的一列值)
```

该条件将表达式与子查询返回的一整列值逐一比较：

只要有一个比较成立： ANY 结果为 TRUE(相当于或运算)。

只有全部比较都成立： ALL 结果为 TRUE(相当于与运算)。

【例 5-55】 根据“销售表”中一次销售数量大于等于 5 的销售记录，查询“商品一览表”中相应商品的信息。

```
SELECT  *  FROM  商品一览表
   WHERE 货号=ANY( SELECT 货号 FROM 销售表2011  WHERE 数量>=5)
```

查询结果如图 5.58 所示。

	货号	货名	规...	单...	平均进...	参考价...	库存量
1	2002	显示器	17	台	1060.00	1250.00	23
2	3001	CPU处理器	P4	个	350.00	420.00	43
3	4001	内存储器	256	片	185.50	225.50	70
4	4002	内存储器	512	片	280.50	335.50	80

图 5.58 使用“销售表”列值子查询查询“商品一览表”

【例 5-56】 根据“销售表”的销售记录，查询“商品一览表”中没有被销售过的商品的信息。

```
SELECT  *  FROM  商品一览表
   WHERE 货号<>ALL( SELECT 货号 FROM 销售表2011 )
```

或：

```
SELECT  *  FROM  商品一览表
   WHERE 货号 not  in( SELECT 货号 FROM 销售表2011 )
```

查询结果如图 5.59 所示。

结果 | 消息

	货号	货名	规格	单...	平均进...	参考价...	库存量
1	1003	计算机	FZ	套	4950.00	5335.00	10
2	3002	CPU处理器	SY8800	个	NULL	NULL	0

图 5.59 查询没有被销售过的商品的信息

4．相关子查询及记录的存在性[not] exists 检查

相关子查询就是子查询的执行依赖于外部查询，子查询根据外查询提供的数据得到结

果，再将结果返回给外部查询。

外部查询可以使用存在逻辑运算符[not] exists 检查相关子查询返回的结果集中是否包含有记录。若子查询结果集中包含记录，则 exists 为 TRUE，否则为 FALSE，存在性检查的逻辑值没有 UNKNOWN。

相关子查询引用外查询的表时可以使用该表的别名。

【例 5-57】 将【例 5-55】根据“销售表”一次销售数量大于等于 5 的销售记录，查询“商品一览表”中相应商品的信息，用相关子查询语句写出，请读者自己比较。

```
SELECT  *  FROM 商品一览表
   WHERE  5<=ANY( SELECT 数量 FROM 销售表
                   WHERE  商品一览表.货号=销售表.货号 )
```

【例 5-58】 将【例 5-56】根据“销售表”的销售记录，在“商品一览表”中只查询被销售过的商品信息，用相关子查询语句写出：

```
SELECT  *  FROM 商品一览表
   WHERE  exists ( SELECT  *  FROM 销售表
                 WHERE  商品一览表.货号=销售表.货号 )
```

5.4.3　综合举例练习

【实训项目 5-6】使用子查询计算“商品一览表”的平均进价和库存量

现在我们不创建临时表，而使用子查询完成【实训项目 5-2】和【实训项目 5-3】，计算“商品一览表”的平均进价和库存量。

(1) 使用子查询的结果计算更新“商品一览表”的平均进价。

```
USE diannaoxs
UPDATE  商品一览表
   SET  平均进价= ( SELECT  sum(数量*进价)/sum(数量)  FROM 进货表
                 WHERE 商品一览表.货号=进货表.货号 )
   WHERE  ( SELECT  sum(数量)  FROM 进货表
             WHERE 商品一览表.货号=进货表.货号 ) >= 0
```

注意：

- 使用临时表时，临时表必须按货号分组汇总，使用相关子查询时，因为子查询中使用了外部 UPDATE 语句的“商品一览表”，对其商品的每个货号，子查询都进行 sum(数量)求和，实际上已经按货号进行了分组汇总，所以子查询不需要再用 GROUP BY 指定分组。
- 第二个 WHERE 是被更新记录满足的条件，可以保证“进货表”中没有进货的商品其原有“平均进价”不被更新，只对有进货的商品更新。如果省略 WHERE 则对“商品一览表”中全部商品更新，此时若“进货表”中没有对应的进货商品，子查询的结果不存在，sum(数量)被汇总为 NULL，则该商品的原有“平均进价”数据也将被更新为 NULL。该条件也可以写为：

```
    WHERE  NOT  ( SELECT  sum(数量)  FROM 进货表2012
                 WHERE 商品.货号=进货表2012.货号 )  IS NULL
```

(2) 部分使用子查询计算“商品一览表”的“库存量”。

在前面的【实训项目 5-3】中我们使用了“#进货量表”、“#销售量表”、“#进货销售量表”三个临时表计算更新库存量，可以不创建“#进货销售量表”，仅使用“#进货量表”、“#销售量表”及其相关子查询对“库存量”进行计算更新。

创建“#进货量表”和“#销售量表”临时表的代码：

```
USE diannaoxs
SELECT 货号, 进货量=sum(数量)  INTO  #进货量表
   FROM 进货表  GROUP BY 货号
SELECT 货号, 销售量=sum(数量)  INTO  #销售量表
   FROM 销售表  GROUP BY 货号
```

如果 SQL Server 服务器没有关闭，可直接使用【实训项目 5-3】创建的临时表。

```
UPDATE  商品一览表              --先计算库存量=总进货量
   SET  库存量= (SELECT  进货量  FROM #进货量表
                 WHERE 商品一览表.货号=#进货量表.货号)
   WHERE  exists (SELECT  进货量  FROM #进货量表
                 WHERE 商品一览表.货号=#进货量表.货号)
UPDATE  商品一览表              --再计算库存量=总进货量-总销售量
   SET 库存量=库存量-(SELECT  销售量  FROM #销售量表
                      WHERE 商品一览表.货号=#销售量表.货号)
   WHERE  exists (SELECT  销售量  FROM #销售量表
                 WHERE 商品一览表.货号=#销售量表.货号)
```

注意：

- WHERE 子句保证只对“进货表”或“销售表”存在的记录更新，否则“商品一览表”中的全部商品都被更新。
- WHERE 子句中的子查询返回的是字段值，字段可以代表记录，一般用 exists 判断记录是否存在，本例也可使用 WHERE (SELECT 销售量 ...)>=0。
- 两个 UPDATE 语句能否合成一个语句？使用以下语句是否可以？结果如何？

```
UPDATE  商品一览表
   SET  库存量= (SELECT  进货量  FROM #进货量表
                WHERE 商品一览表.货号=#进货量表.货号)
             - (SELECT  销售量  FROM #销售量表
                WHERE 商品一览表.货号=#销售量表.货号)
```

答案：语法错误！某个货号的商品没有进货或没有销售则不存在记录，其相应的数据被视为 NULL，而 NULL 不能参加运算。

- 使用下列语句是否可以？结果如何？

```
UPDATE  商品一览表
  SET  库存量= (SELECT  进货量  FROM #进货量表
```

新世纪高职高专课程与实训系列教材

```
                    WHERE 商品一览表.货号=#进货量表.货号)
                 - (SELECT  销售量  FROM #销售量表
                    WHERE 商品一览表.货号=#销售量表.货号)
    WHERE  exists (SELECT  进货量  FROM #进货量表
                      WHERE 商品一览表.货号=#进货量表.货号)
                      AND  exists (SELECT  销售量  FROM #销售量表
                           WHERE 商品一览表.货号=#销售量表.货号)
```

答案：逻辑错误！虽然语句正常执行，但有进货没有销售或有销售没有进货的商品不能更新库存量。

(3) 直接使用相关子查询计算更新“库存量”。

```
UPDATE  商品一览表                --先计算库存量=总进货量
   SET  库存量=( SELECT  sum(数量)  FROM  进货表
                   WHERE 商品一览表.货号=进货表.货号 )
   WHERE  ( SELECT  sum(数量)  FROM 进货表
              WHERE 商品一览表.货号=进货表.货号 ) >= 0
UPDATE  商品一览表                --再计算库存量=总进货量-总销售量
   SET  库存量=库存量 - ( SELECT  sum(数量)  FROM  销售表
                        WHERE 商品一览表.货号=销售表.货号 )
   WHERE  ( SELECT  sum(数量)  FROM 销售表
              WHERE 商品一览表.货号=销售表.货号 ) >= 0
```

注意：WHERE 子句能否使用“ WHERE exists (SELECT ...) ”语句？

对子查询返回字段值可以用 exists 判断记录是否存在，但该语句子查询返回的是一个汇总值 sum(数量)，它不代表记录。若表中不存在记录时它汇总为 NULL 值，而 exists 不能判断空值，若使用 exists 则不起作用，如同没有使用 WHERE，于是“商品一览表”的全部记录都被更新，从而对于没有进货或没有销售的商品，其原有的“库存量”将被更新为 NULL。

读者可以复制数据表并模拟“进货表”、“销售表”少量不同商品的数据分析运行结果。

【实训项目 5-7】获取需要进货的商品信息

查询库存数量小于 10，需要进货的商品信息，并提示相应的供货厂家。

该例题需要在三个表中查询：根据“商品一览表”“库存量<10 ”商品的“货号”，到“进货表”中找到对应的“供货商 ID”，再到“供货商表”中查找对应厂家的信息。但是其中“商品一览表”与“供货商表”是没有关联的，如何查询呢？

我们先来分析两种存在错误的方法。

方法一：

```
use diannaoxs
SELECT 货号, 货名, 规格, 库存量, 提示= '尽快进货!',
   进货厂家=(SELECT  供货商 FROM 供货商表 g
            WHERE  供货商 ID=
                   ( SELECT 供货商 ID  FROM 进货表 j
```

```
                WHERE  供货商 ID=g.供货商 ID  and  货号=s.货号)
        )
    FROM 商品一览表 s  WHERE 库存量<10
```

注意：

- 这个语句用了两层嵌套子查询，最内层子查询引用两个外查询的值返回查询结果作为外层子查询的判断条件，外层子查询再将查询到的“供货商”返回给最外层的查询。
- 内查询使用属于自己本层的字段名可以不加表名，引用外层字段必须加表名。

查询结果如图 5.60 所示，其中 3002 号商品是公司刚准备经营还没有进货的商品。

	货号	货名	规格	库存...	提示	进货厂家
1	1002	计算机	LX	6	尽快进货！	北京联想科技股份有限公司
2	3002	CPU处理器	SY8800	0	尽快进货！	NULL

图 5.60　查询库存数量小于 10 的商品信息

方法二：

```
SELECT  货号, 货名, 规格, 库存量, 提示= '尽快进货！',
   进货厂家= ( SELECT  DISTINCT  供货商
        FROM 进货表  j  join 供货商表 g  ON  j.供货商 ID=g.供货商 ID
        WHERE  货号=s.货号 )
   FROM 商品一览表 s  WHERE 库存量<10
```

该语句在子查询中，先用两个表的内连接得到一个有“g.供货商”字段的虚拟表，再根据外查询提供的“货号”值返回一个“供货商”名。查询结果与方法一的结果(见图 5.60)相同。

错误分析：

- 以上语句实际上是在计算列的表达式中使用子查询，所以要求必须返回单值，而本例中满足“ 库存量<10 ”的商品恰好只从一个厂家进货，即子查询返回唯一值，所以两种方法都得到了查询结果。
- 在“进货表”中，有些商品并不仅从一个厂家进货，即一种商品不是对应唯一的生产厂家，一对多关系使子查询返回多值，因此以上语句就会发生错误。

例如：省略查询条件(得到所有商品与进货厂家的关系)或者改为“ 库存量<20 ”，则会得到以下错误信息：

“子查询返回的值多于一个。当子查询跟随在 =、!=、<、<=、>、>= 之后，或子查询用作表达式时，这种情况是不允许的。”

即使我们在 SELECT 后面加上关键字 DISTINCT 过滤重复行，结果仍然是错误的。因为同一商品对应多个不同的生产厂家不是完全重复的记录。

解决方法：先用“进货表”与“供货商表”通过内连接合并创建一个临时表“#进货厂家”；再将“商品一览表”与“#进货厂家”用“货号”关联，并通过左外连接(能显示还没有进货厂家的商品)可得到正确的查询结果。代码如下：

```
SELECT  货号, 供货商, 进价 INTO  #进货厂家
    FROM 进货表  j    join  供货商表 g  ON  j.供货商 ID=g.供货商 ID
SELECT  s.货号, 货名, 规格, 库存量, 提示= '尽快进货! ', 进价, 供货商
    FROM 商品一览表 s  left  join  #进货厂家 j  ON  s.货号=j.货号
    WHERE 库存量<20  ORDER BY  s.货号
```

运行结果如图 5.61 所示。

	货号	货名	规格	库存...	提示	进价	供货商
1	1002	计算机	LX	6	尽快进货!	5180.00	北京联想科技股份有限公司
2	1003	计算机	FZ	10	尽快进货!	4950.00	山东省浪潮集团公司销售公司
3	3002	CPU处理器	SY8800	0	尽快进货!	NULL	NULL

图 5.61　查询库存数量小于 20 的商品信息

读者可以把左外连接 left 去掉改为内连接比较一下结果，或者去掉 WHERE 子句分析一下结果。

在学习过视图以后，我们可以把相关的临时表创建为视图，把视图作为查询的数据来源。同样，也可以把那些比较复杂而常用的查询语句创建为视图，在使用时直接调用。

5.5　视图的基本概念

5.5.1　理解查询结果集

查询是实现数据库操作的最主要方法，尽管从查询结果集中看到的数据集合与打开数据表看到的数据集合一样，但实质是完全不同的。

- 数据表是数据库中存放数据的实体对象，在数据表中看到的是数据的静态物理集合，是实际的数据源表；
- 查询只是针对数据源的操作命令(程序)，在查询结果中看到的是数据的动态逻辑集合，是执行命令对数据表操作的结果，是一个虚拟的数据表。

5.5.2　视图的概念

对于经常使用的 SELECT 语句，尤其是比较复杂的查询语句，如果每次使用时都要重复输入代码是很麻烦的，若将该语句保存为一个对象，每次使用时不需要输入代码，只需给出对象名字就能方便地使用，可简化查询操作。这个对象就称为视图。

视图实际上就是给查询语句指定一个名字，将查询语句定义为一个独立的对象保存。

既然视图是由 SELECT 查询语句构成的，那么使用视图就可以直接得到 SELECT 语句的查询结果集，所以可给出以下视图定义。

视图：就是基于一个或多个数据表的动态数据集合，是一个逻辑上的虚拟数据表。

此外，视图具有更强的功能：使用 SELECT 语句只能在结果集——动态逻辑虚拟表中查看数据，而使用视图不但可以查看数据，而且可将其作为 SQL 语句的数据源，并且可以直接在视图中对数据进行编辑、修改、删除——更新数据表中的数据。这就是视图的优点所在。

SELECT、INSERT、UPDATE 语句都可以直接对视图进行操作。

注意:

- 数据表是数据库中真正存储数据的实体对象，是物理的数据源表，也称为基表。
- 视图是源于一个或多个数据表的动态逻辑虚拟表，是在引用视图时动态生成的。其数据仍然存放在数据表中。
- 视图对象在数据库中只存放视图的定义语句，而不存储其操作使用的数据，对视图中数据的操作，实际上是对基表中数据的操作。

我们可以把前面所创建的临时表创建为视图，直接把视图作为数据源使用，这样可以节省存放临时表数据所占用的内存空间；也可以将前面介绍的那些比较复杂又经常使用的查询语句也创建为视图对象，使用时只要给出视图的名字就可以直接调用，而不必重复书写复杂的 SELECT 语句。

5.5.3 使用视图的优点

1. 为用户集中数据、简化查询和处理

当用户需要的数据分散在多个表中时，定义视图可将它们集中在一起，作为一个整体进行查询和处理。

2. 屏蔽数据库的复杂性

数据库的规范化设计便于数据库的管理、减少了数据冗余，但同时也把一些存在着关系、本来可以属于一个整体的数据分成了若干个独立的数据表，再通过表之间的关联组织数据，这既不符合人们的日常习惯，也使得没有一定数据库知识的人难以使用数据库。

视图的创建可以向最终用户隐藏复杂的表连接，按人们习惯的方式把数据逻辑地组织在一起交给用户使用，简化了用户的 SQL 程序设计，用户不必了解数据表的表结构和数据表之间复杂的关联，管理人员对数据表的更改也不会影响用户对数据库的使用，使其不需具备太多数据库知识也可以按自己的习惯简单方便地输入、查看和修改、删除数据。

3. 简化用户权限的管理

数据表是某些相关数据的整体，如果不想让某些用户查看、修改其中的一部分数据，则可以为不同用户创建不同的视图，只授予使用视图的权限而不允许访问表，这样就不必在数据表中针对某些用户对某些字段设置不同权限了，而且增加了安全性。

4. 实现真正意义上的数据共享

不同的用户所关心的数据内容是不同的，即使同样的数据也有不同的操作要求。根据不同需求定义不同的视图，脱离了数据库所要求的物理数据结构，就像单独为它们定义了一个数据表一样，各个用户可以重复任意使用不同数据库的数据，而且视图只存储定义信息不增加数据的存储空间，全部数据只需存储一次，实现了真正意义上的数据共享，大大提高了数据库的使用功能。

5. 重新组织数据

使用视图可以重新组织数据以便输出到其他应用程序中，可以将多个物理数据库抽象为一个逻辑数据库。

5.6　视图的创建与使用

视图在数据库中是作为一个对象来存储的。创建视图前，要保证已被数据库所有者授权允许创建视图，并且有权操作视图所引用的表或其他视图。

在 SQL Server 2005 中，可以在 SSMS 中创建视图，也可以使用 T-SQL 语句创建视图。

5.6.1　对创建视图的限制和要求

(1) 尽管可以引用其他数据库的表和视图，所创建的视图也可以被其他数据库引用，但创建视图只能在当前数据库中进行，创建视图不能引用临时表。

(2) 视图的命名必须遵循标识符命名规则，在一个数据库中对每个用户所定义的视图名必须是唯一的，且不能与表同名。

(3) 一个视图最多只能引用 1024 个字段。

(4) 可以引用其他视图或被其他视图引用，但视图嵌套引用不能超过 32 层。

(5) 不能把规则、默认值或触发器绑定在视图上。

(6) 不能在视图上建立任何索引。

(7) 在默认情况下，视图中的列名继承所引用基表或视图中的列名，如果引用的计算列没有指定别名，或者需要同时引用多表或多视图中的同名列，则必须指定列名。

(8) 定义视图的 SELECT 查询语句不能包含以下子句：

```
INTO              创建表
ORDER BY          排序
COMPUTE [ BY ]    带详细信息的分组统计
```

(9) 使用视图时，如果它引用的基本表添加了新字段，则必须重新创建或修改视图才能查询使用新字段。

(10) 如果与视图相关联的表或视图被删除，则该视图将不能再使用。

5.6.2　在 SSMS 中创建与使用视图

1. 创建视图

【实训项目 5-8】用 SSMS 创建包括全部销售信息的视图

在 SSM 中创建包括全部销售信息的视图“销售信息”，具体操作步骤如下。

(1) 打开 SSMS，展开数据库 diannaoxs，选中“视图”后右击，在弹出的快捷菜单中选择“新建”→“视图”命令。

(2) 随即弹出创建视图窗口，在添加窗口表中选择要添加的表，如图 5.62 所示的“添加表”对话框。

图 5.62　创建视图窗口及“添加表”对话框

(3) 在“添加表”对话框中选择视图引用的表、视图或函数，可用 Ctrl 或 Shift 键进行多选，单击“添加”按钮，在创建视图窗口上面第一个子窗口中出现“商品一览表”和“销售表”。

(4) 在第二个子窗口中选择创建视图所需的字段(也可以从表中拖入)、指定别名、排序类型、排序方式和筛选引用表记录的准则条件。

当视图同时引用源表的同名字段或引用计算列时，必须指定别名。

设置的信息自动生成 SQL 语句并显示在第三个小窗口中。也可以直接在该小窗口输入 SELECT 语句，如图 5.63 所示。

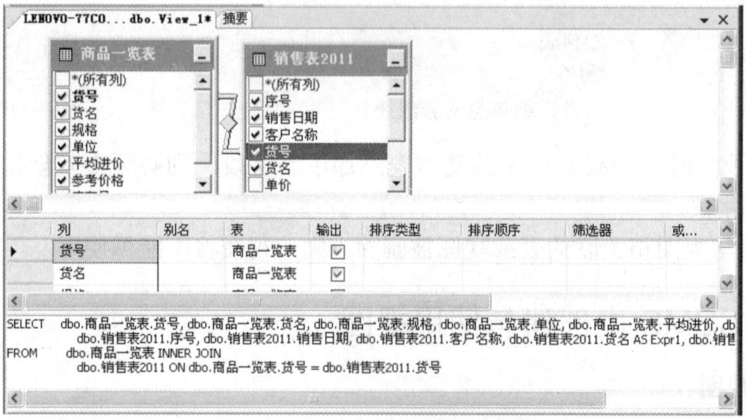

图 5.63　销售信息视图的设置

(5) 完成设置后，单击“保存”按钮，出现保存视图对话框，输入视图名单击“确定”按钮，便完成了视图的创建。

视图创建成功后，就是一张包含了所选择各列数据的虚拟数据表，可用 SQL 的 SELECT 查询、用 UPDATE 修改更新数据，也可在企业管理器中查阅编辑修改。

2. 使用视图

(1) 在 SSMS 中展开数据库“视图”对象列表，在“销售信息”视图上右击，在弹出的快捷菜单中选择“打开视图”→“返回所有行”命令即可看到该视图的数据内容。在打开的视图中可直接对数据进行编辑修改，如图 5.64 所示。

序号	销售日期	客户名称	货号	货名	规...	单位	单价	数...	金额	销售员
1	2010-1-8 0:00:00	济南新浪计算...	1001	计算机	LC	套	5800.0000	2	11600.0000	高宏
2	2010-1-12 0:00:00	青岛科技商贸...	3001	CPU处理器	P4	个	420.0000	3	1260.0000	章晓晓
3	2010-1-18 0:00:00	济南兴华电脑...	1002	计算机	LX	套	5600.0000	2	11200.0000	高宏
4	2010-1-18 0:00:00	潍坊电脑器材...	3001	CPU处理器	P4	个	430.0000	5	2150.0000	章晓晓
5	2010-1-22 0:00:00	潍坊电脑器材...	4002	内存储器	512	片	335.5000	30	10065.0000	陈刚
6	2010-1-26 0:00:00	青岛大方网络...	2001	显示器	15	台	960.0000	4	3840.0000	章晓晓
7	2010-2-6 0:00:00	济南商业电脑...	4001	内存储器	256	片	225.0000	10	2250.0000	陈刚
8	2010-2-15 0:00:00	济南新浪计算...	3001	CPU处理器	P4	个	410.0000	4	1640.0000	章晓晓
9	2010-2-26 0:00:00	李晓雯	4002	内存储器	512	片	320.0000	25	8000.0000	陈刚
10	2010-3-7 0:00:00	青岛科技商贸...	2002	显示器	17	台	990.0000	7	6930.0000	章晓晓
11	2010-3-18 0:00:00	济南新浪计算...	1001	计算机	LC	套	5750.0000	2	11500.0000	高宏
12	2010-3-20 0:00:00	济南新浪计算...	1001	计算机	LC	套	5780.0000	3	17340.0000	高宏
13	2010-3-20 0:00:00	济南新浪计算...	3001	CPU处理器	P4	个	400.0000	5	2000.0000	章晓晓
14	2010-3-20 0:00:00	潍坊电脑器材...	4002	内存储器	512	片	320.0000	25	8000.0000	陈刚
17	2009-8-25 1:35:00	济南商业电脑...	1002	计算机	LX	套	5500.0000	2	11000.0000	章晓晓

图 5.64　在 SSMS 窗口打开的“销售信息”视图

(2) 用 SELECT 语句直接查询视图。

在查询编辑器中输入以下代码：

```
SELECT * FROM 销售信息 WHERE 金额<=5000
```

查询结果如图 5.65 所示。

	序号	销售日期	客户名称	货号	货名	规...	单...	单价	数...	金额	销售员
1	2	2010-01-12 00:00:00	青岛科技商贸公司	3001	CPU处理器	P4	个	420.00	3	1260.00	章晓晓
2	4	2010-01-18 00:00:00	潍坊电脑器材商店	3001	CPU处理器	P4	个	430.00	5	2150.00	章晓晓
3	6	2010-01-26 00:00:00	青岛大方网络服务中心	2001	显示器	15	台	960.00	4	3840.00	章晓晓
4	7	2010-02-06 00:00:00	济南商业电脑商城	4001	内存储器	256	片	225.00	10	2250.00	陈刚
5	8	2010-02-15 00:00:00	济南新浪计算机公司	3001	CPU处理器	P4	个	410.00	4	1640.00	章晓晓
6	13	2010-03-20 00:00:00	济南新浪计算机公司	3001	CPU处理器	P4	个	400.00	5	2000.00	章晓晓

图 5.65　用 SELECT 语句查询“销售信息”视图

5.6.3　使用 SQL 语句创建与使用视图

语法格式：

```
CREATE VIEW 视图名[ (列名 1, 列名 2 [ , …n ] ) ]
    [ WITH ENCRYPTION ]      -- 用于对视图定义语句加密，不允许修改
    AS
    SELECT 查询语句            -- 创建视图的定义语句
    [WITH CHECK OPTION]      -- 用于对视图数据修改时的限制
```

说明：

- 列名：视图显示时使用的标题，若直接使用 SELECT 指定的列名且其中没有相同的也没有未指定别名的计算列则可以省略，只要有一个需要指定列标题则要全部

写出。最多可引用 1024 个列。

- ENCRYPTION：要求系统存储时对该 CREATE VIEW 语句进行加密，不允许别人查看和修改定义语句。
- CHECK OPTION：与定义视图中 SELECT 语句的 WHERE 子句配合使用，指定对视图中数据的修改必须遵守 WHERE 子句设置的条件，不满足条件的数据不允许修改，保证修改后的数据能通过视图查看。省略时可以在不违反约束前提下对数据任意修改，但修改后不满足条件的记录不再出现在视图中。
- SELECT 查询语句：指定视图中使用数据的范围，可用多个基表或视图作数据源，但不能用临时表或表变量；不能使用 INTO、COMPUTE、ORDER BY 子句。

【实训项目 5-9】创建整机类销售情况的视图

创建计算机整机类销售情况的视图“整机销售”。

方法一：使用“销售表”与“商品一览表”内连接创建视图

```
USE diannaoxs
GO
CREATE VIEW 整机销售              -- 必须是批处理的第一个语句
    AS
    SELECT 原序号=序号, 销售日期=Convert(varchar(12), 销售日期, 111),
           客户名称, x.货号, x.货名, 规格, 单位,
           单价=Convert(varchar(10),单价),
           数量, 金额=Convert(varchar(10),金额)
       FROM  销售表 2011  AS  x  Join 商品一览表 AS  j
             ON  x.货号= j.货号   WHERE  x.货号 Like  '1%'
```

在查询编辑器中输入以上代码，运行后显示：“命令已成功完成。”

注意：

- 该视图省略了列名，则全部默认使用 SELECT 中指定的字段名称。
- SELECT 是视图对象的数据来源，查询结果集不显示在屏幕上，而是提供给视图对象。
- 如果在 SELECT 中再增加字段“j.货号”，即同时选择“x.货号, j.货号”，则单独使用 SELECT 查询没有语法错误，可以显示两列完全相同的“货号”，但用于创建视图就会使视图中出现“货号,货号”两个重名字段，自然是错误的。此时必须在视图名之后明确指定全部不同名的列名，可以用“货号 1, 货号 2”区别。
- SELECT 中还使用了三个计算列，如果没有指定别名，单纯使用 SELECT 会显示“(无名列)”，但对于视图中字段没有名字就是错误的，此时也必须在视图名之后明确指定所有的列名。

视图创建完成后，可以随时在 SSMS 中“视图”对象列表中右击“打开表”，从弹出的快捷菜单中选择“返回所有行”命令查看，也可以像查询数据表那样使用 SELECT 语句查询该视图：

```
SELECT * FROM  整机销售
```

查询结果如图 5.66 所示。

	原序号	销售日期	客户名称	货号	货名	规...	单...	单价	数...	金额
1	1	2011/01/08	济南新浪计算机公司	1001	计算机	LC	套	5800.00	2	11600.00
2	3	2011/01/18	济南兴华电脑销售公司	1002	计算机	LX	套	5600.00	2	11200.00
3	11	2011/03/18	济南新浪计算机公司	1001	计算机	LC	套	5750.00	2	11500.00
4	12	2011/03/20	济南新浪计算机公司	1001	计算机	LC	套	5780.00	3	17340.00
5	17	2011/08/25	济南商业电脑商城	1002	计算机	LX	套	5500.00	2	11000.00

图 5.66　查询“整机销售”视图

方法二：删去刚创建的视图“整机销售”，使用【实训项目 5-8】企业管理器创建的“销售信息”视图对象创建视图。

```
USE diannaoxs
drop  VIEW 整机销售                         -- 删除视图
GO
CREATE VIEW 整机销售                        -- 重新创建视图
   AS
   SELECT 原序号=序号, 销售日期=Convert(varchar(12),销售日期,111),
         客户名称, 货号, 货名, 规格, 单位, 单价=Convert(varchar(10),单价),
         数量, 金额=Convert(varchar(10),金额)
      FROM  销售信息  WHERE 货号 Like  '1%'
GO
SELECT  *  FROM  整机销售
```

运行结果与图 5.66 完全相同。在“整机销售”视图中查询一次销售 3 台以上商品信息的代码：

```
SELECT * FROM  整机销售  WHERE  数量>=3
```

查询结果如图 5.67 所示。

	原序号	销售日期	客户名称	货号	货名	规...	单...	单价	数...	金额
1	12	2011/03/20	济南新浪计算机公司	1001	计算机	LC	套	5780.00	3	17340.00

图 5.67　在“整机销售”视图中查询 3 台以上商品信息

注意：查询语句中 WHERE 子句与定义视图时 WHERE 子句是没有关系的，定义视图的 WHERE 限制视图结果集的记录，使用视图查询的 WHERE 子句是在视图结果集中再挑选满足条件的记录。

【实训项目 5-10】创建完整的“销售信息视图”

用 SQL 语句创建完整的“销售信息视图”，并禁止用户查看视图的定义语句。

```
CREATE  VIEW  销售信息视图
   WITH  ENCRYPTION
   AS
```

```
SELECT 序号, 销售日期=Convert(varchar(12),销售日期,111),
       客户名称, x.货号, x.货名, 规格, 单位,
       单价=Convert(varchar(10),单价),
       数量, 金额=Convert(varchar(10),金额)
  FROM 销售表2011 AS x Join 商品一览表 s ON x.货号= s.货号
GO
SELECT * FROM 销售信息视图
```

查询结果如图 5.68 所示。

结果 | 消息

	序号	销售日期	客户名称	货号	货名	规...	单...	单价	数...	金额
1	1	2011/01/08	济南新浪计算机公司	1001	计算机	LC	套	5800.00	2	11600.00
2	2	2011/01/12	青岛科技商贸公司	3001	CPU处理器	P4	个	420.00	3	1260.00
3	3	2011/01/18	济南兴华电脑销售公司	1002	计算机	LX	套	5600.00	2	11200.00
4	4	2011/01/18	潍坊电脑器材商店	3001	CPU处理器	P4	个	430.00	5	2150.00
5	5	2011/01/22	潍坊电脑器材商店	4002	内存储器	512	片	335.50	30	10065.00
6	6	2011/01/26	青岛大方网络服务中心	2001	显示器	15	台	960.00	4	3840.00
7	7	2011/02/06	济南商业电脑商城	4001	内存储器	256	片	225.00	10	2250.00
8	8	2011/02/15	济南新浪计算机公司	3001	CPU处理器	P4	个	410.00	4	1640.00
9	9	2011/02/26	李晓雯	4002	内存储器	512	片	320.00	25	8000.00
10	10	2011/03/07	青岛科技商贸公司	2002	显示器	17	台	990.00	7	6930.00
11	11	2011/03/18	济南新浪计算机公司	1001	计算机	LC	套	5750.00	2	11500.00
12	12	2011/03/20	济南新浪计算机公司	1001	计算机	LC	套	5780.00	3	17340.00
13	13	2011/03/20	济南新浪计算机公司	3001	CPU处理器	P4	个	400.00	5	2000.00
14	14	2011/03/20	潍坊电脑器材商店	4002	内存储器	512	片	320.00	25	8000.00
15	17	2011/08/25	济南商业电脑商城	1002	计算机	LX	套	5500.00	2	11000.00

图 5.68　完整的“销售信息视图”

【实训项目 5-11】创建完整的“进货信息视图”

用 SQL 语句创建完整的“进货信息视图”，并禁止用户查看视图定义内容。

```
USE diannaoxs
GO
CREATE VIEW 进货信息视图
   WITH ENCRYPTION
   AS
   SELECT 序号, 进货日期=Convert(varchar(12), 进货日期, 111),
          s.货号, s.货名, s.规格, 数量, 单价=Convert(varchar(10), 进价),
          购货金额=Convert(varchar(10), 进价*数量), 进货厂家=供货商,
          编号=J.供货商ID, 厂家账户=rtrim(账户), 收货人
      FROM 进货表2011 AS j , 商品一览表 s , 供货商表 g
      WHERE j.货号=s.货号 and j. 供货商ID=g.供货商ID
GO
SELECT * FROM 进货信息视图
```

注意：去掉“账户”字符串尾部的空格可以使用函数 rtrim()，但不能使用“cASt(账户 AS varchar(15))”，因为我们定义的账户类型 char(15)是固定长度的，数据存储时已经通过填充空格补足了 15 位，所以再转换 15 位变长类型是不起作用的。

查询结果如图 5.69 所示。

	序号	进货日期	货号	货名	规...	数...	单价	购货金...	进货厂家	编号	厂家账户	收货人
1	1	2010/01/08	1001	计算机	LC	10	5300.00	53000.00	山东省浪潮集团公司销售公司	SDLC	1002-305-6	孙立华
2	2	2010/01/08	1002	计算机	LX	10	5180.00	51800.00	北京联想科技股份有限公司	BJLX	11204567765	孙立华
3	3	2010/01/08	3001	CPU处理器	P4	30	350.00	10500.00	北京方正电脑有限公司	BJFZ	20006786570	孙立华
4	4	2010/01/20	2001	显示器	15	30	860.00	25800.00	北京方正电脑有限公司	BJFZ	20006786570	于 丽
5	5	2010/01/28	2002	显示器	17	30	1060.00	31800.00	上海电脑市场器材销售中心	SHSC	336-448-669	于 丽
6	6	2010/02/05	4001	内存储器	256	80	185.50	14840.00	山东省浪潮集团公司销售公司	SDLC	1002-305-6	孙立华
7	7	2010/02/05	4002	内存储器	512	80	280.50	22440.00	北京联想科技股份有限公司	BJLX	11204567765	孙立华
8	8	2010/02/16	1001	计算机	LC	10	5250.00	52500.00	上海科大计算机技术服务公司	SHKD	2246800012	于 丽
9	9	2010/03/07	3001	CPU处理器	P4	30	350.00	10500.00	上海电脑市场器材销售中心	SHSC	336-448-669	孙立华
10	10	2010/03/26	4002	内存储器	512	80	280.50	22440.00	山东省浪潮集团公司销售公司	SDLC	1002-305-6	孙立华
11	12	2010/03/26	1003	计算机	FZ	10	4950.00	49500.00	山东省浪潮集团公司销售公司	SDLC	1002-305-6	于 丽
12	15	2005/08/25	1001	计算机	LC	10	5180.00	51800.00	北京联想科技股份有限公司	BJLX	11204567765	孙立华

图 5.69　完整的“进货信息视图”

创建视图后，所有销售信息和进货信息的查询都可以把这两个视图作为一个完整的数据源，使用 SELECT 语句对这两个视图随意设置字段、指定任意条件筛选记录以进行任何查询，而不必再考虑哪些数据在哪个表中以及这些表是怎样连接的了。

限于篇幅，我们在这两个视图中还省略了一些字段，读者可以将有关字段补齐。

5.6.4　使用视图对数据表的数据进行操作

除了在 SELECT 语句中使用视图作为数据源进行查询以外，还可以在企业管理器中打开视图对象，直接在视图中对数据进行添加、编辑、修改或删除，也可以使用 T-SQL 语句通过视图对数据表的数据进行添加、编辑、修改、删除操作。如：

- 用 INSERT 语句通过视图向基本表插入数据。
- 用 UPDATE 语句通过视图修改基本表的数据。
- 用 DELETE 语句通过视图删除基本表的数据。

注意：使用视图对数据表的记录数据进行操作时，所创建的视图必须满足以下条件。

- 视图的字段中不能包含计算列——计算列是不能更新的。
- 创建视图的 SELECT 语句不能使用 GROUP BY、UNION、DISTINCT 或 TOP 子句。
- 创建视图的 SELECT 语句用 FROM 指定的数据源可以一层一层的引用，但最终应至少包含一个数据表。
- 当视图依赖多个数据表时，不能通过视图给各个表插入删除记录，只可以对某个数据进行更新，一次只能修改一个表的数据。
- 对于依赖于多个基本表的视图，不能使用 DELETE 语句。

由于通过视图操作数据表的限制较多，在实际应用中可以单独创建查看数据的视图，如“销售信息视图”和“进货信息视图”使用了许多计算列，可以专门用于查询；需要时单独创建符合更新条件、用于输入、更新数据表的视图。

5.7 查看、编辑和删除视图

5.7.1 使用 SSMS 查看、编辑、删除视图

1. 查看、编辑视图定义结构

在 SSMS 中展开数据库和视图，在需要查看或编辑的视图对象上右击，在弹出的快捷菜单中选择“设计视图”命令可以查看并修改视图结构。

2. 删除视图

在 SSMS 中展开数据库和视图，在需删除的视图对象上右击，在弹出的快捷菜单中选择“删除”命令，即可删除指定的视图。

5.7.2 用 SQL 语句查看、编辑、删除视图

1. 用系统存储过程查看视图信息

查看视图的基本信息：[execute] sp_help 视图名。
查看视图的定义信息：[execute] sp_helptext 视图名。
查看视图与其他数据库对象间的依赖关系：[execute] sp_depends 视图名。

2. 用 ALTER VIEW 修改视图

```
ALTER VIEW 视图名[ (列名 1, 列名 2 [ , …n ] ) ]
    [ WITH ENCRYPTION ]     -- 用于对视图定义语句加密，不允许修改
    AS
    SELECT 查询语句          -- 创建视图的定义语句
    [WITH CHECK OPTION]     -- 用于对视图数据修改时的限制
```

注意：修改与创建视图的语法完全相同，只有在列名称不变的情况下，列上的权限才会保持不变。

3. 使用 DROP VIEW 语句删除视图

语法格式：

```
DROP VIEW 视图名[ , …n]
```

使用 DROP VIEW 一次可删除多个视图，删除视图对基表不产生任何影响。
例如语句：DROP VIEW AA, BB 可同时删除视图对象 AA 和 BB。

5.8 实训要求与习题

实训要求

(1) 理解并掌握 SQL 语句的语法格式，包括多表连接、创建新表、统计汇总与使用子

查询。

(2) 理解并掌握视图的意义与创建、使用。

(3) 认真完成教材中的例题练习。

(4) 根据教学进度，认真按照【实训项目 5-1】~【实训项目 5-11】的要求进行操作，掌握数据库的查询。

练习题

(1) SELECT 语句使用__________、__________、__________指定查询的显示范围，使用__________子句创建新表，使用__________子句指定排序字段，使用__________指定查询条件，使用__________指定分组条件，使用__________指定分组后的查询条件。

(2) SELECT 语句对查询结果排序时，使用__________子句指定排序字段，使用__________指定升序，使用__________指定降序。

(3) SELECT 语句对多表查询可以使用__________、__________、__________、__________连接方式，子查询分为__________、__________两种。

(4) 视图是由__________构成而不是由__________构成的虚表。视图中的数据存储在__________。对视图更新操作时实际操作的是__________中的数据。

(5) 创建视图用__________语句，修改视图用__________语句，删除视图用__________语句。查看视图中的定义数据用__________语句。查看视图的基本信息用__________存储过程。查看视图的定义信息用__________存储过程。查看视图的依赖关系用__________存储过程。

(6) 创建视图时带__________参数使视图的定义语句加密。带__________参数对视图执行的修改操作必须遵守定义视图时 WHERE 子句指定的条件。

(7) 更新视图中的数据时，应注意__________，__________，__________。

(8) 下列哪一项可用于创建一个新表，并用已存在的表的数据填充到新表中？(　　)

A. SELECT INTO　　B. UNION　　C. 子查询　　D. 联接

(9) 下面(　　)是聚合函数。

A. distinct　　B. sum　　C. if　　D. top

(10) 下面(　　)子句为聚合函数生成汇总值，并作为一个附加的行显示在结果集中。

A. COMOUTE　　B. EXISTS　　C. UNION　　D. DISTINCT

(11) 下面有关 COMPUTE 子句的说法正确的是(　　)。

A. COMPUTE 子句为聚合函数生成汇总值

B. COMPUTE 子句必须包括 ORDER BY 子句

C. COMPUTE 子句只在控制中断时给出汇总值

D. COMPUTE 子句对排序进行筛选

(12) (　　)子句可以与子查询一起使用以检查行或列是否存在。

A. UNION　　B. EXISTS　　C. DISTINCT　　D. COMPUTE BY

(13) 子查询可以返回(　　)行而不产生错误。

A. 仅一行

B. 如果不以 ANY、ALL、EXISTS 或 IN 开头，则仅一行

C. 无限多行

D. 如果不以 ANY、ALL、EXISTS 或 IN 开头，则为无限行

(14) 使用子查询时受一定的限制，下列说法正确的是(　　)两项。

A. 子查询的选择列表中允许出现 text 数据类型

B. 包括 GROUP BY 的子查询不能使用 DISTINCT 关键字

C. 如果外部查询的 WHERE 子句包括某个列名，则该子句必须与子查询选择列表中的该列在连接上兼容

D. 可以指定 COMPUTE 和 INTO 子句

(15) 当子查询使用来自父查询的参数时，我们称之为(　　)。

A. 相关子查询　B. 嵌套子查询　C. 简易子查询　D. 联接子查询

(16) 我们将调用另一个子查询的子查询称为(　　)。

A. 嵌套子查询　B. 相关子查询　C. 联接　D. 结果集

(17) 在 SQL 数据库中，你想得到在 PRODUCTS 表中最贵的产品的产品名称 productname 和产品价格 price 应该使用的查询是(　　)。

A. select top 1 productname,price from products order by price

B. select productname,max(price) from products

C. select productname,max(price) from products group by productname

D. select productname,price from products where price=(select max(price) from products)

(18) 从“产品”表里查询出价格高于产品名称为“海天酱油”的产品记录，此 SQL 语句为(　　)。

A. SELECT * FROM 产品 WHERE 价格>海天酱油

B. SELECT * FROM 产品 WHERE 价格>(SELECT * FROM 产品 WHERE 产品名称>'海天酱油')

C. SELECT * FROM 产品 WHERE EXISTS 产品名称='海天酱油')

D. SELECT * FROM 产品 WHERE 价格>(SELECT 价格 FROM 产品 WHERE 产品名称='海天酱油')

(19) 为数据库中一个或多个表中的数据提供另一种查看方式的逻辑表被称为(　　)。

A. 存储过程　B. 触发器　C. 视图　D. 表

(20) SQL Server 最多允许视图嵌套(　　)级。

A. 1024　B. 32　C. 24　D. 1

(21) SQL Server 的视图最多可包含(　　)列。

A. 250　B. 1024　C. 24　D. 99

(22) 基于未知值(NULL)选择查询结果，编写一条 SELECT 语句，选出所有尚未定价的货品的信息。

(23) 将“商品一览表”与“销售表”进行内连接，创建显示完整销售信息的视图。

(24) 将“供货商表”、“进货表”、“商品一览表”三个表进行内连接，创建显示完整进货信息的视图。

第 6 章　数据库索引

学习目的与要求

用户对数据库最频繁的操作是进行数据查询。一般情况下，数据库在进行查询操作时需要对整个表进行数据搜索。当表中的数据很多时，搜索数据就需要很长的时间。为了提高检索数据的能力，数据库引入了索引机制。本章将介绍索引的概念及其创建与管理。要求读者掌握：索引的概念；索引的分类；使用 SSMS 和使用语句创建索引，修改索引等内容。

实训项目

【实训项目 6-1】为"商品一览表"基于"货号"字段创建唯一的聚集索引、基于"货名"和"规格"创建非聚集索引。

6.1　索 引 概 述

6.1.1　什么是索引

前面我们介绍了表的概念，并了解到表是存储数据的结构。表中的数据没有特定顺序，称为堆。要从表中查找数据，就需要扫描整个堆，这项操作称为完全表格扫描。如同没有目录的书一样，每次要在表中查找某信息时，可能要从第一页翻到最后一页，才能找到相应内容。

索引是一个在表或视图上创建的对象，当用户查询索引字段时，它可以快速实施数据检索操作。索引如同书中的目录，书的内容类似于表的数据，书中的目录通过页号指向书的内容，同样，索引提供指针以指向存储在表中指定字段的数据值。借助索引，执行查询时不必扫描整个表就能够快速找到所需要的数据。下面举例说明如何利用索引来提高数据检索速度。如表 6.1 所示，在表中列出了"商品一览表"中的货号、货名、规格。

表 6.1　商品一览表

货　号	货　名	规　格
3002	CPU 处理器	SY8800
1002	计算机	LX
1003	计算机	FZ
1001	计算机	LC
2002	显示器	17
2001	显示器	15
3001	CPU 处理器	P4
4001	内存储器	256
4002	内存储器	512

如果想在该表中检索货号为“3001”的货物，该如何进行呢？

一种方法是从表的第一行开始，逐行读入表中的每一行记录，直到找到编号为 3001 的货物，这是在没有索引的情况下进行的完全表格扫描。显而易见，这种方式检索数据的效率十分低下。如果所查找的记录是表中最后一条记录，那么它前面的每条记录也得一一判断。

另一种方法是在存在索引的情况下，可以利用索引检索数据。基于该表的货号字段建立索引，服务器就会按照“货号”顺序排序并建立一个索引表，如表 6.2 所示。根据索引表中的指针地址可以以较快的速度找到相应记录，这样就大大提高了检索效率。

表 6.2　货号索引表

索引编号	指针地址
1001	4
1002	2
1003	3
2001	6
2002	5
3001	7
3002	1
4001	8
4002	9

此例中，是基于“货号”字段建立的索引，称为索引字段，也叫索引列或索引键。索引列可以是表中的一个字段，相应的索引称为简单索引；也可以是由多个字段组合而成，相应的索引叫复合索引。索引列的值可以设置为唯一的，如上例中所创建索引，这种索引又叫唯一索引，它可以强制某字段的值唯一。同样，也可以把索引设置为允许有重复值，又称为非唯一索引。

6.1.2　索引的分类

在 SQL Server 的数据库中按存储结构的不同将索引分为两类：聚集索引(clustered index)和非聚集索引(nonclustered index)。

1. 聚集索引

聚集索引对表的物理数据页中的数据按列进行排序，然后再重新存储到磁盘上，即聚集索引与数据是混为一体的。由于聚集索引对表中的数据一一进行了排序，因此用聚集索引查找数据很快。但由于聚集索引将表的所有数据完全重新排列了，它所需要的空间也就特别大，大概相当于表中数据所占空间的 120%。表的数据行只能以一种排序方式存储在磁盘上，所以一个表只能有一个聚集索引。

2. 非聚集索引

非聚集索引具有与表的数据完全分离的结构，使用非聚集索引不用将物理数据页中的数据按列排序。非聚集索引中存储了组成非聚集索引的关键字的值和行定位器。行定位器的结构和存储内容取决于数据的存储方式，如果数据是以聚集索引方式存储的，则行定位器中存储的是聚集索引的索引键。如果数据不是以聚集索引方式存储的，这种方式又称为堆存储方式(heap structure)，则行定位器存储的是指向数据行的指针。非聚集索引将行定位器按关键字的值用一定的方式排序，这个顺序与表的行在数据页中的排序是不匹配的。

由于非聚集索引使用索引页存储，因此它比聚集索引需要更多的存储空间，且检索效率较低。但一个表只能建一个聚集索引，当用户需要建立多个索引时，就需要使用非聚集索引了。从理论上讲，一个表最多可以建 249 个非聚集索引。

3. 聚集索引和非聚集索引的性能比较

每个表只能有一个聚集索引，因为一个表中的记录只能以一种物理顺序存放。但是，一个表可以有不止一个非聚集索引。

从建立了聚集索引的表中取出数据要比建立了非聚集索引的表快。当需要取出一定范围内的数据时，用聚集索引也比用非聚集索引好。例如，假设你用一个表来记录访问者在你网点上的活动。如果你想取出在一定时间段内的登录信息，你应该对这个表的 DATETIME 型字段建立聚集索引。

非聚集索引需要大量的硬盘空间和内存。另外，虽然非聚集索引可以提高从表中读取数据的速度，它也会降低向表中插入和更新数据的速度。每当改变了一个建立了非聚集索引的表中的数据时，必须同时更新索引。因此对一个表建立非聚集索引时要慎重考虑。如果预计一个表需要频繁地更新数据，那么不要对它建立太多非聚集索引。另外，如果硬盘和内存空间有限，也应该限制使用非聚集索引的数量。

6.2　创 建 索 引

在 SQL Server 2005 中，有些索引是系统自动建立的，如当在表中添加一个主键时，系统默认会自动创建一个聚集索引。我们也可以通过手工的方式，使用 SSMS 或查询编辑器来创建索引。

6.2.1　用 CREATE INDEX 命令创建索引

本节介绍 CREATE INDEX 语句生成索引的语法。一定要熟悉这个语法，因为索引是容易变动的数据库对象，经常会被删除和重建，以提高性能。其语法格式如下：

```
CREATE [UNIQUE] [CLUSTERED | NONCLUSTERED]
  INDEX index_name ON {table | view } column [ ASC | DESC ] [,...n])
  [WITH
    [PAD_INDEX]
    [ [, ] FILLFACTOR = fillfactor]
    [ [, ] IGNORE_DUP_KEY]
```

```
  [ [, ] DROP_EXISTING]
  [ [, ] STATISTICS_NORECOMPUTE]
  [ [, ] SORT_IN_TEMPDB ]
]
[ON filegroup]
```

各参数说明如下。

- UNIQUE：创建一个唯一索引，即索引的键值不重复。在列包含重复值时，不能建唯一索引。如要使用此选项，则应确定索引所包含的列均不允许 NULL 值，否则在使用时会经常出错。
- CLUSTERED：指明创建的索引为聚集索引。如果此选项缺省，则创建的索引为非聚集索引。
- NONCLUSTERED：指明创建的索引为非聚集索引。
- index_name：指定所创建的索引的名称。索引名称在一个表中应是唯一的，但在同一数据库或不同数据库中可以重复。
- table | view：指定创建索引的表名称或视图名称。必要时还应指明数据库名称和所有者名称。索引如果建在视图上，视图必须是使用 SCHEMABINDING 选项定义过的。
- ASC | DESC：指定特定的索引列的排序方式。默认值是升序 ASC。
- column：指定被索引的列。使用两个或两个以上的列组成一个索引则称为复合索引。一个索引中最多可以指定 16 个列，但列的数据类型的长度和不能超过 900 个字节。
- PAD_INDEX：指定填充索引的内部节点的行数至少应大于等于两行。PAD_INDEX 选项只有在 FILLFACTOR 选项指定后才起作用，因为 PAD_INDEX 使用与 FILLFACTOR 相同的百分比。
- FILLFACTOR = fillfactor：FILLFACTOR 称为填充因子，它指定创建索引时每个索引页的数据占索引页大小的百分比。FILLFACTOR 的值为 1～100。对于那些频繁进行大量数据插入或删除的表，在建索引时应该为将来生成的索引数据预留较大的空间，即将 FILLFACTOR 设得较小，否则索引页会因数据的插入而很快填满并产生分页，而分页会大大增加系统开销。但如果该值设得过小又会浪费大量磁盘空间，降低查询性能。因此对于此类表通常设一个大约为 10 的 FILLFACTOR。
- IGNORE_DUP_KEY：此选项控制了当往包含于一个唯一约束中的列中插入重复数据时，SQL Server 所作的反应。当选择此选项时，SQL Server 返回一个错误信息，跳过此行数据的插入，继续执行下面的插入数据的操作。当未选择此选项时，SQL Server 不仅会返回一个错误信息，而且不会完成数据的插入。
- DROP_EXISTING：指定要删除并重新创建聚集索引。
- SORT_IN_TEMPDB：指定用于创建索引的分类排序结果，将被存储到 Tempdb 数据库中。如果 Tempdb 数据库和用户数据库位于不同的磁盘设备上，那么使用这一选项可以减少创建索引的时间，但它会增加创建索引所需的磁盘空间。

- ON filegroup：指定存放索引的文件组。

在创建索引时，还要注意以下几个问题。

(1) 数据类型为 TEXT NTEXT IMAGE 或 BIT 的列不能作为索引的列。

(2) 由于索引的宽度不能超过 900 个字节，因此数据类型为 CHAR、VARCHAR、BINARY 和 VARBINARY 的列的列宽度超过了 900 字节，或数据类型为 NCHAR、NVARCHAR 列的列宽度超过了 450 个字节，它们也不能作为索引的列。

(3) 在使用索引创建向导创建索引时，不能将计算列包含在索引中。但在直接创建或使用 CREATE INDEX 命令创建索引时，则可以对计算列创建索引。

【实训项目 6-1】为“商品一览表”创建索引

(1) 为表“商品一览表”基于“货号”字段创建一个唯一的聚集索引。

```
create unique clustered index  PK_商品一览表
  on 商品一览表(货号)
  with
  pad_index,
  fillfactor = 10,
  drop_existing
```

(2) 为表“商品一览表”基于“货名”和“规格”创建一个非聚集索引。

```
create index index_huomingguige
  on 商品一览表(货名 , 规格)
  with
  pad_index,
  fillfactor = 50
  on [primary]
```

6.2.2　使用 SSMS 创建索引

选择要创建索引的表后右击，从弹出的快捷菜单中选择“索引”命令。单击“新建”按钮进入如图 6.1 所示的“新建索引”对话框，在图 6.1 中输入要创建的索引的名称，再选择用于创建索引的列，并设置索引的各种选项，单击“确定”按钮完成索引的创建，如图 6.2 所示。

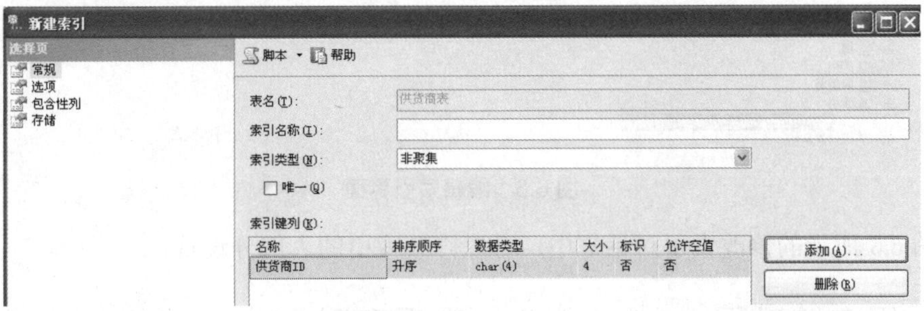

图 6.1　菜单选择界面

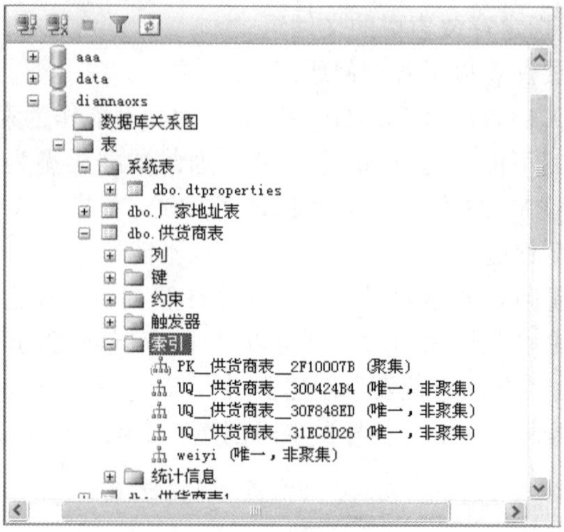

图 6.2　建好的索引界面

6.3　查看与修改索引

6.3.1　用 SSMS 查看、修改索引

在 SSMS 中选择数据库，要查看并修改索引的详细信息需要在所要查看的表上打开索引，选中建好的索引后右击，从弹出的快捷菜单中选择“编写索引脚本”命令，将出现如图 6.3 所示的索引 SQL 语句对话框。

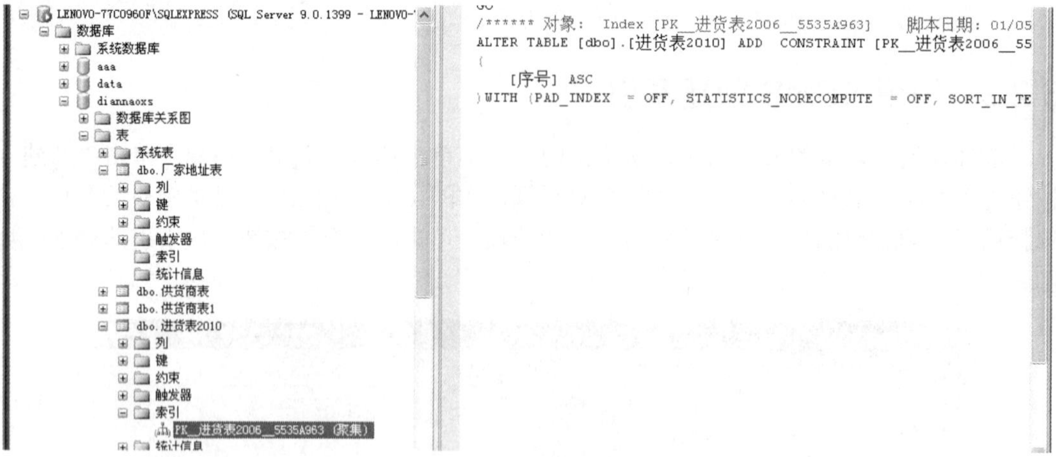

图 6.3　编辑索引界面

在图 6.3 所示的修改索引对话框中，可以修改索引的大部分设置。

6.3.2　用存储过程 sp_helpindex 查看索引

sp_helpindex 存储过程可以返回表的所有索引的信息，其语法如下：

```
sp_helpindex [@objname =] 'name'
```

其中[@objname =] 'name'子句指定当前数据库中的表的名称。

【例 6-1】 查看表“商品一览表”的索引。

```
exec sp_helpindex 商品一览表
```

运行结果如图 6.4 所示。

	index_name	index_description	index_keys
1	PK_商品一览表	clustered, unique, primary key located on PRIMARY	货号

图 6.4　查看表“商品一览表”的索引

6.3.3　用存储过程 sp_rename 更改索引名称

更改“商品一览表”中的索引 index_huomingguige 名称为 index1：

```
exec sp_rename '商品一览表.index_huomingguige',' index1', 'index'
```

执行完毕后，索引更名为 index1。

6.4　删 除 索 引

6.4.1　用 SSMS 删除索引

在 SSMS 中，可以选择要删除的索引右击，再从弹出的快捷菜单中选择“删除”命令来删除索引。

6.4.2　用 DROP INDEX 命令删除索引

DROP INDEX 命令可以删除一个或多个当前数据库中的索引。其语法如下：

```
DROP INDEX 'tablename.indexname' [,...n]
```

DROP INDEX 命令不能删除由 CREATE TABLE 或 ALTER TABLE 命令创建的 PRIMARY KEY 或 UNIQUE 约束索引，也不能删除系统表中的索引。

【例 6-2】 删除表“商品一览表”中的索引 index1。

```
DROP INDEX 商品一览表.index1
```

6.5　设 计 索 引

索引的有无、建立方式的不同将会导致不同的查询效果，选择什么样的索引基于用户对数据的查询条件，这些条件体现于 WHERE 子句和 join 表达式中。一般来说，建立索引的思路如下。

(1) 主键时常作为 WHERE 子句的条件，应在表的主键列上建立聚集索引，尤其当经常用它作为连接的时候。

(2) 有大量重复值且经常有范围查询和排序、分组发生的列，或者非常频繁地被访问的列，可考虑建立聚集索引。

(3) 经常同时存取多列，且每列都含有重复值可考虑建立复合索引来覆盖一个或一组查询，并把查询引用最频繁的列作为前导列(位于最左侧的字段)。

(4) 如果知道索引键的所有值都是唯一的，那么确保把索引定义成唯一索引。

(5) 在一个经常做插入操作的表上建索引时，使用 FILLFACTOR(填充因子)来减少页分裂，同时提高并发度降低死锁的发生。如果在只读表上建索引，则可以把 FILLFACTOR 置为 100。

(6) 在选择索引列时，设法选择那些采用小数据类型的列以使每个索引页能够容纳尽可能多的索引列和指针，通过这种方式，可使一个查询必须遍历的索引页面降到最小。此外，尽可能使用整数类型的字段作为列值，因为它能够提供比任何数据类型都快的访问速度。

(7) 在下面一些情况下是不应该使用索引的：

- 如果索引总是不能被优化程序使用；
- 如果返回的记录数高于总记录数的 10%～20%；
- 如果该列只有一个、两个或三个不同的取值；
- 如果被索引的列较长(多于 20 个字节)；
- 如果维护索引的开销超过了建立索引的价值。

6.6 索引的维护

不合适的索引会影响到 SQL Server 的性能,随着应用系统的运行,数据不断地发生变化,当数据变化达到某一程度时将会影响到索引的使用。这时需要用户自己来维护索引。索引的维护包括以下内容。

1. 重建索引

随着数据行的插入、删除和数据页的分裂，有些索引页可能只包含几页数据，另外应用在执行大块 I/O 时，重建非聚集索引可以降低分片，维护大块 I/O 的效率。下面情况下需要重建索引。

(1) 数据和使用模式大幅度变化。

(2) 排序的顺序发生改变。

(3) 要进行大量插入操作或已经完成。

(4) 使用大块 I/O 的查询的磁盘读次数比预料的要多。

(5) 由于大量数据修改，使得数据页和索引页没有充分使用而导致空间的使用超出估算。

当重建聚集索引时，这张表的所有非聚集索引将被重建。

2. 索引统计信息的更新

当在一个包含数据的表上创建索引时，SQL Server 会创建分布数据页来存放有关索引的两种统计信息：分布表和密度表。优化器利用这个页来判断该索引对某个特定查询是否有用。但这个统计信息并不动态地重新计算。这意味着，当表的数据改变之后，统计信息有可能是过时的，从而影响优化器追求最优工作的目标。因此，在下面情况下应该运行 update statistics 命令：

(1) 数据行的插入和删除修改了数据的分布。

(2) 对用 truncate table 删除数据的表上增加数据行。

(3) 修改索引列的值。

实践表明，不恰当的索引不但于事无补，反而会降低系统的执行性能。因为大量的索引在插入、修改和删除操作时要比没有索引花费更多的系统时间。

6.7　实训要求与习题

实训要求

(1) 理解索引的含义、索引的作用以及索引的分类。

(2) 会使用企业管理器创建、管理索引。

(3) 掌握创建索引的 SQL 语句，认真完成【实训项目 6-1】的操作并理解语句中的各选项的意义。

(4) 在“2011 销售表”的“货号”和“货名”列上建立一个非聚集、非唯一索引。

(5) 在“2011 销售表”中多添加一些记录(最好能到上万条，记录越多，效果越明显)，然后查询一下货号为“1001”并且货名为“计算机”的记录。删除(4)题中添加的索引，再执行一下相同的查询，看一下两次查询的速度有什么不同。

练习题

(1) 在 SQL Server 的数据库中按存储结构的不同将索引分为两类：__________和_________。

(2) 在使用 Create Index 语句创建聚集索引时，需要使用的关键字是___________；建立唯一索引的关键字是_________。

(3) 查看索引使用系统存储过程___________；为索引更改名字使用系统存储过程__________。

(4) 下列(　　)的索引总要对数据进行排序。

A. 聚集索引　　B. 非聚集索引　　C. 组合索引　　D. 唯一索引

(5) 一个表最多允许拥有(　　)个非聚集索引。

A. 一个　　B. 249 个　　C. 250 个　　D. 没有限制

(6) 一个组合索引最多可包含(　　)列。

A. 2　　B. 4　　C. 8　　D. 16

(7) 简单描述一下索引的作用。

(8) 聚集索引和非聚集索引有何不同?

(9) 什么情况下，不适合使用索引?

(10) 什么情况下需要重建索引?

(11) 写出在“员工表”中“姓名”和“部门”两列上创建唯一索引的语句，该索引填充因子为 80，创建时忽略重复的值。

第 7 章　T-SQL 程序设计、自定义类型、函数和游标

学习目的与要求

程序设计流程语句、自定义数据类型、自定义函数和游标是数据库的重要组成部分。程序设计流程语句包括顺序、选择、循环结构的控制语句，是数据库应用程序设计的基础。自定义数据类型和自定义函数可实现对基本数据类型及数据处理函数的扩充，丰富数据库的数据类型及信息处理功能。游标则提供了对数据库中的数据灵活处理的方式，可实现对数据信息进行复杂处理的功能。通过本章学习，读者应掌握如何用流程控制语句设计程序，掌握自定义数据类型和自定义函数的创建、编辑修改与应用，理解游标的意义，掌握游标的创建与使用。

实训项目

【实训项目 7-1】～【实训项目 7-10】用 T-SQL 语句、自定义类型、函数和游标创建完整的“员工信息”视图、“进货提示”视图；创建“员工表”“员工 ID”字段类型、“供货商表”“账户”字段类型；定义根据出生日期求当前年龄的函数、求平均进货价格的函数、常用货币格式的函数并使用自定义函数查询“销售表 2011”的信息；使用游标查看统计“员工信息”视图信息、显示不同的进货提示信息。

7.1　批处理、脚本、注释与变量

7.1.1　批处理的概念

批处理就是一个或多个相关 SQL 语句的集合，用 GO 语句作为批处理的结束标志。若没有 GO 语句，默认所有的语句属于一个批处理。

SQL Server 的程序发送和编译以批处理为一个程序执行单元。如果一个批处理中任何一个语句有**语法错误**(例如引用不存在的对象)，则整个批处理都不能执行；若只是批处理中的某个语句有**执行错误**(例如违反约束)，则该语句不能执行，其他语句仍可以正常执行。

编写 SQL 语句的注意事项如下。

- CREATE DEFAULT 创建默认值、CREATE RULE 创建规则、CREATE VIEW 创建视图、CREATE PROCEDURE 创建存储过程、CREATE TRIGGER 创建触发器对象等，都必须单独作为一个批处理，不能与其他语句放在一个批处理中。
- 不能创建定义 CHECK 检查约束后在同一个批处理中马上使用这个约束。
- 不能把默认值或规则对象绑定到字段或自定义类型上以后，在同一个批处理中马上使用它们。

- 不能在修改一个字段的名字之后马上在同一个批处理中使用新字段名。
- 在一个批处理中定义的局部变量只在该批处理中有效，不能用于其他批处理。
- 批处理结束语句 GO 必须单独一行，可在其后使用注释。
- 如果批处理第一个语句是执行存储过程，则语句开头的 EXECUTE 关键字可以省略，否则不允许省略，可以使用简写 EXEC。

7.1.2 SQL 脚本文件

脚本就是包含一个或多个批处理的程序文件。

我们可以把创建、维护、使用数据库的有关操作步骤——含有一个或多个批处理的代码模块存放到磁盘上作为一个脚本文件，既可以重复使用，也可以在不同计算机上传递。

脚本可以在查询分析器中输入、创建、保存、打开并通过 ISQLW 实用程序执行，也可以在 DOS 命令行中通过 ISQL 或 OSQL 实用程序来执行。

7.1.3 SQL 语句的注释

注释是程序的说明或暂时禁止使用的语句而不被执行，使用注释可以使程序清晰可读，有助于以后的管理维护。

SQL Server 支持行内注释和块注释两种方式。

1. 行内注释

格式：-- 注释内容

以两个减号开始直到本行结束的全部内容都被认为是注释内容。

行注释可以单独一行，也可以跟在 SQL 语句之后，注释内容中还可以有双减号(允许嵌套)，双减号之后也可以没有内容。

2. 块注释

格式： /* 注释内容 */

以“/*”开始不论多少行，直到“*/”之间的所有文字都被作为注释内容。

块注释可以从一行开头开始，也可以跟在 SQL 语句之后开始，注释内容中还可以有“/*”字符组合，也可以有单个“*”、“/”字符，但不能有“*/”组合(不允许嵌套)，中间可以没有注释内容。

【例 7-1】 注释的使用。

```
/*脚本文件名：SQL8-1.sql
  编写日期：2005 年 8 月 14 日  星期日
  功能：查询 2011 年全部或某个月份销售商品数量和相应的营业员*/
USE diannaoxs  -- 打开数据库
GO           /* 一个批处理结束 */
SELECT  序号，销售日期，货名，数量，销售员  FROM  销售表 2011
-- WHERE 销售日期 beteen '2011/3/1' and '2011/4/1'
-- 上一句去掉注释号可查询 3 月份销售记录，否则查询全年
GO
```

7.1.4　局部变量与全局变量

T-SQL 的变量分为局部变量和全局变量两大类。

1. 局部变量(用户自定义变量)

局部变量一般用于临时存储各种类型的数据，以便在 SQL 语句之间传递。例如作为循环变量控制循环次数，暂时保存函数或存储过程返回的值，也可以使用 table 类型代替临时表临时存放一张表的全部数据。

(1) 用 DECLARE 语句声明定义局部变量。

语法格式：DECLARE　{ @变量名　数据类型[(长度)]　} [，…n]

- 局部变量必须以@开头以区别字段名变量。
- 变量名必须符合标识符的构成规则。
- 变量的数据类型可以是系统类型，也可以是用户自定义类型，但不允许是 text、ntext、image 类型。
- 系统固定长度的数据类型不需要指定长度。

【例 7-2】 变量的定义。

```
DECLARE  @name  char(6)              -- 定义@name 长度为 6 的字符型
DECLARE  @家庭住址  varchar(30)      -- 定义长度为 30 的变长字符型
DECLARE  @r  int ,  @s  decimal(8.4)
-- 定义@r 为整型，@s 为小数总长度 8 位，其中小数 4 位
```

(2) 用 SET、SELECT 给局部变量赋值。

语法格式：SET　@局部变量=表达式

　　　　　SELECT　{ @局部变量=表达式 } [，…n]

- SET 只能给一个变量赋值，而 SELECT 可以给多个变量赋值。
- 两种格式可以通用，建议首选使用 SET，而不推荐使用 SELECT 语句。
- 表达式中可以包含 SELECT 语句子查询，但只能是集合函数返回的单值。且必须用圆括号括起来。
- SELECT 也可以直接使用查询的单值结果给局部变量赋值。 如：
  SELECT　@局部变量=表达式或字段名　FROM 表名　WHERE 条件

(3) 用 PRINT、SELECT 显示局部变量的值。

语法格式：PRINT　表达式

　　　　　SELECT 表达式 [，…n]

- 使用 PRINT 必须有且只能有一个表达式，其值在查询分析器的“消息”子窗口显示。
- 使用 SELECT 实际是无数据源检索格式，可以有多个表达式，其结果是按数据表的格式在查询分析器的“网格”子窗口显示，若不指定别名显示标题“(无名列)”。
- 在一个程序脚本中，最好不要混用这两种输出方式，因为“消息”和“网格”子窗口不能同时显示，必须进行切换。

【例 7-3】 自定义局部变量的使用

```
USE diannaoxs
DECLARE  @date  varchar(15),  @日期  varchar(15)
SET  @date= getdate()                   -- 也可使用 SELECT
SELECT  @日期='当前日期为: '     -- 也可使用 SET
PRINT  @日期+ @date                    -- 不能用 PRINT @日期, @date
PRINT  ''                               -- 输出空串可以空行
SET  @date=(SELECT  MAX(销售日期)  FROM 销售表 2011 )
PRINT  '2011 年最后销售日期为: '+ @date
GO
```

运行结果如图 7.1 所示。

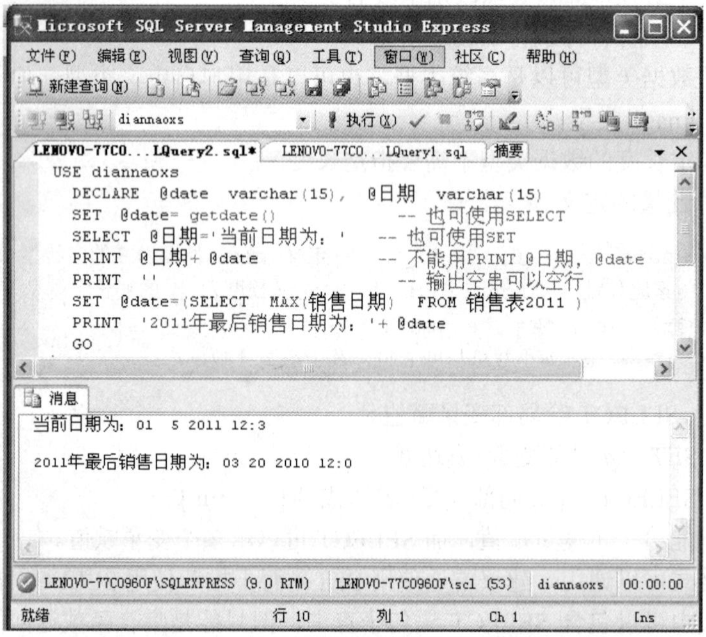

图 7.1 使用 PRINT 在“消息”子窗口输出表达式的值

若将例题中的输出显示改用 SELECT 语句:

```
USE diannaoxs
DECLARE  @date  varchar(15),  @日期  varchar(15)
SET  @date=GETDATE()               -- 也可使用 SELECT
SELECT  @日期='当前日期为: '    -- 也可使用 SET
SELECT  @日期+ @date               -- 显示为一列
SET  @date=(SELECT MAX(销售日期)  FROM 销售表 2011  )
SELECT  '2011 年最后销售日期为: '+ @date      -- 显示为一列
SELECT  '2011 年最后销售日期为: ' , @date      -- 显示为两列
GO
```

运行结果如图 7.2 所示。

如果混用 PRINT 和 SELECT 这两种输出方式，必须在“消息”和“网格”子窗口中

切换查看。

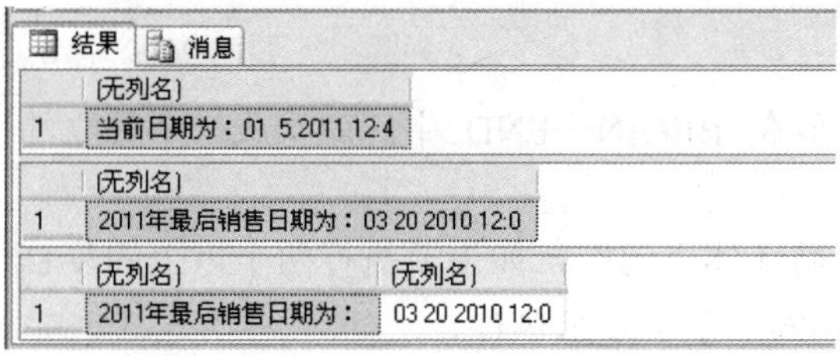

图 7.2　使用 SELECT 在“网格”子窗口输出表达式的值

(4) 局部变量的作用域。

局部变量的作用域是在一个批处理、一个存储过程或一个触发器内，其生命周期从定义开始到它遇到的第一个 GO 语句或者到存储过程、触发器的结尾结束，即局部变量只在当前的批处理、存储过程、触发器中有效。

如果在批处理、存储过程、触发器中使用其他批处理、存储过程、触发器定义的变量，则系统出现错误并提示“必须声明变量”。

2．全局变量(系统定义的无参函数)

全局变量是由系统提供的有确定值的变量，用户不能自己定义全局变量，也不能用 SET 语句来修改全局变量的值，只可使用全局变量的值。

系统提供的全局变量都是以@@开头的，全局变量实际上是一些特殊的不需要参数、也不需要加括号调用的函数，可直接返回特定的值。

例如：

@@error：其值为最后一次执行错误的 SQL 语句产生的错误代码

@@max_connections：其值为 SQL Server 允许多用户同时连接的最大数

@@connections：SQL Server 最近一次启动后已连接或尝试连接的次数

@@version：本地 SQL Server 服务器的版本信息

@@cursor_rows：得到已打开的游标中当前存在的记录行数

@@FETCH_STATUS：得到游标的当前状态

其他全局变量或特殊函数可参阅联机丛书。

7.2　T-SQL 流程控制语句

流程控制语句是控制程序执行的命令，比如条件控制语句、无条件控制语句、循环语句等，可以实现程序的结构性和逻辑性，以完成比较复杂的操作。

7.2.1　BEGIN...END 语句块

语法格式：

```
BEGIN
    语句 1
```

```
    语句 2
    …
END
```

不论多少个语句，放在 BEGIN…END 中间就构成一个独立的语句块，被系统当作一个整体单元来处理。

条件的某个分支或循环体语句中，如果要执行两个以上的复合语句，则必须将它们放在 BEGIN…END 中间作为一个单元来执行。

7.2.2 IF...ELSE 条件语句

语法格式：

```
IF  逻辑条件表达式
    语句块 1
[ ELSE
    语句块 2 ]
```

- IF 语句执行时先判断逻辑条件表达式的值(只能取 TRUE 或 FLASE)，若为真则执行语句块 1，为假则执行语句块 2，没有 ELSE 则直接执行后继语句。
- 条件表达式中可以包含 SELECT 子查询，但必须用圆括号括起来。
- 语句块 1、语句块 2 可以是单个 SQL 语句，如果有两个以上语句必须放在 BEGIN…END 语句块中。

【例 7-4】 根据“商品一览表”，如果有库存量小于 40 的商品则显示该商品清单并提示进货，否则显示：“库存量都超过 40，暂时不需要进货”。

```
USE diannaoxs
GO
IF  exists( SELECT  *  FROM 商品一览表 WHERE 库存量<40)
   BEGIN
      SELECT 货号，货名，库存量 FROM 商品一览表 WHERE 库存量<40
      SELECT '数量<40，需要考虑进货'
   END
ELSE
   PRINT  '库存量都超过 40，暂时不需要进货'
```

运行结果如图 7.3 所示。

	货号	货名	库存量
1	1001	计算机	23
2	1002	计算机	6
3	1003	计算机	10
4	2001	显示器	26
5	2002	显示器	23
6	3002	CPU处理器	0

	(无列名)
1	数量<40，需要考虑进货

图 7.3 使用 IF 语句显示需要进货提示(1)

或者：

```
IF  exists( SELECT  *  FROM 商品一览表 WHERE 库存量<40)
   SELECT 货号, 货名, 库存量, 提示= '需要考虑进货'
       FROM 商品一览表 WHERE 库存量<40
ELSE
   PRINT  '库存量都超过 40，暂时不需要进货'
```

运行结果如图 7.4 所示。

	货号	货名	库存...	提示
1	1001	计算机	23	需要考虑进货
2	1002	计算机	6	需要考虑进货
3	1003	计算机	10	需要考虑进货
4	2001	显示器	26	需要考虑进货
5	2002	显示器	23	需要考虑进货
6	3002	CPU处理器	0	需要考虑进货

图 7.4　使用 IF 语句显示需要进货提示(2)

7.2.3　CASE 表达式

CASE 表达式可以根据不同的条件返回不同的值，CASE 不是独立的语句，只用于 SQL 语句中允许使用表达式的位置。

1．简单 CASE ... END 表达式

语法格式：

```
CASE  测试表达式
    WHEN 常量值 1  THEN  结果表达式 1
    [ { WHEN 常量值 2  THEN  结果表达式 2 }
       [ …n ]
    ]
    [ ELSE  结果表达式 n ]
END
```

功能：根据测试表达式的值得到一个对应值。

执行过程：先计算测试表达式的值，将测试表达式的值按顺序依次与 WHEN 指定的各个常量值进行比较。

- 如果找到了第一个相等的常量值，则整个 CASE 表达式取相应 THEN 指定的结果表达式的值，之后不再比较，跳出 CASE … END；
- 如果找不到相等的常量值，则取 ELSE 指定的结果表达式 n；
- 如果找不到相等的常量值也没有使用 ELSE，则返回 NULL。

【实训项目 7-1】创建完整的“员工信息”视图

创建一个完整的“员工信息”视图，按正常习惯显示“员工表”性别为“男”或“女”。以后对员工信息的查询就可以使用该视图。

```
CREATE VIEW  员工信息
  AS
```

```
SELECT 员工 ID, 姓名,
    性别= CASE  性别
            WHEN  1  THEN  '男'
            WHEN  0  THEN  '女'
         END  ,      --性别字段到此结束，后面还有字段，逗号不能丢
    出生日期= Convert(varchar(12), 出生日期, 111),
    年龄=year(getdate())-year(出生日期), 部门,
    工作时间= Convert(varchar(12), 工作时间, 111),
    工龄=cASt((year(getdate())-year(工作时间)) AS varchar(6))+'年',
    照片, 个人简历   FROM 员工表
GO
SELECT  *  FROM  员工信息       -- 查看“员工信息”视图
```

可见 CASE...END 只是表达式的一个值。运行结果如图 7.5 所示。

	员工ID	姓名	性...	出生日期	年...	部门	工作时间	工龄	照片	个人简历
1	11001	吕川页	男	1963/03/07	48	办公室	1985/02/06	26年	NULL	NULL
2	22001	郑学敏	女	1969/11/23	42	办公室	1994/07/01	17年	NULL	NULL
3	22002	于 丽	女	1980/12/05	31	材料处	2002/02/15	9年	NULL	NULL
4	22003	孙立华	男	1979/05/04	32	材料处	2001/09/09	10年	NULL	NULL
5	33001	高宏	男	1982/09/29	29	销售科	2001/06/01	10年	NULL	NULL
6	33002	章晓晓	女	1980/11/01	31	销售科	2000/05/30	11年	NULL	NULL
7	33003	陈刚	男	1979/06/30	32	销售科	2003/11/01	8年	NULL	NULL

图 7.5　使用简单 CASE 表达式创建的“员工信息”视图

2. 搜索 CASE ... END 表达式

语法格式：

```
CASE
    WHEN 条件表达式 1  THEN  结果表达式 1
    [ { WHEN 条件表达式 2  THEN  结果表达式 2 }
      [ …n ]
    ]
    [ ELSE  结果表达式 n ]
END
```

功能：根据某个条件得到一个对应值。

注意：搜索 CASE 表达式与简单 CASE 表达式的语法区别是 CASE 后没有测试表达式，WHEN 指定的不是常量值而是条件表达式。

执行过程：

- 按顺序依次判断 WHEN 指定条件表达式的值，遇到第一个为真的条件表达式，则整个 CASE 表达式取对应 THEN 指定的结果表达式的值，之后不再比较，结束并跳出 CASE … END 循环。
- 如果找不到为真的条件表达式，则取 ELSE 指定的结果表达式 n。
- 如果找不到为真的条件表达式也没有使用 ELSE，则返回 NULL。

【实训项目 7-2】创建“进货提示”视图

按库存量多少创建一个“进货提示”视图，根据最低进货价格显示不同的进货提示信息。注意 CASE 表达式中条件的设置。

先根据【实训项目 5-11】创建的“进货信息视图”，创建一个显示商品与进货厂家关系的视图“进货厂家视图”。

再将“商品一览表”与“进货厂家视图”通过左外连接得到一个“进货提示视图”。

```
CREATE VIEW  进货厂家视图
  AS
  SELECT  货号, 进货厂家, 最低进价=min(单价)
        FROM 进货信息视图  Group By 货号, 进货厂家
GO
CREATE VIEW  进货提示视图     -- 创建视图不能使用 ORDER BY 排序
  AS
  SELECT  s.货号, 货名, 规格, 库存量, 最低进价, 进货厂家,
     提示信息= CASE
                 WHEN  库存量>=50  THEN  '货源充足，不需考虑'
                 WHEN  库存量>=20  THEN  '可以维持，以后再说'
                 WHEN  库存量>=10  THEN  '已经不多，准备进货'
                 WHEN  库存量>0    THEN  '马上缺货，抓紧进货！'
                 WHEN  库存量=0    THEN  '已经缺货，马上进货！'
               END
     FROM 商品一览表 s  left  join  进货厂家视图 j  ON  s.货号=j.货号
GO
SELECT  *  FROM  进货提示视图         -- 查看“进货提示视图”
     ORDER  BY 库存量                 -- 查询视图时可以排序
```

运行结果如图 7.6 所示。

	货号	货名	规格	库存...	最低进...	进货厂家	提示信息
1	3002	CPU处理器	SY8800	0	NULL	NULL	已经缺货，马上进货！
2	1002	计算机	LX	6	5180.00	北京联想科技股份有限公司	马上缺货，抓紧进货！
3	1003	计算机	FZ	10	4950.00	山东省浪潮集团公司销售公司	已经不多，准备进货
4	2002	显示器	17	23	1060.00	上海电脑市场器材销售中心	可以维持，以后再说
5	1001	计算机	LC	23	5180.00	北京联想科技股份有限公司	可以维持，以后再说
6	1001	计算机	LC	23	5300.00	山东省浪潮集团公司销售公司	可以维持，以后再说
7	1001	计算机	LC	23	5250.00	上海科大计算机技术服务公司	可以维持，以后再说
8	2001	显示器	15	26	860.00	北京方正电脑有限公司	可以维持，以后再说
9	3001	CPU处理器	P4	43	350.00	北京方正电脑有限公司	可以维持，以后再说
10	3001	CPU处理器	P4	43	350.00	上海电脑市场器材销售中心	可以维持，以后再说
11	4001	内存储器	256	70	185.50	山东省浪潮集团公司销售公司	货源充足，不需考虑
12	4002	内存储器	512	80	280.50	北京联想科技股份有限公司	货源充足，不需考虑
13	4002	内存储器	512	80	280.50	山东省浪潮集团公司销售公司	货源充足，不需考虑

图 7.6　使用搜索 CASE 表达式创建的“进货提示视图”

也可以使用如下语句将范围缩小到“库存量<50”：

```
SELECT  *  FROM  进货提示视图        -- 查看“进货提示视图”
   WHERE 库存量<50  ORDER  BY 库存量
```

7.2.4 WAITFOR 暂停语句

语句格式：

```
WAITFOR  {  DELAY  '时间' | TIME  '时间'  }
```

语句功能：使程序暂停指定的时间后再继续执行。

- DELAY 指定暂停的时间长短——相对时间。
- TIME 指定暂停到什么时候再重新执行程序——绝对时间。
- “时间”参数必须是 datetime 类型的时间部分，格式为“hh:mm:ss”，不能含有日期部分。

【例 7-5】 使用 SELECT 语句的无数据源检索演示 WAITFOR 语句。

```
SELECT  程序开始的时间=GETDATE(),
        开始的时间秒数=DATEPART(SECOND, GETDATE())
GO
WAITFOR  DELAY  '00:00:20'   -- 延时 20 秒
SELECT  延时以后的时间=GETDATE(),
        延时后时间秒数=DATEPART(SECOND, GETDATE())
GO
```

运行结果如图 7.7 所示。

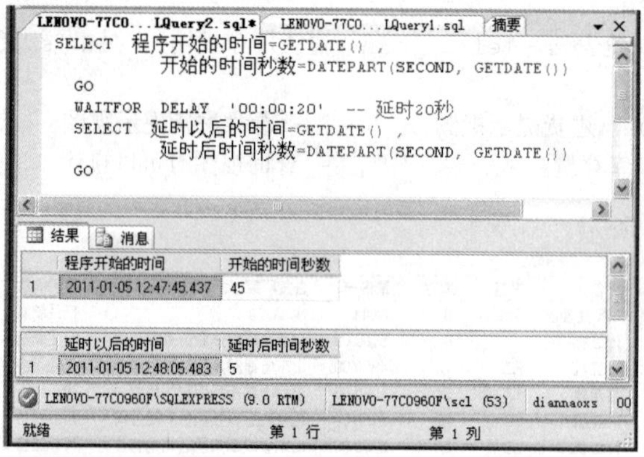

图 7.7 使用 WAITFOR 语句延时程序的执行

7.2.5 WHILE 循环语句

语法格式：

```
WHILE  逻辑条件表达式
    BEGIN
        循环体语句系列 ...
        [ BREAK ]
        ...
        [ CONTINUE ]
```

```
    ...
  END
```

执行过程：先计算判断条件表达式的值。

- 若条件为真则执行 BEGIN … END 之间的循环体语句系列，执行到 END 时返回到 WHILE 再次判断条件表达式的值。
- 若值为假(条件不成立)则直接跳过 BEGIN ... END 不执行循环。
- 若在执行循环体时遇到 BREAK 语句，则无条件跳出 BEGIN ... END 结束循环。
- 若在执行循环体时遇到 CONTINUE 语句，则结束本轮循环，不再执行之后的循环体语句，返回到 WHILE 再次判断条件表达式的值。

【例 7-6】 计算 1+2+3+…+100 的和。

```
DECLARE  @i  Int,  @sum  Int
SELECT  @i=1,  @sum =0                    -- 可以使用两个 SET 语句
WHILE  @i<=100
    SELECT @sum=@sum+@i,  @i=@i+1
       -- 此处若使用两个 SET 语句则必须放在 BEGIN … END 语句块中
PRINT  @sum
```

注意：循环体内只有一个语句可不用 BEGIN ... END，运行结果如图 7.8 所示。

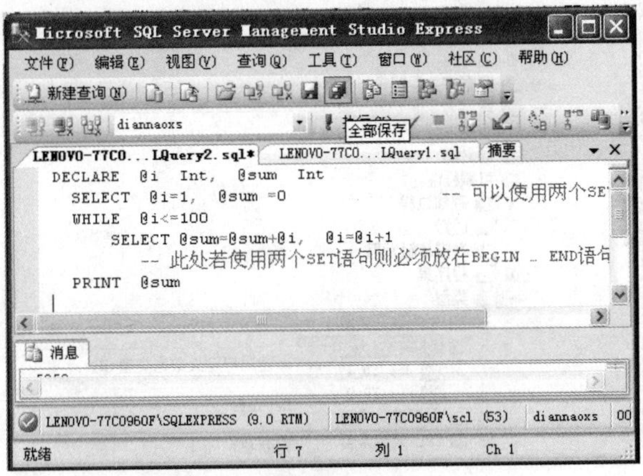

图 7.8 使用 WHILE 循环语句

7.3 用户自定义数据类型

用户自定义数据类型是 SQL Server 提供的一种使数据库的数据类型与基本数据类型保持一致性的机制，并不是创建一种新的数据类型，它只是在系统基本数据类型的基础上增加一些限制约束，绑定约束对象，以适应某些数据的需要。

自定义数据类型就是把基本数据类型、是否允许为空、约束规则、默认值对象等绑定在一起，可直接作为数据表的字段类型。

使用自定义数据类型的优点如下：

- 简化数据表对常用规则和默认值的管理；
- 使用 SELECT INTO 创建复制数据表时，原数据表字段上设置的规则和默认值不能被一起复制，而使用自定义类型则可以将这些规则、默认值与自定义数据类型作为一个整体复制到新的数据表中。

7.3.1 用 SSMS 创建编辑自定义数据类型

1. 在 SSMS 中创建自定义数据类型

【实训项目 7-3】创建数据类型代替“员工表”“员工 ID”字段类型

创建一种 char(5)类型、带有只允许 5 位数字的“职工编号”规则的数据类型 ID_1，代替“员工表”“员工 ID”的字段类型。

具体操作步骤如下。

(1) 在 SSMS 浏览器中展开创建自定义数据类型的数据库 diannaoxs。

(2) 展开数据库下的“可编程性”节点，展开“类型”节点，选中“用户定义数据类型”节点，在右键快捷菜单中选择“新建用户定义数据类型”命令，如图 7.9 所示，弹出“用户自定义数据类型属性”对话框。

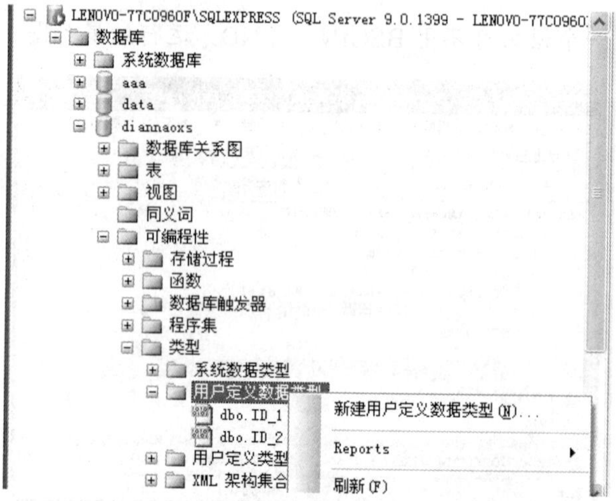

图 7.9 选择“新建用户定义数据类型”命令

- 在“名称”文本框中输入自定义数据类型的名称，默认为 ID_1。
- 在“数据类型”下拉列表框中选择所使用的基本数据类型 char。
- 如果允许为空，选中“允许 NULL 值”复选框，若不选择则不允许为空。
- 在“规则”下拉列表框中选择该类型所要绑定的规则“职工编号”。如果列表框中还没有规则，可定义数据类型后再单独创建规则，右击规则“属性”绑定到自定义类型上。
- 在“默认值”下拉列表框中选择该类型所要使用的默认值，若还没有定义默认值，可定义数据类型后再单独创建默认值并绑定到自定义类型上。

(3) 单击“确定”按钮，自定义类型创建完毕。

2．将自定义类型用于数据表字段类型

展开数据库的数据表对象，选中“员工表”后右击，在弹出的快捷菜单中选择“设计表”命令进入表设计器，单击“员工 ID”字段，在数据类型下拉列表框中可以找到自定义数据类型“ID_1”，选中它即可，如图 7.10 所示。

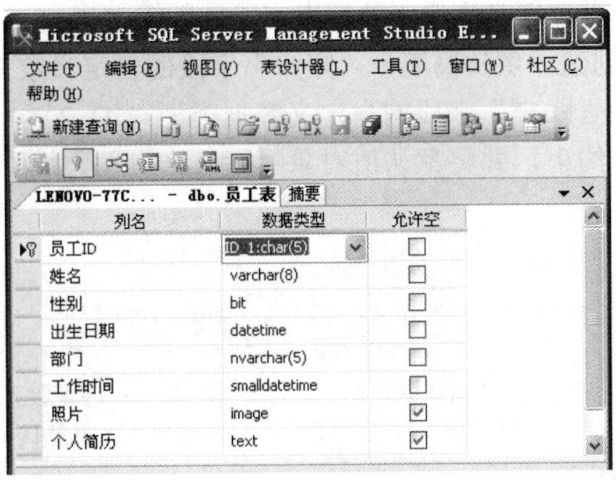

图 7.10　用户自定义数据类型 ID_1 修改员工表

3．查看、编辑、删除自定义数据类型

选中数据库下的“用户定义数据类型”节点，在右边详细信息窗口中显示所有用户自定义类型的信息。

- 右击，在弹出的快捷菜单中选择“属性”命令可对该自定义数据类型进行编辑修改。
- 右击，在弹出的快捷菜单中选择“删除”命令，在弹出的“除去对象”对话框中单击“全部除去”按钮即可删除该自定义数据类型。

注意： 如果用户自自定义数据类型已经被某个数据表使用，则该类型不能删除。

7.3.2　用 sp_addtype 创建自定义数据类型

语法格式：

```
[ EXECUTE ] sp_addtype [ @typename = ] 自定义类型名 ,
  [ @phystype = ] 系统数据类型名
  [, [ @nulltype = ] 'NULL'|'NOT NULL' ]   -- 默认 NULL
  [, [ @owner = ] '所有者名']
```

简单格式：

```
[ EXECUTE ] sp_addtype 自定义类型名 , 系统数据类型名
[ , 'NULL'|'NOT NULL'|'NONULL' ]
```

- 凡是包含带有长度“()”的系统数据类型，如 Char(9)必须使用单引号括起来。
- 用户自定义数据类型的命名必须唯一，不同名字可以定义相同的类型。

【例 7-7】 创建两个用户自定义数据类型表示不超过 24 个字符的变长字符类型，

telelephone 电话类型不允许空值，fax 传真类型允许空值。

```
EXEC sp_addtype telelephone , 'varchar(24)' , 'not null'
EXEC sp_addtype fax , 'varchar(24)' , 'null'
```

SQL Server 允许将默认值或规则对象绑定到自定义数据类型上，通过与默认值或规则配合，可直接使用自定义数据类型定义数据表字段的数据类型。

【实训项目 7-4】创建“供货商表”“账户”字段的自定义数据类型

创建“供货商表”“账户”字段的自定义数据类型“ID_2”，定义为 char(15)基本类型，不允许为空，唯一约束，并将默认值对象“默认账户”、规则对象“仅数字”绑定到该类型上。

```
USE diannaoxs
EXEC  sp_addtype ID_2 , 'char(15)' , 'not null'  -- 创建数据类型
GO
EXEC  sp_bindefault  '默认账户' ,  'ID_2'   -- 绑定默认值
EXEC  sp_bindrule  '仅数字', 'ID_2'        -- 绑定默认值
GO
ALTER  TABLE 供货商表                      -- 修改字段类型
   ALTER  column  账户  ID_2  not null
ALTER  TABLE 供货商表                      -- 添加字段约束
   ADD  constraint  weiyi  unique(账户)
```

7.3.3 用 sp_droptype 删除自定义数据类型

语法格式：

```
[ EXECUTE ] sp_droptype 自定义数据类型名
```

如果用户自定义数据类型正被某表中的某列使用，则不能立即删除它，必须首先删除使用该数据类型的表再删除自定义数据类型。

7.4 用户自定义函数

SQL Server 2005 允许用户自己定义所需要的函数。

SQL Server 2005 支持三种用户自定义函数，即标量函数、内嵌表值函数和多语句表值函数。本书只介绍标量函数(单数值函数)。

7.4.1 用 CREATE FUNCTION 创建自定义函数

语法格式：

```
CREATE  FUNCTION  [所有者名称.]函数名
   [ ( {@参数名称 [AS]  数据类型 [=默认值] } [ , …n ] ) ] RETURNS 返回值类型
   [AS]
   BEGIN
```

```
        函数体 SQL 语句
        RETURN 数值表达式
    END
```

说明：

- 自定义函数必须在当前数据库中定义。
- 函数名：必须符合标识符构成规则，在数据库中名称必须唯一，省略所有者名称默认为系统管理员 dbo。
- @参数名称：用局部变量定义的形式参数，用于接收调用函数时传递过来的参数。
- 默认值必须是常量，如果设定了默认值则调用函数时若不提供参数，形式参数自动取默认值。
- RETURNS 指定返回值类型，RETURN 指定返回值，注意这两个关键字的区别。
- 自定义函数的调用与系统标准函数的调用相同，但必须写出“所有者名称.函数名”并在圆括号内给出参数。

【例 7-8】 定义一个根据出生日期求指定年份对应年龄的函数。

在数据库 diannaoxs 中创建一个名为“相对年龄”的用户自定义函数，根据员工的“出生日期”和“指定年份”计算员工到指定年份时的年龄。

```
USE  diannaoxs
GO
CREATE  FUNCTION  相对年龄  ( @出生年月 Datetime, @defyear  int)
    RETURNS  int
    AS
    BEGIN
        RETURN  @defyear-year(@出生年月)
    END
GO
```

如果在“员工表”中查询到 2008 年小于 30 岁的员工，则可使用以下代码：

```
SELECT 姓名, 出生日期, 到 2008 的年龄=dbo.相对年龄(出生日期, 2008)
    FROM  员工表  WHERE  dbo.相对年龄(出生日期, 2008)<30
```

注意：函数名前默认的所有者名称 dbo 不能省略，运行结果如图 7.11 所示。

	姓名	出生日期	到2008的年龄
1	于 丽	1980-12-05 00:00:00.000	28
2	孙立华	1979-05-04 00:00:00.000	29
3	高宏	1982-09-29 00:00:00.000	26
4	章晓晓	1980-11-01 00:00:00.000	28
5	陈刚	1979-06-30 00:00:00.000	29

图 7.11 使用自定义函数查询到指定年份的年龄

【实训项目 7-5】定义根据出生日期求当前年龄的函数“当前年龄()”

```
CREATE  FUNCTION  当前年龄( @日期 Datetime, @当前日期 Datetime)
   RETURNS  varchar(6)
   BEGIN
     RETURN  year(@当前日期)-year(@日期)
   END
GO
SELECT 员工编号=员工 ID, 姓名,
        出生日期=Convert(varchar(12), 出生日期, 111),
        年龄=dbo.当前年龄(出生日期, getdate())+'岁', 部门,
        工作时间= Convert(varchar(12), 工作时间, 111),
        工龄=dbo.当前年龄(工作时间, getdate())+'年'
    FROM  员工表   WHERE  dbo.当前年龄(出生日期, getdate())>30
```

注意：

- 可以使用“当前年龄”函数求当前工龄。
- 返回值类型为 varchar(6)可以与字符串直接连接。
- 在自定义函数内部不允许使用 getdate()系统函数。

运行结果如图 7.12 所示。

	员工编号	姓名	出生日期	年龄	部门	工作时间	工龄
1	11001	吕川页	1963/03/07	48岁	办公室	1985/02/06	26年
2	22001	郑学敏	1969/11/23	42岁	办公室	1994/07/01	17年
3	22002	于 丽	1980/12/05	31岁	材料处	2002/02/15	9年
4	22003	孙立华	1979/05/04	32岁	材料处	2001/09/09	10年
5	33002	章晓晓	1980/11/01	31岁	销售科	2000/05/30	11年
6	33003	陈刚	1979/06/30	32岁	销售科	2003/11/01	8年

图 7.12　使用自定义函数查询当前年龄和当前工龄

【实训项目 7-6】定义求平均进货价格的自定义函数

定义求平均(加权平均)进货价格的自定义函数“平均价格()”。

“商品一览表”中的“平均进价”不是简单的平均值，而是求平均值(加权平均)得到的，当新进货添加进货记录时，只要给出原表中的“平均进价、库存量”、新的“进价、数量”就可以计算新的平均价格。

```
CREATE  FUNCTION  平均价格
    ( @原平均进价 Smallmoney, @库存 BigInt, @进价 Smallmoney, @数量 Int )
   RETURNS  Smallmoney
   BEGIN
     RETURN  (@原平均进价*@库存+@进价*@数量)/(@库存+@数量)
   END
```

输入以上代码，运行结果显示：命令已成功完成。

注意：在【实训项目 9-5】为“进货表 2011”创建触发器时，我们将使用该函数计算“商品一览表”的“平均进价”。

7.4.2　用 SQL 语句修改、删除自定义函数

1．使用 ALTER FUNCTION 语句修改自定义函数

ALTER FUNCTION 语句的语法与 CREATE FUNCTION 基本相同，随后我们将在 7.4.3 节中介绍用 SSMS 创建、修改自定义函数。在 SSMS 中修改自定义函数时，还可进行语法检查，比使用 ALTER FUNCTION 语句更方便，因此我们不再介绍 ALTER FUNCTION 语句的语法。

2．使用 DROP FUNCYION 语句删除自定义函数

语法格式：

```
DROP  FUNCYION  所有者名称.函数名称 [ , …n ]
```

使用 DROP FUNCYION 可一次删除多个自定义函数。

使用系统存储过程 sp_droptype 也可以删除自定义函数。

7.4.3　用 SSMS 创建编辑自定义函数

1．在 SSMS 中创建自定义函数

【实训项目 7-7】定义常用货币格式函数“货币格式()”

默认货币类型的数据显示 4 位小数，可以使用系统函数设定 2 位小数的输出格式，我们在 SSMS 中定义一个自定义函数完成该功能。具体步骤如下。

(1) 在 SSMS 对象浏览器中展开创建自定义函数的数据库。

(2) 展开数据库下的“可编程性”节点，展开“函数”节点，选中“标量值函数”，在弹出的快捷菜单中单击“新建标量值函数”命令。如图 7.13 所示。

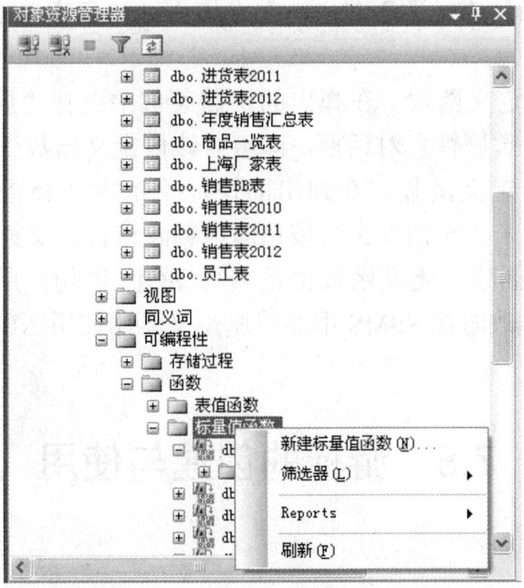

图 7.13　“新建标量值函数属性”对话框

(3) 自定义函数语句 CREATE FUNCTION 中可填入自定义函数的各个组成部分，包括所有者、函数名、参数列表、返回类型、函数体，如图 7.14 所示。

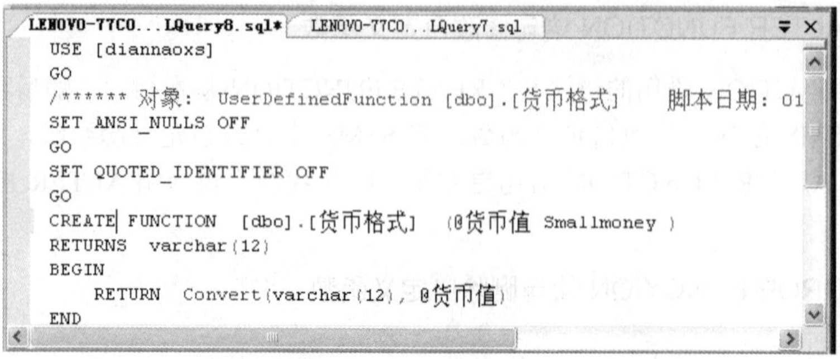

LENOVO-77C0...LQuery8.sql*
LENOVO-77C0...LQuery7.sql
USE [diannaoxs]
GO
/****** 对象: UserDefinedFunction [dbo].[货币格式]   脚本日期: 01
SET ANSI_NULLS OFF
GO
SET QUOTED_IDENTIFIER OFF
GO
CREATE FUNCTION [dbo].[货币格式] (@货币值 Smallmoney)
RETURNS varchar(12)
BEGIN
RETURN Convert(varchar(12), @货币值)
END

图 7.14 在“新建标量值函数属性”中输入函数定义内容

【实训项目 7-8】用自定义函数查询商品信息

使用自定义函数“货币格式()”查询“销售表 2011”销售数量大于 20 的商品信息。

```
SELECT 货名, 数量, 单价=dbo.货币格式(单价), 金额=dbo.货币格式(金额)
    FROM 销售表 2011  WHERE  数量>20
```

查询结果如图 7.15 所示。

	货名	数...	单价	金额
1	内存储器	30	335.50	10065.00
2	内存储器	25	320.00	8000.00
3	内存储器	25	320.00	8000.00

图 7.15 使用自定义函数查询“销售表 2011”

2. 在 SSMS 中查看、修改或删除自定义函数

选中数据库下的“标量值函数”节点，在右边详细信息窗口中显示所有用户自定义函数的信息。

(1) 右击要修改的自定义函数，在弹出的快捷菜单中选择“属性”命令，弹出创建时使用过的“用户自定义函数属性”对话框，即可对该自定义函数进行编辑修改。

(2) 右击要删除的自定义函数，在弹出的快捷菜单中选择“删除”命令，在出现的“除去对象”对话框中单击“全部除去”按钮即可删除该自定义数据类型。

实际上在 SSMS 中创建自定义函数也是书写 SQL 语句，所以创建自定义函数使用 SQL 语句比较方便，但修改时在 SSMS 中参照原定义要比使用 ALTER FUNCTION 方便，而且可以进行语法检查。

7.5 游标的创建与使用

7.5.1 游标的概念

SELECT 语句及其各个子句都是对数据表的整行(记录)、整列(字段)数据进行操作的，

用 SELECT 语句查询数据库得到的结果是若干行若干列的“结果集”——实际也是一张“表格”的形式，即使集合函数返回的单值也是对一张数据表的行、列综合操作的结果，而不是针对某个特定的数据项进行操作。

在我们实际需要中，尤其是在应用程序中，并不总是要把含有各种类型的“表格”作为一个单元进行处理，通常使用数组表示同种类型的某一“列”数据，使用结构体或记录类表示多个不同类型的某一“行”数据，使用结构体或记录数组可以表示一张表。

如何把数据表中的某一行、某一列的一个数据项从一个完整的表中提取出来呢？

我们可以通过定义游标实现这一功能。游标的主要用途就是在 T-SQL 脚本程序、存储过程、触发器中对 SELECT 语句返回的结果集进行逐行逐字段处理，把一个完整的数据表按行分开，一行一行的逐一提取记录，并从这一记录行中逐一提取各项数据。

游标与变量类似，必须先定义后使用。

游标的使用过程：定义声明游标 → 打开游标 → 从游标中提取记录并分离数据 → 关闭游标 →释放游标。

7.5.2 用 DECLARE 语句定义游标

1. 基于 SQL-92 标准的 DECLARE 语句

语法格式：

```
DECLARE  游标名  [ INSENSITIVE ] [ SCROLL ]  CURSOR
   FOR  SELECT 语句
   [ FOR  { READ  ONLY | UPDATA  [ OF 字段名 [ , …n]  ] } ]
```

说明：

- INSENSITIVE 表示定义游标时自动在系统的 tempdb 数据库中创建一个临时表来存储游标使用的数据，在游标使用过程中基表数据改变时不会影响游标使用的数据，但该游标的数据不允许修改。省略该项表示游标直接从基表中取得数据，即游标使用的数据将随基表数据的变化而动态变化。
- SCROLL 表示该游标可以在 FETCH 语句中任意指定数据的提取方式，省略该项表示该游标仅支持 NEXT 顺序提取方式。
- SELECT 语句指定该游标使用的结果集，但不允许使用 COMPUTE 或 INTO 子句。
- READ ONLY 表示只读，该游标中的数据不允许修改，即不允许在 UPDATE 或 DELETE 语句中引用该游标。
- UPDATA [OF 字段名[, …n]] 表示在该游标内可以更新基本表的指定字段，省略字段名列表表示可以更新所有字段。

2. T-SQL 中的 DECLARE 语句

SQL Server 2005 使用的 T-SQL 提供了扩展的游标声明语句，通过增加保留字加强了游标的功能。

T-SQL 的 DECLARE 语法格式：

```
DECLARE 游标名  CURSOR
   [ FORWARD_ONLY|SCROLL ] [ STATIC|KEYSET|DYNAMIC|FAST_ FORWARD ]
   [ READ_ONLY|OPTIMISTIC ] [ TYPE_WARNING ]
   FOR  SELECT 语句
   [ FOR UPDATE [ OF 字段名 [ , … n ] ] ]
```

说明：

- FORWARD_ONLY 指定该游标为顺序结果集，只能用 NEXT 向后方式顺序提取记录。
- SCROLL 指定该游标为滚动结果集，可以使用向前、向后、定位方式提取记录。
- STATIC 与 INSENSITIVE 含义相同，在系统 tempdb 数据库中创建临时表存储游标使用的数据，即游标不会随基本表内容而变化，同时也无法通过游标来更新基本表。
- KEYSET 指定游标中列的顺序是固定的，并且在 tempdb 内建立一个 KEYSET 表，基本表数据修改时能反映到游标中。如果基本表添加符合游标的新记录时该游标无法读取(但其他语句使用 WHERE CURRENT OF 子句可对游标中新添加的记录数据进行修改)。如果游标中的一行被删除掉，则用游标提取时 @@FETCH_STATUS 的返回值为-2。
- DYNAMIC 指定游标中的数据将随基本表而变化，但需要大量的游标资源。
- FAST_FORWARD 指定 FORWARD_ONLY 而且 READ_ONLY 类型游标。使用 FAST_FORWARD 参数则不能同时使用 FORWARD_ONLY、SCROLL、OPTIMISTIC 或 FOR UPDATE 参数。
- OPTIMISTIC 指明若游标中的数据已发生变化，则对游标数据进行更新或删除时可能会导致失败。
- TYPE_WARNING 指定若游标中的数据类型被修改成其他类型时，给客户端发送警告。
- 若省略 FORWARD_ONLY|SCROLL 则不使用 STATIC、KEYSET 和 DYNAMIC 时默认为 FORWARD_ONLY 游标，使用 STATIC、KEYSET 或 DYNAMIC 之一则默认为 SCROLL 游标。
- 若省略 READ_ONLY|OPTIMISTIC 参数，则默认选项为：
  - 如果未使用 UPDATE 参数不支持更新，则游标为 READ_ONLY;
  - STATIC 和 FAST_FORWARD 类型游标默认为 READ_ONLY;
  - DYNAMIC 和 KEYSET 类型游标默认为 OPTIMISTIC。

注意：

- 不能将 SQL-92 游标语法与 MS SQL Server 游标的扩展语法混合使用。
- 若在 CURSOR 前使用了 SCROLL 或 INSENSITIVE 则为 SQL-92 游标语法，则不能再在 CURSOR 和 FOR SELECT 语句之间使用任何保留字，反之同理。

7.5.3　用 OPEN 语句打开游标

语法格式：

```
OPEN  [GLOBAL]  游标名
```

语句功能：打开指定的游标。

如果全局游标与局部游标同名时，GLOBAL 表示打开全局游标，省略为打开局部游标。

用 DECLARE 定义的游标，必须打开以后才能对游标中的结果集进行处理。就是说 DECLARE 只声明了游标的结构格式，打开游标才执行 SELECT 语句得到游标中的结果集。

打开游标后，可以使用全局变量(系统的无参函数)@@ERROR 判断该游标是否打开成功。@@ERROR 为 0 则打开成功，否则打开失败。

使用@@CURSOR_ROWS 可得到打开游标中当前存在的记录行数，其返回值为：

- 0：表示无符合条件的记录或该游标已经关闭或已释放。
- -1：表示该游标为动态的，记录行经常变动无法确定。
- n：正整数 n 表示指定的结果集已从表中全部读入，总共 n 条记录。
- -m：表示指定的结果集还没全部读入，目前游标中有 m 条记录。

7.5.4　用 FETCH 语句从游标中提取数据

语法格式：

```
FETCH  [ next|prior|first|last|absolute {n|@nvar} | relative {n|@nvar} ]
   FROM  [GLOBAL]  游标名 [ INTO  @变量名 [ , …n ]  ]
```

说明：

- 在游标内有一个游标指针 CURSOR 指向游标结果集的某个记录行——称为当前行，游标刚打开时 CURSOR 指向游标结果集第一行之前。
- FETCH 之后的参数为提取记录的方式，可以是以下方式之一。
  - next 顺序向下提取当前记录行的下一行，并将其作为当前行。第一次对游标操作时取第一行为当前行，处理完最后一行，再用 FETCH NEXT 则 CURSOR 指向结果集最后一行之后，@@FETCH_STATUS 的值为-1。
  - prior 顺序向前提取当前记录的前一行，并将其作为当前行。第一次用 FETCH PRIOR 对游标操作时，没有记录返回，游标指针 CURSOR 仍指向第一行之前。
  - first 提取游标结果集的第一条记录，并将其作为当前行。
  - last 提取游标结果集的最后一条记录，并将其作为当前行。
  - absolute{n|@nvar}按绝对位置提取游标结果集的第 n 或第@nvar 条记录，并将其作为当前行。若 n 或@nvar 为负值则提取结尾之前的倒数第 n 或第@nvar 条记录。n 为整数，@nvar 为整数类型变量。

◆ relative{n|@nvar}按相对位置提取当前记录之后(正值)或之前(负值)的第 n 或第@nvar 条记录，并将其作为当前行。

- FROM 指定提取记录的游标，GLOBAL 用于指定全局游标，省略为局部游标。
- INTO 指定将提取记录中的字段数据存入对应的局部变量中。变量名列表的个数、类型必须与结果集中记录的字段的个数、类型相匹配。

打开游标用 FETCH 提取记录后，可用@@FETCH_STATUS 检测游标的当前状态。
@@FETCH_STATUS 的返回值为：

- 0：FETCH 语句提取记录成功。
- -1：FETCH 语句执行失败或提取的记录不在结果集内。
- -2：被提取的记录已被删除或根本不存在。

注意：@@FETCH_STATUS 只能检测游标提取记录后的状态，若用作循环条件输出多条记录时，必须在循环之前先用 FETCH 提取一条记录，再用@@FETCH_STATUS 判断提取记录是否成功，以确定是否进行循环。

7.5.5 用 CLOSE 语句关闭游标

语法格式：

```
CLOSE  [GLOBAL]  游标名
```

语句功能：释放游标中的结果集，解除游标记录行上的游标指针。

当游标提取记录完毕后，应及时关闭该游标释放结果集的内存空间。游标关闭后，其定义结构仍然存储在系统中，但不能提取记录和定位更新，需要时可用 OPEN 语句再次打开。

注意：关闭只有定义而没有打开的游标会产生语法错误。

7.5.6 用 DEALLOCATE 语句释放游标

语法格式：DEALLOCATE [GLOBAL] 游标名
语句功能：删除指定的游标，释放该游标所占用的所有系统资源。

【实训项目 7-9】用游标查看“员工信息”并统计职工人数及平均年龄

使用游标逐条查看“员工信息”视图中年龄小于 30 岁员工的信息，用变量输出各项数据，并统计被查询职工人数及平均年龄。

```
USE diannaoxs
DECLARE  员工游标  cursor  keySET        -- 定义游标
   FOR  SELECT  姓名, 性别, 年龄, 部门  FROM 员工信息 WHERE 年龄<30
OPEN  员工游标                              -- 打开游标
IF @@error=0                                -- 判断游标打开成功
BEGIN
  IF @@cursor_rows>0                          -- 判断游标结果集记录个数大于 0
  BEGIN
```

```
    PRINT '游标记录数为：'+convert(varchar(2), @@cursor_rows)
    DECLARE @xm varchar(8) , @xb nchar, @nl int,
         @bm nvarchar(5), @rs int, @pjnl int
    FETCH absolute 2 FROM 员工游标 into @xm, @xb, @nl, @bm  --提取记录
    PRINT '第 2 条记录： '+@xm+@xb+cASt(@nl AS char(2))+@bm
    FETCH relative 2 FROM 员工游标 into @xm, @xb, @nl, @bm
    PRINT '后移 2 条记录:'+@xm+@xb+cASt(@nl AS char(2))+@bm
    SET @rs=0
    SET @pjnl=0
    PRINT '全部记录为：'
    FETCH first FROM 员工游标 into @xm, @xb, @nl, @bm --先提取第一条记录
    WHILE  @@FETCH_STATUS=0
      BEGIN
        PRINT cASt(@rs+1 AS char(2))+':'+@xm+@xb+
            cASt(@nl AS char(2))+@bm
        FETCH next FROM 员工游标 into @xm, @xb, @nl, @bm
        SET @rs= @rs+1
        SET @pjnl=@pjnl+@nl
      END
     PRINT '实际统计记录数为：'+cASt(@rs AS char(2))+
        '  平均年龄为：'+cASt(@pjnl/@rs AS char(6))
  END
END
ELSE  PRINT '游标打开失败！'
CLOSE 员工游标                                -- 关闭游标
DEALLOCATE 员工游标                           -- 删除游标
```

也可使用以下语句定义游标：

```
DECLARE 员工游标  insensitive  scroll  cursor
   FOR  SELECT  姓名，性别，年龄，部门  FROM 员工信息 WHERE 年龄<30
```

运行结果如图 7.16 所示。

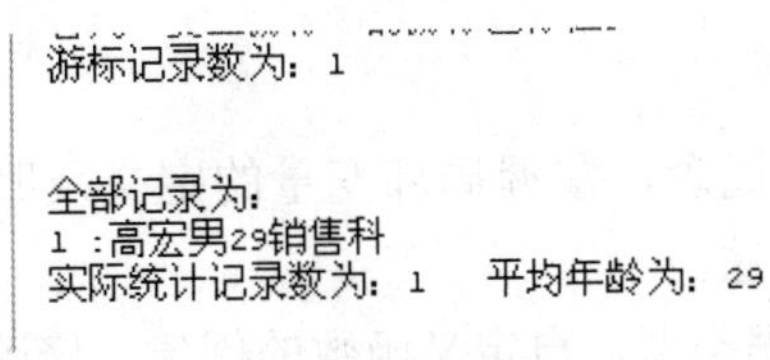

游标记录数为：1
全部记录为：
1 :高宏男29销售科
实际统计记录数为：1   平均年龄为：29

图 7.16 使用游标逐条查看员工信息的显示结果

【实训项目 7-10】用游标显示不同进货提示信息

使用游标对库存量小于 20 的商品按库存量多少显示不同的进货提示信息。

```
USE diannaoxs
DECLARE 商品游标  cursor  keySET
  FOR  SELECT 货号,货名,规格,库存量 FROM 商品一览表 WHERE 库存量<20
OPEN  商品游标
```

```
IF @@error=0
  BEGIN
    DECLARE @hh char(4) , @hm nvarchar(8), @gg varchar(6), @ku bigint
    FETCH next FROM 商品游标 into @hh, @hm, @gg, @ku  --必须先提取记录
    WHILE  @@FETCH_STATUS=0
      BEGIN
        IF @ku>=10
          PRINT @hh+','+@hm+','+@gg+','+cASt(@ku AS varchar(4))
                +','+'已经不多，准备进货'
        ELSE IF @ku>0
          PRINT @hh+','+@hm+','+@gg+','+cASt(@ku AS varchar(4))
               +','+'马上缺货，抓紧进货！'
        ELSE IF @ku=0
          PRINT @hh+','+@hm+','+@gg+','+cASt(@ku AS varchar(4))
               +','+'已经缺货，马上进货！'
        FETCH next FROM 商品游标 into @hh, @hm, @gg, @ku
      END
  END
ELSE PRINT '游标打开失败！'
CLOSE 商品游标
DEALLOCATE 商品游标
```

运行结果如图 7.17 所示。

```
1002,计算机,LX,6,马上缺货，抓紧进货！
1003,计算机,FZ,10,已经不多，准备进货
3002,CPU处理器,SY8800,0,已经缺货，马上进货！
```

图 7.17　使用游标显示进货提示信息

7.6　实训要求与习题

实训要求

(1) 理解批处理、脚本的概念，掌握局部变量的定义及赋值与输出的使用，掌握 T-SQL 的流程控制语句及编程方法。

(2) 理解并掌握自定义数据类型、自定义函数的创建、修改、删除与应用。

(3) 理解游标的意义，掌握游标的定义、打开、提取数据、关闭与删除，学会正确使用游标。

(4) 根据教学进度，认真按照【实训项目 7-1】~【实训项目 7-10】的要求进行操作，掌握 T-SQL 语句在数据库中的应用。

练习题

(1) 什么是批处理？批处理用__________作为结束标志，建立批处理有哪些注意事项？

(2) 什么是脚本？脚本文件的扩展名是__________，执行脚本的方法是__________、__________。

(3) 注释是程序中不被执行的正文，其作用是__________，SQL Server 中的注释语句有__________和__________。

(4) T-SQL 的局部变量用__________声明，给变量赋值的语句是__________、__________，输出语句是__________、__________。

(5) 局部变量的作用域是__________，从__________开始，到__________结束。

(6) CASE 表达式用于__________，它可以用在__________地方并根据条件的不同而返回__________。CASE 表达式不能单独执行，而只能作为__________来使用。CASE 表达式分为__________和__________两种类型。

(7) 执行 WHILE 语句时，当条件成立时__________，当条件不成立时__________。在循环体内使用 BREAK 或 CONTINUE，可以__________。

(8) 用户自定义数据类型的作用是__________，用户自定义数据类型用__________语句创建，用__________语句删除。

(9) 用__________语句创建自定义函数，函数参数的作用是__________，用__________指定返回类型，用__________指定返回值。

(10) 定义游标用__________语句，打开游标用__________语句，提取数据用__________语句，关闭用__________语句，释放删除用__________语句。

(11) 下列语句能否正确执行？为什么？

```
DECLARE @ass varchar(50)
SET @ass='sadfasf'
GO
PRINT @ass
```

(12) SQL Server 提供的注释类型有(　　)两项。

A. 单行注释以“—”开头　　B. 单行注释以“**”开头

C. 多行注释以“-”开头，以“-”结束　D. 多行注释以“/*”开头，以“*/”结束

(13) @n 是使用 Declare 语句声明的一个局部变量，能对该变量赋值的语句是(　　)。

A. SET @n=123　　B. LET @n=123

C. @n=123　　D. SELECT@n=123

(14) 阅读下面 T-SQL 语句，对变量赋值时存在错误的是(　　)两项。

A. DECLARE @VAR1 INT,@VAR2 MONEY

B. DECLARE @VAR1 INT,@VAR2 MONEY

SELECT @VAR1=100,@VAR2=$2.21 SELECT @VAR1=$200.20,@VAR2=100

C. DECLARE @VAR1 INT,@VAR2 MONEY

D. DECLARE @VAR1 INT,@VAR2 MONEY

SET @VAR1=100,@VAR2=$2.21　　SET @VAR1=100

SET @VAR2=$2.21

(15) 下列(　　)语句可以用来从 WHILE 语句块中退出。

A. CLOSE　　B. BREAK

C. EXIT　　D. 以上都是

(16) 要将一组语句执行 10 次，下列(　　)结构可以用来完成此项任务。

A. IF…ELSE　　B. WHERE

C. CASE　　D. 以上都不是

(17) 有以下代码：

```
declare @x int
set @x=1
while @x<3
begin
print 'x still less than 3'
set @x=@x+1
break
print 'this statement will not execute'
end
```

运行结果是(　　)。

A. x still less than 3
this statement will not execute

B. x still less than 3

C. x still less than 3
x still less than 3
x still less than 3
this statement will not execute

D. x still less than 3
x still less than 3
x still less than 3

(18) 下列(　　)语句可以用来通知 SQL Server 等待 15 秒，然后再开始执行操作。

A. WAITFOR'00:00:15' DELAY　　B. WAITFOR DELAY BY'00:00:15'

C. WAITFOR DELAY'00:00:15'　　D. WAIT FOR'00:00:15'

(19) 关闭游标使用的命令是(　　)。

A. delete cursor　　B. drop cursor

C. deallocate　　D. close cursor

(20) 下列(　　)选项可用于检索游标中的记录。

A. DEALLOCATE　　B. DROP

C. FETCH　　D. CREATE

(21) 下列游标创建选项中(　　)指定可以使用所有提取选项(FIRST、LAST、PRIOR、NEXT、RELATIVE、ABSOLUTE)。

A. LOCAL　　B. SCROLL

C. FORWARD_ONLY　　D. GLOBAL

(22) 下列(　　)选项定义游标要复制一个它要使用的数据临时副本。

A. STATIC　　B. DYNAMIC

C. KEYSET　　D. FAST_FORWARD

(23) 编写一段脚本，求出 1~30000 之间所有能被 123 整除的整数。

(24) 创建一个用户自定义数据类型，要求其数据类型为 varchar，长度为 24，不允许为空，并绑定 Email_rule 规则。

(25) 分别用 SQL 语句和 SSMS 创建自定义函数“S 常用日期”和“D 常用日期”，分别将 Smalldatetime、Datetime 型数据转换为不带时间的常用日期格式。

第 8 章　存储过程与触发器

学习目的与要求

存储过程与触发器是数据库的又一重要组成部分。存储过程可以把对数据库的复杂操作封装为独立的程序模块，相当于其他编程语言的函数、过程、方法，具有“编写一次处处调用”的特点，便于程序的维护和减少网络通信量。而触发器则是自动调用执行的程序模块，可以实现规则、默认值等约束对象不能完成的复杂约束功能，可以检查数据输入与修改的正确性，保证数据库的数据完整性。通过本章学习，读者应学会如何创建、查看、编辑、删除存储过程和触发器，掌握存储过程和触发器在数据库中的应用。

实训项目

【实训项目 8-1】～【实训项目 8-10】创建存储过程在“进货表 2011”、“供货商表”、“商品一览表”中查询指定商品的相关信息，在“销售表 2011”、“进货表 2011”、“供货商表”、“商品一览表”中查询某个厂家产品的销售信息，在“商品一览表”中统计某类商品的库存总量和成本的存储过程；为“员工表”创建“修改姓名”的触发器——自动同步修改“销售表 2011”“进货表 2011”的员工姓名；为“进货表 2011”创建“进货检查”的触发器；为“销售表 2011”创建“销售检查”和“修改销售”触发器；为“商品一览表”创建“修改商品”触发器；为“供货商表”创建“禁止修改”触发器——禁止使用触发器允许修改。

8.1　存储过程的创建与使用

8.1.1　存储过程的概念

1. 存储过程

存储过程(stored procedure)是由一系列对数据库进行复杂操作的 SQL 语句、流程控制语句或函数组成的，并且将代码事先编译好之后，像规则、视图那样作为一个独立的数据库对象进行存储管理。

存储过程可作为一个单元被用户直接调用，相当于其他编程语言的函数、过程、方法。

2. 存储过程的特点

存储过程具有参数传递、判断、声明变量、返回信息并扩充标准 SQL 语言的功能，其特点如下。

- 存储过程可以接收参数，并可以返回多个参数值，也可以返回存储过程的执行状态值以反映存储过程的执行情况。
- 存储过程可以包含存储过程(嵌套)，可以在数据库查询、修改语句中调用存储过程，也可以在存储过程中调用存储过程。

3. 使用存储过程的优点

- 执行速度快：存储过程在创建时已经通过语法检查和编译，调用时则直接执行，程序的运行效率高，其执行速度要比标准 SQL 语句快得多。含有大量 SQL 语句的批处理需要重复多次执行时，定义为存储过程可大大提高运行效率。
- 有利于模块化程序设计：存储过程创建后，即可以无数次随时任意反复调用。用户可根据不同的功能模式设计不同的存储过程以供调用。
- 便于程序的维护管理：当用户进行改变数据库使用的功能时，只需对相应的存储过程进行修改，而不用修改应用程序。
- 减少网络通信量：存储过程可包含大量对数据库进行复杂操作的 SQL 语句，它的存储执行都在 SQL Server 服务器(数据库)端，网络用户使用时只需发送一个调用语句就可以实现，大大减少了网络上 SQL 语句的传输。
- 保证系统的安全性：可以在存储过程中设置用户对数据的访问权限，只允许用户调用存储过程而不允许直接对数据进行访问，充分发挥安全机制的作用。

4. 存储过程的缺点

- 不能实现复杂的逻辑操作：这是因为 SQL 语言本身就不支持复杂的程序设计结构，所以各种程序设计语言都有自己对数据库进行操作处理的功能。
- 用存储过程实现数据库的全部功能比较困难：不同用户的需求不同，当涉及特殊管理要求时，很难全面满足要求，若将所有需求都定义为存储过程，其数量将相当可观，而记忆和掌握这些存储过程是很困难的。

存储过程分为系统存储过程和用户自定义存储过程。系统存储过程可直接使用，如定义和绑定规则对象、默认值对象等。用户自定义存储过程必须先定义后使用。

8.1.2 用 CREATE PROC 创建存储过程

不论用 SSMS 还是 SQL 语句，创建存储过程都应遵守以下规则。

- 名称标识符的长度最大为 128 个字符，且必须唯一。
- 每个存储过程最多可以使用 1024 个参数。
- 存储过程的最大容量有一定的限制。
- 存储过程支持多达 32 层嵌套。
- 在对存储过程命名时最好和系统存储过程名区分。

用 SQL 语句创建存储过程的语法格式：

```
CREATE PROCEDURE 存储过程名 [ ; 整数]
    [ @形参变量  数据类型 [varying] [=默认值] [output] ] [ , …n ]
    [ WITH  recompile|encryption|{ recompile , encryption } ]
    [ FOR replication ]
    AS
    SQL 语句系列
```

说明：

- 该语句可以创建永久存储过程，也可以创建一个在一个会话中临时使用的局部存储过程(名称前加一个#)，还可以创建一个在所有会话中临时使用的全局存储过程(名称前加两个##)。
- 整数：可作为同名过程分组的后缀序号(如 OP1、OP2 可定义属于一组)，同组的过程将来可以用一条 DROP PROCEDURE 删除命令全部删除掉。
- @形参变量：指定接收调用参数或返回值的变量，默认状态下只表示单一数值，不能代表表名、列名或其他对象名，形参变量的作用域为该存储过程；所有数据类型(next、image)都可以作为过程的参数类型。
  - ◆ varying：仅适用于游标参数，指定形参变量可作为支持结果集的返回参数。
  - ◆ 默认值：调用过程语句中不提供参数时，形参变量则取该默认值。默认值只能是常量或 NULL。
  - ◆ output：指定形参变量是返回给调用语句的参数，可以是所有数据类型，也可以是游标占位符。
- recompile：执行完存储过程后不保留存储过程的备份，每次执行时都需要对存储过程重新编译。
- encryption：存储过程作为数据库对象在系统的 syscomments 表中留下完整的代码信息，并对访问这些数据的入口进行加密。

注意：在数据库内创建的每个对象(约束、默认值、日志、规则、存储过程等)都会作为该库系统表 sysobjects 中的一条记录占一行，该表的结构如表 8.1 所示。

表 8.1　sysobjects 系统表的结构

列　名	数据类型	存储内容说明
name	sysname	对象名
id	int	对象标识号
xtype 或 type	char(2)	对象类型。其中的主要类型： C = CHECK 约束　　P = 存储过程 D = 默认值或 DEFAULT 约束　　TR = 触发器 F = FOREIGN KEY 约束　　V = 视图 K = PRIMARY KEY 或 UNIQUE 约束　　R = 规则 FN = 标量函数(自定义函数)　　U = 用户表 L = 日志　　S = 系统表
crdate	datetime	对象的创建日期

【例 8-1】 在 diannaoxs 数据库中建立一个名为“计算机_pro”的存储过程，用于在“进货表 2011”、“供货商表”、“商品一览表”中查询“计算机”产品的供货商及进货信息。

先判断 sysobjects 系统表中是否存在名为“计算机_pro”的存储过程，如果存在则删除原有的存储过程，然后再创建。代码如下：

```
USE diannaoxs
IF exists(SELECT name FROM sysobjects WHERE name='计算机_pro' AND type='p')
   DROP  procedure 计算机_pro
GO
CREATE  procedure  计算机_pro          -- 创建“计算机_pro”存储过程
  AS
  SELECT 进货日期, 供货商, j.货号, 货名, 数量, 进价
     FROM 进货表 2011 AS  j , 供货商表 AS  g , 商品一览表 s
     WHERE j.供货商 ID=g.供货商 ID  AND j.货号=s.货号 AND s.货名='计算机'
GO
EXECUTE 计算机_pro                  -- 调用执行“计算机_pro”存储过程
```

其中“进价”可以使用【实训项目 7-7】创建的自定义函数“货币格式()”按常用格式显示。运行结果如图 8.1 所示。

	进货日期	供货商	货号	货名	数...	进价
1	2010-01-08 00:00:00	山东省浪潮集团公司销售公司	1001	计算机	10	5300.00
2	2010-01-08 00:00:00	北京联想科技股份有限公司	1002	计算机	10	5180.00
3	2010-02-16 00:00:00	上海科大计算机技术服务公司	1001	计算机	10	5250.00
4	2010-03-26 00:00:00	山东省浪潮集团公司销售公司	1003	计算机	10	4950.00
5	2005-08-25 08:54:00	北京联想科技股份有限公司	1001	计算机	10	5180.00

图 8.1　执行“计算机_pro”存储过程的结果

【实训项目 8-1】为“进货表 2011”、“供货商表”、“商品一览表”创建查询指定产品信息的存储过程

建立一个名为“商品_pro1”的存储过程，带有一个参数，用于接收指定的商品名称，在“进货表 2011”、“供货商表”、“商品一览表”中查询该产品的供货商及进货信息。代码如下：

```
USE diannaoxs
IF exists(SELECT name FROM sysobjects WHERE name='商品_pro1' AND type='p')
    DROP procedure 商品_pro1
GO
CREATE  procedure 商品_pro1  @商品名 nvarchar(8)
    AS
    SELECT 进货日期, 供货商, j.货号, 货名, 数量, 进价
      FROM 进货表 2011  j  join 供货商表 g  ON  j.供货商 ID=g.供货商 ID
           join 商品一览表 s  ON  j.货号=s.货号
      WHERE  s.货名=@商品名
GO
EXECUTE  商品_pro1  '计算机'             -- 提供参数调用存储过程
```

运行结果与图 8.1 完全相同。

再输入以下代码：

```
EXEC  商品_pro1  '显示器'                -- 提供参数调用存储过程
```

运行结果如图 8.2 所示。

	进货日期	供货商	货号	货名	数...	进价
1	2010-01-20 00:00:00	北京方正电脑有限公司	2001	显示器	30	860.00
2	2010-01-28 00:00:00	上海电脑市场器材销售中心	2002	显示器	30	1060.00

图 8.2 调用“商品_pro1”存储过程查询“显示器”商品的结果

8.1.3 用 EXECUTE 执行存储过程

语法格式：

```
[ EXECUTE ] { [ @整型变量= ] { 存储过程名 [ ; 标识号 ] }
    { [ [@形参变量=] { 值| @变量 [output|default ] } ] } [ , …n ]
    [ WITH recompile ]
```

简单格式：

```
[EXECUTE] [@整型变量=] 存储过程名 { 值| @变量 [output|default ] } [ , …n ]
```

说明：

- @整型变量：用于接收存储过程的返回状态值，该变量必须是在此之前已经定义的，若不需要返回状态则省略。
- 标识号：指定同名存储过程分组的后缀序号，未分组则省略。
- @形参变量：指定创建存储过程时定义的@形参变量，如果使用该项参数则此处的顺序与创建时的顺序可以不一致。省略“@形参变量”则此处提供的参数个数、用途、顺序必须与定义时一致。
    - ◆ @变量用于存放参数值或者接收存储过程的返回值。
    - ◆ output：与定义时一致，指定该项为存储过程的返回值。
    - ◆ default：根据存储过程的定义，为参数提供默认值。
- WITH recompile：强制编译新计划，建议尽量不用。

一般常用的简单格式：

```
[EXEC] 存储过程名 {值| @变量 [output|default ] } [ , …n ]
```

【实训项目 8-2】为“销售表 2011”、“进货表 2011”、“供货商表”、“商品一览表”创建查询某个厂家产品销售信息的存储过程

创建一个既有参数，又有返回状态值的存储过程“商品_pro2”，在“销售表 2011”“进货表 2011”、“供货商表”、“商品一览表”中查询某个供货厂家所提供产品的销售信息，如果从指定厂家进货而且有销售，则返回数字 1 并显示销售信息，否则返回 0。代码如下：

```
IF exists(SELECT name FROM sysobjects WHERE name='商品_pro2' AND type='p')
    DROP procedure 商品_pro2
GO
CREATE procedure 商品_pro2 @厂家 nvarchar(15)
```

```
    AS
    IF exists(SELECT *
          FROM 销售表2011 x, 进货表2011 j, 供货商表 g, 商品一览表 s
          WHERE  j.供货商ID=g.供货商ID AND j.货号=s.货号
              AND  x.货号=j.货号 AND  g.供货商 like  @厂家+'%')
      BEGIN
        SELECT 销售日期, x.货号, x.货名, 供货商, x.数量
          FROM 销售表2011 x, 进货表2011 j, 供货商表 g, 商品一览表 s
          WHERE  j.供货商ID=g.供货商ID AND j.货号=s.货号
               AND  x.货号=j.货号 AND  g.供货商 like  @厂家+'%'
        RETURN 1
      END
    ELSE
      RETURN 0
GO
```

如果只想知道某个厂家是否有进货、有销售，则第二个 SELECT 查询语句可以省略。存储过程的调用如下：

```
DECLARE  @x  int
EXECUTE  @x=商品_pro2  '上海电脑'
IF  @x=1
   PRINT '所查找厂家的产品有进货也有销售。'
ELSE
   PRINT '所查找厂家不存在或者没有进货或者产品没有销售！'
```

运行结果如图 8.3 所示。

	销售日期	货号	货名	供货商	数量
1	2010-01-12 00:00:00	3001	CPU处理器	上海电脑市场器材销售中心	3
2	2010-01-18 00:00:00	3001	CPU处理器	上海电脑市场器材销售中心	5
3	2010-02-15 00:00:00	3001	CPU处理器	上海电脑市场器材销售中心	4
4	2010-03-07 00:00:00	2002	显示器	上海电脑市场器材销售中心	7
5	2010-03-20 00:00:00	3001	CPU处理器	上海电脑市场器材销售中心	5

图 8.3　调用存储过程查询“上海电脑”商品销售信息

因为如果查到信息会显示出来，所以调用存储过程查询可以写为：

```
DECLARE  @x int
EXECUTE  @x=商品_pro2  '北京联想'
IF @x=0  PRINT  '所查找厂家不存在或者没有进货或者产品没有销售！'
```

运行结果如图 8.4 所示。

若输入以下代码：

```
DECLARE  @x int
EXECUTE  @x=商品_pro2 '北京科技'
IF @x=0  PRINT  '所查找厂家不存在或者没有进货或者产品没有销售！'
```

因为没有“北京科技”的供货厂家，运行结果则会显示：“所查找厂家不存在或者没有进货或者产品没有销售！”

	销售日期	货号	货名	供货商	数量
1	2010-01-08 00:00:00	1001	计算机	北京联想科技股份有限公司	2
2	2010-01-18 00:00:00	1002	计算机	北京联想科技股份有限公司	2
3	2010-01-22 00:00:00	4002	内存储器	北京联想科技股份有限公司	30
4	2010-02-26 00:00:00	4002	内存储器	北京联想科技股份有限公司	25
5	2010-03-18 00:00:00	1001	计算机	北京联想科技股份有限公司	2
6	2010-03-20 00:00:00	1001	计算机	北京联想科技股份有限公司	3
7	2010-03-20 00:00:00	4002	内存储器	北京联想科技股份有限公司	25
8	2009-08-25 01:35:00	1002	计算机	北京联想科技股份有限公司	2

图 8.4　调用存储过程查询“北京联想”商品销售信息

若输入以下代码：

```
DECLARE  @x int
EXECUTE  @x=商品_pro2 '山东科技'
IF @x<>1  PRINT  '所查找厂家不存在或者没有进货或者产品没有销售！'
```

虽然“供货商表”有“山东科技”的供货厂家，但是该厂家既没有进货也没有销售，所以运行结果也会显示：“所查找厂家不存在或者没有进货或者产品没有销售！”

【实训项目 8-3】为“商品一览表”创建统计某类商品库存量和成本的存储过程

建立有一个输入参数并返回两个输出参数的存储过程“商品_pro3”，根据“商品一览表”统计公司某一类商品的库存总数量和成本。代码如下：

```
 IF exists(SELECT name FROM sysobjects WHERE name='商品_pro3' AND
type='p')
    DROP procedure 商品_pro3
 GO
 CREATE procedure 商品_pro3 @hm nvarchar(8),
                     @kuzs bigint output, @cb money output
    AS
    SELECT @kuzs=sum(库存量) , @cb=sum(平均进价*库存量)
        FROM 商品一览表  WHERE 货名=@hm
 GO
```

也可以使用 like 按货号第一位数字统计某一类商品。如果按货号统计某一种商品则不需要使用集合函数。存储过程“商品_pro3”的调用如下：

```
DECLARE  @aa nvarchar(8) , @bb bigint , @cc money
SET  @aa='计算机'
EXECUTE  商品_pro3  @aa , @bb output , @cc output
SELECT  '货品名称：'+@aa , '总库存数量：'
       +cast( @bb  AS  char(4)) , '总成本：'+cast(  @cc  AS  varchar(12) )
```

运行结果如图 8.5 所示。请读者为查询结果添加列标题别名后再运行该代码。

	(无列名)	(无列名)	(无列名)
1	货品名称：计算机	总库存数量：39	总成本：200955.00

图 8.5　调用“商品_pro3”存储过程返回的结果

8.1.4　用 EXECUTE 执行 SQL 语句字符串

EXECUTE 语句一般用于执行存储过程，如果把 SQL 语句作为字符串或者预先存放在字符串变量中时，也可以使用它来执行字符串中的 SQL 语句。

语法格式：

```
EXECUTE  ( {@字符串变量| [N] 'SQL 语句字符串' } [ , …n ] )
```

说明：

- @字符串变量：存放 SQL 语句的变量，可以是 char、varchar、nchar、nvarchar 类型，最大长度可以是服务器可用内存的大小。
- [N]'SQL 语句字符串'：使用 N 则字符串被解释为 nvarchar 类型，否则认为是 varchar 类型。
- 可以有多个字符串或字符串变量，相互之间用逗号隔开，必须全部放在圆括号中。

【例 8-2】 用 EXECUTE 语句执行字符串中的 SQL 语句。

```
EXECUTE  ( N'SELECT 姓名, 性别, 部门 FROM 员工表' )
```

或者：

```
EXECUTE  ( 'SELECT 姓名, 性别, 部门 FROM 员工表' )
```

该语句即相当于执行语句：

```
SELECT 姓名 性别 部门 FROM 员工表
```

或者使用字符串变量：

```
DECLARE  @sql varchar(36)               --2
SET  @sql=' SELECT 姓名, 性别, 部门 FROM 员工表'
EXECUTE  (@sql)
```

运行结果如图 8.6 所示。

	姓名	性...	部门
1	吕川页	1	办公室
2	郑学敏	0	办公室
3	于 丽	0	材料处
4	孙立华	1	材料处
5	高宏	1	销售科
6	章晓晓	0	销售科
7	陈刚	1	销售科

图 8.6　执行字符串的结果

8.1.5　用 SSMS 创建存储过程

在 SSMS 中进行存储过程的创建，步骤如下。

(1) 在对象资源管理器中展开要建立存储过程的数据库，diannaoxs，展开“可编程性”节点，选择“存储过程”节点，右击存储过程节点，在弹出的快捷菜单中单击“新建存储过程”命令，如图 8.7 所示。

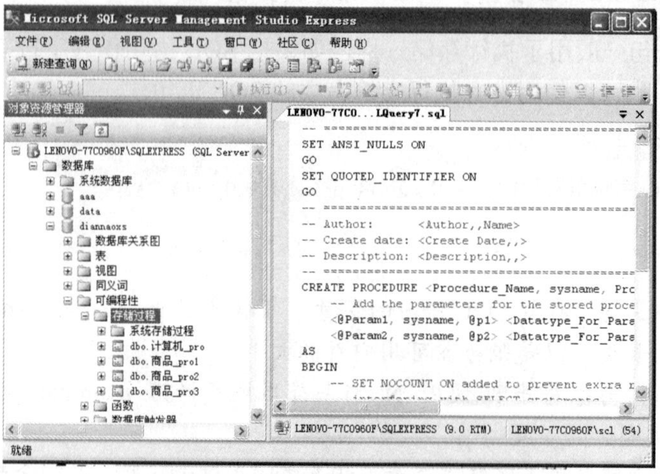

图 8.7 “新建存储过程”对话框

(2) 在代码窗口中输入正确的 SQL 语句。

(3) 可以单击“执行”按钮，运行存储过程。

(4) 单击“关闭”按钮完成存储过程的创建。

一般存储过程可以使用 SQL 语句创建，修改则使用 SSMS 比较方便。

8.2 存储过程的查看、编辑和删除

8.2.1 用 SSMS 查看、编辑存储过程

1. 在 SSMS 中查看、修改存储过程的定义

(1) 在 SSMS 对象资源管理器中展开存储过程所在的数据库，选中存储过程节点，右击要查看的存储过程，在弹出的快捷菜单中选择“编写存储过程脚本为”命令，弹出 CTEATE 对话框，如图 8.8 所示。

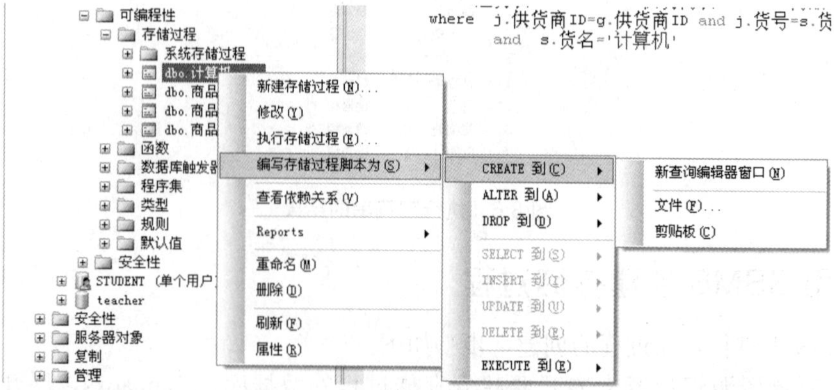

图 8.8 “查看存储过程”对话框

(2) 选择“修改”命令，可以查看、修改存储过程的 SQL 语句。

(3) 单击 CREATE 节点，打开已建好的存储过程进行查看。

2．在 SSMS 中查看存储过程的相关属性

(1) 右击要查看的存储过程，从弹出的快捷菜单中选择“所有任务”→“显示相关性”命令，弹出如图 8.9 所示的“相关性”对话框，从中可查看依赖于该存储过程的其他对象和该存储过程所依赖的对象。

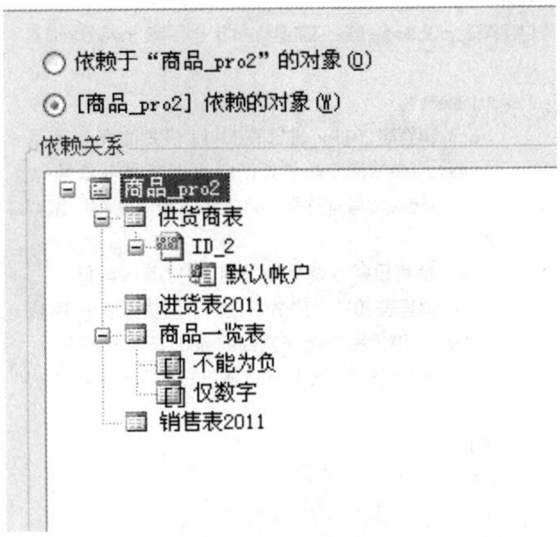

图 8.9 存储过程的“相关性”对话框

(2) 单击“确定”按钮关闭对话框。

3．在 SSMS 中对存储过程重新命名

右击要查看的存储过程，在弹出的快捷菜单中选择“重命名”命令，直接输入存储过程的新名字后按 Enter 键即可。

4．在 SSMS 中删除存储过程

(1) 右击要删除的存储过程，在弹出的快捷菜单中选择“删除”命令，或按下 Del 键，弹出“除去对象”对话框：

(2) 单击“显示相关性”按钮，可在删除前查看该存储过程与其他对象的关系，删除后查看对其他对象的影响。

(3) 单击“全部除去”按钮，自动关闭对话框，删除完成。

注意：如果存储过程已经分组，则无法删除组内的单个存储过程，删除其中一个会将同组的全部存储过程一同删除。

8.2.2 用 EXECUTE 查看存储过程的定义与相关性

1．用系统存储过程 sp_helptext 查看存储过程的定义

语法格式：

```
[EXECUTE]  sp_helptext 存储过程名
```

注意：如果在创建存储过程时，使用了 WITH ENCRYPTION 参数，则使用 sp_helptext 将无法看到有关存储过程的信息。

【例 8-3】 在查询编辑器输入代码：

```
sp_helptext 商品_pro2
```

运行结果如图 8.10 所示。

	Text
1	CREATE procedure [dbo].[商品_pro2] @厂家 nvarchar(15)
2	as
3	if exists(select *
4	from 销售表2011 x, 进货表2011 j, 供货商表 g, 商品一...
5	where j.供货商ID=g.供货商ID and j.货号=s.货号
6	and x.货号=j.货号 and g.供货商 like @厂家+'%')
7	begin
8	select 销售日期, x.货号, x.货名, 供货商, x.数量
9	from 销售表2011 x, 进货表2011 j, 供货商表 g, 商品一...
10	where j.供货商ID=g.供货商ID and j.货号=s.货号
11	and x.货号=j.货号 and g.供货商 like @厂家+'%'
12	return 1
13	end
14	else
15	return 0

图 8.10 查看“商品_pro2”存储过程

2. 查看存储过程的参数及一般信息

语法格式：

```
[EXECUTE]  sp_help 存储过程名
```

3. 查看存储过程的相关性

语法格式：

```
[EXECUTE]  sp_depends 存储过程名
```


8.2.3 用 SQL 语句修改、删除存储过程

1. 用 ALTER PROCEDURE 语句修改存储过程

语法格式：

```
ALTER PROCEDURE 存储过程名
   [WITH RECOMPILE | ENCRYPTION | { RECOMPILE, ENCRYPTION } ]
   AS
   SQL 语句
```

在 SSMS 中修改存储过程可以参照原来的 SQL 语句直接进行修改，所以修改存储过程在 SSMS 中更加方便。

2．重命名存储过程

语法格式：

```
[EXECUTE]  sp_rename 存储过程原名，存储过程新名
```

注意：更改存储过程名称后，必须对应用程序中调用该存储过程的 SQL 语句作相应的修改，否则会使应用程序或依附该存储过程的对象找不到存储过程而产生错误。

3．删除存储过程

语法格式：

```
DROP PROCEDURE 存储过程名[,…n]
```

说明：

- DROP PROCEDURE 语句可一次删除多个存储过程。
- 如果存储过程已经分组，则无法删除组内的单个存储过程，删除其中一个会将同组的全部存储过程一同删除。

8.3 触发器的创建与使用

8.3.1 触发器的概念

1．触发器

触发器是一段能自动执行的程序，是一种特殊的存储过程，其特殊性在于以下几方面。

- 不允许使用参数，没有返回值。
- 不允许用户调用，当对表进行插入、删除、修改操作时由系统自动调用并执行(相当于事件方法)。

触发器可以实现比较复杂的完整性约束，主要体现在以下几方面。

- 扩展约束、默认值和规则对象的完整性检查。
- 自动生成数据。
- 检查数据的修改，防止对数据不正确的修改，保证数据表之间数据的正确性和一致性。
- 自定义复杂的安全权限。

触发器作为一种数据库对象，在 syscomment 系统表中存储其完整的定义信息，在 sysobject 系统表中有该对象的记录。

2．触发器的用途及优点

- 实现数据库中多个表的级联修改。当修改、删除某张表的数据时，其他表的相应数据能自动修改或删除，以保证数据的一致性(也可在设置外键约束时设置相应的选项，而且效率更高)。
- 检查数据输入的正确性。CHECK 约束在限制数据输入时不能参照其他表中的数

据。如销售金额=数量×单价的自动计算、销售数量不允许超过库存量等，用CHECK 约束是无法实现的，用触发器即可实现比 CHECK 更复杂的约束检查。

- 检查数据修改的正确性。综合以上两种情况，当对表中受触发器保护的数据进行修改时，触发器不但会自动更新其他表与其相关的数据，还可以自动检查这些数据，只要有一个不符合条件，则修改数据失败。

3. 触发器的触发方式

为数据表中某个字段设置触发器后，当该字段的数据被 INSERT(插入)、DELETE(删除)、UPDATE(修改更新)时，触发器便被激活并自动执行。

SQL Server 按触发器被激活的时机可分为“后触发”和“替代触发”两种触发方式。

1) 后触发

若引发触发器执行的语句通过了各种约束检查，成功执行后才激活并执行触发器程序，这种触发方式称为“后触发”。

后触发的特点如下。

- 若引发触发器执行的语句违反了某种约束，该语句不会执行，则后触发方式的触发器也不被激活。
- 后触发方式只能创建在数据表上，而不能创建在视图上。
- 一个表可以有多个后触发触发器。

2) 替代触发

若激活触发器的语句仅仅起到激活触发器的作用，一旦激活触发器后该语句即停止执行，立即转去执行触发器的程序，激活触发器的语句并不被执行，相当于禁止某种操作。这种触发方式称为“替代触发”。

替代触发的特点如下。

- 替代触发可以创建在表上，也可以创建在视图上。
- 一个表只能有一个替代触发的触发器。

4. 触发器使用的 inserted 临时表和 deleted 临时表

- 不论后触发或替代触发，每个触发器被激活时，系统都自动为它们创建两个临时表：inserted 表和 deleted 表。
- 两个表的结构与激活触发器的原数据表结构相同。
- 用 INSERT 语句插入记录激活触发器时，系统在原表中插入记录的同时，也自动把插入的记录插入到 inserted 临时表。
- 用 SELECT 语句删除记录激活触发器时，系统在原表中删除记录的同时，会自动把删除的记录添加到 deleted 临时表。
- 用 UPDATE 语句修改数据激活触发器时，系统先在原表中删除其原有的记录，删除的记录被添加到 deleted 临时表，然后再插入新数据的记录，新插入的记录同时被插入到 inserted 临时表。
- 用户可以用 SELECT 语句查询这两个临时表，但不允许进行修改。

● 触发器一旦执行完成，这两个表将被自动删除。

8.3.2 用 CREATE TRIGGER 语句创建触发器

语法格式：

```
CREATE TRIGGER [拥有者.]触发器名 ON [拥有者.]{ 表名|视图名 }
    { for | after | instead of } [ insert, update, delete ]
    [ WITH encryption] [ NOT FOR replication ]
    AS
    [ SET  NOCOUNT ]                    -- 不返回给变量赋值的结果
    SQL 语句系列
    [ ROLLBACK  TRANSACTION ]           -- 事务回滚
```

说明：

- ON {表名|视图名}：指定激活触发器被操作的表或视图。
- for 与 after：指定所创建的触发器为后触发方式，for 与 after 完全相同，for 是为了与以前老版本兼容而保留。
- instead of：指定所创建的触发器为替代触发方式。
- insert, update, delete ：指定激活该触发器的具体操作，可以指定一项，也可以三项同时指定，但必须以逗号隔开。
- WITH encryption：指定对触发器文本进行加密，禁止查阅修改。
- NOT FOR replication：指定在复制过程中不激活触发器操作。
- SET NOCOUNT：触发器一般不能有返回值，所以也不应有 SELECT 语句进行查询或给变量赋值(获得被操作数据的语句除外)，如果必须使用变量赋值语句，可在开头使用该语句避免返回结果。
- SQL 语句系列：即触发器被指定操作激活后要执行的 SQL 代码，其中可包含获得被操作数据的 SELECT 语句。
    - ◆ 对于后触发方式，被操作的数据一定在 inserted 或 deleted 临时表中。
    - ◆ 如果被操作的数据是多值的，可用 IN 判断是否被包含在其中：

```
被操作数据  IN (SELECT 被操作字段 FROM 临时表)
```

如果被操作的数据是单值的，可用以下语句获得：

```
SELECT  @变量=被操作字段  FROM  临时表
```

- ROLLBACK TRANSACTION：事务回滚语句。对于后触发方式，语句已经执行完毕才执行触发器，如果发现操作不符合规则，可用该语句取消操作。

注意：

- CREATE TRIGGER 语句必须是一个批处理的第一条语句。
- 创建触发器的权限默认属于表的所有者，而且不能授权给其他人。
- 触发器不能在临时表或系统表上创建，后触发也不能创建在视图上。

- 一个触发器只能创建在一个表上，一个表可以有一个替代触发器和多个后触发器(可以是同一种操作类型，可同时触发)。
- 由于 TRUNCATE TABLE 语句删除记录时不被记入事务日志，所以该语句不能激活 delete 删除操作的触发器。
- 如果外键所引用的父表已经创建了对子表级联修改或删除的触发器，则子表不允许创建具有相同动作的替代触发器。
- 触发器的定义语句中不能有任何用 CREATE 创建、用 ALTER 修改数据库或各种对象的语句，不允许使用任何 DROP 删除语句。也不允许使用以下语句：

```
GRANT / RESTORE  DATABASE / RESTORE  LOG  REVOKE
TRUNCATE TABLE
```

【例 8-4】 假设 diannaoxs 数据库有一个“商品表”和“销售合同表 2011”，我们为“商品表”创建一个名为“删除商品”的触发器，当删除“商品表”中的某个商品时，需要把这些商品在“销售合同表 2011”中的销售合同一并全部删除，实现“商品表”和“销售合同表 2011”的级联删除。

```
CREATE  TRIGGER  删除商品  ON  商品表  after  delete
   AS
   DELETE 销售合同表 2011  WHERE  货号 in (SELECT 货号 FROM  deleted )
```

该语句为“商品表”创建了一个由删除动作激活的“删除商品”触发器，当“商品表”中有记录被删除之后(deleted 表中有被删除的记录)，该触发器即会自动执行。

“删除商品”触发器的执行过程如下。

(1) 创建 inserted 和 deleted 临时表，“商品表”被删除的记录存放在 deleted 表中。

(2) 从 deleted 临时表中查询并得到被删除记录的“货号”。

(3) 将“销售合同表 2011”中所有“货号”与被删除“货号”相等的记录删除。

创建触发器之后，如果对数据库执行以下操作语句：

```
DELETE 商品表 WHERE 货号='1005'     -- 删除“商品表”1005 号商品记录
IF  not  exists( SELECT  *  FROM 销售合同表 2011  WHERE 货号='1005' )
    PRINT  '相关记录已经从“销售合同表 2011”中删除了！'
```

当第一条语句将“商品表”中第 1005 号商品的记录成功删除后，触发器被激活，删除“销售合同表 2011”中有关 1005 号商品的记录。IF 语句找不到 1005 号商品的记录则会显示信息：相关记录已经从“销售合同表 2011”中删除了！

【例 8-5】 为“销售合同表 2011”创建一个名字为“统计被修改记录数”的后触发器，当对“销售合同表 2011”的数据进行更新时，可以自动统计并显示修改的总行数。

创建触发器之前，可用 SQL 语句先在 sysobjects 系统表中检测是否存在名字为“统计被修改记录数”、类型为“tr”的触发器，如果存在就把它删除，避免调试时的麻烦。代码如下：

```
USE diannaoxs
IF  exists ( SELECT  name  FROM  sysobjects
        WHERE  name='统计被修改记录数'  AND  type='tr' )
```

```
    DROP  TRIGGER  统计被修改记录数
GO
```

创建触发器的语句如下：

```
CREATE  统计被修改记录数 ON 销售合同表 2011  after  update
    AS
    DECLARE  @msg  varchar(100)
    SELECT  @msg=str( @@rowcount )+' diannaoxs 被修改描述'
    PRINT  @msg
    RETURN
GO
```

该例题为“销售合同表 2011”创建了一个由 update 更新动作激活的后触发器“统计被修改记录数”，当“销售合同表 2011”中有记录被成功更新之后，该触发器即会自动执行。

- 创建 inserted 和 deleted 临时表，“销售合同表 2011”被删除的记录存入 deleted 表，新插入的记录存入 inserted 表。
- 将保存有被修改记录个数的全局变量@@rowcount 转化为字符串输出。

8.3.3　综合举例练习

【实训项目 8-4】为“员工表”创建“修改姓名”触发器

为“员工表”创建一个名为“修改姓名”的后触发器，当修改某个员工姓名时，需要把“销售表 2011”的“销售员”、“进货表 2011”的“收货人”同时进行全部修改，实现“员工表”和“销售表 2011”、“进货表 2011”的级联修改。

```
USE diannaoxs
IF exists (SELECT name FROM sysobjects  WHERE name='修改姓名' AND type='tr')
    DROP TRIGGER  修改姓名
GO
CREATE  TRIGGER 修改姓名 ON 员工表  after  update
   AS
   DECLARE  @xm1 varchar(8) , @xm2 varchar(8)  -- 定义局部变量
   SELECT  @xm1=姓名 FROM  deleted    -- 从 deleted 表得到被删除的原姓名
   SELECT  @xm2=姓名 FROM  inserted   -- 从 inserted 表得到被更新的新姓名
   UPDATE 销售表 2011  SET 销售员=@xm2  WHERE 销售员=@xm1
   UPDATE 进货表 2011  SET 收货人=@xm2  WHERE 收货人=@xm1
GO
```

该例题为“员工表”创建了一个由更新动作激活的“修改姓名”后触发器，当“员工表”中有记录被成功更新之后，该触发器即会自动执行。

也可以不定义局部变量，在更新表达式及条件中直接使用临时表的字段，但直接在表中查询数据不如使用局部变量效率高，且不容易出错。

运行代码创建触发器成功后显示：命令已成功完成。

如果将公司员工“高宏”改名为“高立宏”，则可对“员工表”进行修改，代码如下：

```
UPDATE 员工表 SET 姓名='高立宏'  WHERE 姓名='高宏'
SELECT  *  FROM  员工信息
```

运行结果如图 8.11 所示。

	员工ID	姓名	性...	出生日期	年...	部门	工作时间	工龄	照片	个人简历
1	11001	吕川页	男	1963/03/07	48	办公室	1985/02/06	26年	NULL	NULL
2	22001	郑学敏	女	1969/11/23	42	办公室	1994/07/01	17年	NULL	NULL
3	22002	于 丽	女	1980/12/05	31	材料处	2002/02/15	9年	NULL	NULL
4	22003	孙立华	男	1979/05/04	32	材料处	2001/09/09	10年	NULL	NULL
5	33001	高立宏	男	1982/09/29	29	销售科	2001/06/01	10年	NULL	NULL
6	33002	章晓晓	女	1980/11/01	31	销售科	2000/05/30	11年	NULL	NULL
7	33003	陈刚	男	1979/06/30	32	销售科	2003/11/01	8年	NULL	NULL

图 8.11　创建触发器后更新“员工表”记录的结果

我们再查询一下“销售表 2011”，可以看到所有原来的销售员“高宏”全部被触发器自动更新为“高立宏”了。

【实训项目 8-5】为“进货表 2011”创建“进货检查”触发器

为“进货表 2011”创建一个名字为“进货检查”的后“触发器”，当从厂家购进某种商品添加一条新记录时，能自动执行以下操作。

(1) 对“商品一览表”中“平均进价”字段进行自动更新：

平均进价=(进价*数量+平均进价*库存量)/(数量+库存量)

我们可以使用【实训项目 7-6】中定义的自定义函数“平均价格()”：

平均进价=平均价格(原平均进价, 库存,进价, 数量)

(2) 对“商品一览表”中“库存量”字段进行自动更新：

库存量=库存量+数量

注意：因为计算平均进价要使用原来的库存量，所以必须先更新平均进价，再更新库存(本题使用局部变量可以不考虑)。

```
USE diannaoxs
IF exists (SELECT name FROM sysobjects WHERE name='进货检查' AND type='tr')
    DROP  TRIGGER  进货检查
GO
CREATE  TRIGGER 进货检查 ON 进货表 2011  after  insert
  AS
  DECLARE  @hh char(4) , @sl int , @jj Smallmoney, @pj Smallmoney , @kc
bigint
  SELECT  @hh=货号, @sl=数量, @jj=进价  FROM  inserted
  SELECT  @pj=平均进价, @kc=库存量 FROM 商品一览表 WHERE 货号=@hh
  UPDATE 商品一览表 SET 平均进价=平均价格( @pj, @kc, @jj, @sl)
      WHERE 货号=@hh
  UPDATE 商品一览表  SET 库存量=@kc+@sl  WHERE 货号=@hh
GO
```

对字段更新的表达式中可以使用字段名，但使用局部变量效率更高。

运行代码成功创建触发器后显示：命令已成功完成。

假设公司刚从厂家代号为 BJLX 的“北京联想科技股份有限公司”按每台 5180 元的价格购进“1001”号计算机 10 台，由公司员工于丽负责验货入库。我们必须在“进货表 2011”中插入一条记录，其中：进货日期可使用当前日期的默认值，序号、厂家名称不需要输入，只输入供货商 ID 即可，实际上是按进货表全部字段输入。

注意：请先查询“商品一览表”，并记住“商品一览表”中该商品平均进价(5275 元)和原有库存量(13 台)。

如果输入以下代码：

```
INSERT 进货表 2011
   VALUES (default, '1001', 10, 5180.00, 'BJLX', '于丽' )
SELECT  *  FROM 进货信息视图
```

运行结果却显示了错误信息：

```
服务器: 消息 547, 级别 16, 状态 1, 行 1
```

INSERT 语句与 COLUMN FOREIGN KEY 约束“员工姓名”冲突。该冲突发生于数据库“diannaoxs”，表“员工表”，column“姓名”。

语句已终止。

(所影响的行数为 11 行)

这是因为我们对“进货表 2011”的“收货人”设置了外键约束引用“员工表”的“姓名”，而“员工表”中只有“于　丽”而没有“于丽”，所以设置外键时应尽量引用主键。

为什么出现“(所影响的行数为 11 行)”的错误呢？其实这是执行 SELECT 查询语句的结果，错误信息显示在“消息”窗口，选择网格窗口就可以看到查询的结果。

修改 SQL 语句，输入以下代码：

```
INSERT 进货表 2011
   VALUES (default, '1001', 10, 5180.00, 'BJLX', '于  丽' )
SELECT  *  FROM 进货信息视图
```

运行结果如图 8.12 所示。

	序号	进货日期	货号	货名	规...	数...	单价	购货金...	进货厂家	编号	厂家账户	收货人
1	1	2010/01/08	1001	计算机	LC	10	5300.00	53000.00	山东省浪潮集团公司销售公司	SDLC	1002-305-6	孙立华
2	2	2010/01/08	1002	计算机	LX	10	5180.00	51800.00	北京联想科技股份有限公司	BJLX	11204567765	孙立华
3	3	2010/01/08	3001	CPU处理器	P4	30	350.00	10500.00	北京方正电脑有限公司	BJFZ	20006786570	孙立华
4	4	2010/01/20	2001	显示器	15	30	860.00	25800.00	北京方正电脑有限公司	BJFZ	20006786570	于 丽
5	5	2010/01/28	2002	显示器	17	30	1060.00	31800.00	上海电脑市场器材销售中心	SHSC	336-448-669	于 丽
6	6	2010/02/05	4001	内存储器	256	80	185.50	14840.00	山东省浪潮集团公司销售公司	SDLC	1002-305-6	孙立华
7	7	2010/02/05	4002	内存储器	512	80	280.50	22440.00	北京联想科技股份有限公司	BJLX	11204567765	孙立华
8	8	2010/02/16	1001	计算机	LC	10	5250.00	52500.00	上海科大计算机技术服务公司	SHKD	2246800012	于 丽
9	9	2010/03/07	3001	CPU处理器	P4	30	350.00	10500.00	上海电脑市场器材销售中心	SHSC	336-448-669	孙立华
10	10	2010/03/26	4002	内存储器	512	80	280.50	22440.00	山东省浪潮集团公司销售公司	SDLC	1002-305-6	孙立华
11	12	2010/03/26	1003	计算机	FZ	10	4950.00	49500.00	山东省浪潮集团公司销售公司	SDLC	1002-305-6	于 丽
12	15	2005/08/25	1001	计算机	LC	10	5180.00	51800.00	北京联想科技股份有限公司	BJLX	11204567765	孙立华

图 8.12　创建触发器后在“进货表 2011”插入一条进货记录的结果

再打开“商品一览表”可以看到，1001 商品的平均进价已自动修改(5233.7 元)，库存量也已自动修改(23 台)。

【实训项目 8-6】为“销售表 2011”创建“销售检查”触发器

为“销售表 2011”创建一个名字为“销售检查”的后触发器，当销售某种商品添加一条新记录时，能自动执行以下操作。

- 自动检查销售“数量”不允许大于“商品一览表”中的“库存量”。
- 自动检查“单价”下浮或上调不允许超出“商品一览表”公司所制定的“参考价格”的 5%范围。
- 根据“货号”自动从“商品一览表”中获得相应的“货名”数据。
- 自动计算“金额=单价×数量”。
- 对“商品一览表”中“库存量”进行自动更新。

注意：使用 INSERT 语句一次只能添加一条记录。

代码如下：

```
USE diannaoxs
IF exists (SELECT name FROM sysobjects  WHERE name='销售检查' AND type='tr')
   DROP  TRIGGER  销售检查
GO
CREATE TRIGGER 销售检查 ON 销售表 2011  after  insert
  AS
  DECLARE  @xh BigInt, @hh char(4) , @sl int , @dj Smallmoney,
           @hm Nvarchar(8) , @ckjg Smallmoney , @kc bigint
  SELECT  @xh=序号,@hh=货号, @sl=数量, @dj=单价  FROM  inserted
  SELECT  @hm=货名, @ckjg=参考价格, @kc=库存量  FROM 商品一览表
     WHERE 货号=@hh
  IF  @sl <=@kc
    BEGIN
      IF  @dj >=@ckjg*0.95  AND  @dj<=@ckjg*1.05
        BEGIN
           UPDATE 销售表 2011       -- 条件不能使用货号，货号不唯一
              SET 货名= @hm , 金额=@sl*@dj  WHERE 序号=@xh
           UPDATE 商品一览表  SET 库存量=@kc-@sl  WHERE 货号=@hh
        END
      ELSE
        BEGIN
           PRINT  '单价超出参考价格'+cast( @ckjg  AS  varchar(10) )
                   + '的%5 范围，不能销售'
           ROLLBACK  TRANSACTION       -- 事务回滚，撤消插入
        END
    END
  ELSE
    BEGIN
       PRINT  '销售量大于库存量'+cast( @kc AS varchar(4))
              + '，库存不足不能销售'
```

```
        ROLLBACK  TRANSACTION
      END
GO
```

注意：

- UPDATE 更新“销售表 2011”货名、金额时，不能使用“WHERE 货号=@hh”，因为该表中同一货号的记录不止一条，必须使用关键字“序号”。
- 对字段更新的表达式中可以使用字段名，但使用局部变量效率更高。
- 因为是后触发，新记录已通过其他约束规则被插入到数据表中，所以当数量、价格不满足要求时，必须使用 ROLLBACK TRANSACTION 事务回滚撤销。

运行代码创建触发器成功后显示：命令已成功完成。

假设现在客户“济南商业电脑商城”来购买“1002”号商品“计算机”2 台，由销售员章晓晓与客户商定单价 5500 元。我们必须在“销售表 2011”中插入一条记录，其中：销售日期可使用当前日期的默认值，序号、货名、金额均不需要输入。

注意：先请查询“商品一览表”，记住公司制定的该商品参考价格(5600)和现有库存量(8 台)。

代码如下：

```
INSERT 销售表 2011 (销售日期, 客户名称, 货号, 数量, 单价, 销售员)
      VALUES (default, '济南商业电脑商城', '1002', 2, 5500, '章晓晓')
SELECT  *  FROM 销售信息视图
```

运行结果如图 8.13 所示。

	序号	销售日期	客户名称	货号	货名	规...	单...	单价	数...	金额
1	1	2010/01/08	济南新浪计算机公司	1001	计算机	LC	套	5800.00	2	11600.00
2	2	2010/01/12	青岛科技商贸公司	3001	CPU处理器	P4	个	420.00	3	1260.00
3	3	2010/01/18	济南兴华电脑销售公司	1002	计算机	LX	套	5600.00	2	11200.00
4	4	2010/01/18	潍坊电脑器材商店	3001	CPU处理器	P4	个	430.00	5	2150.00
5	5	2010/01/22	潍坊电脑器材商店	4002	内存储器	512	片	335.50	30	10065.00
6	6	2010/01/26	青岛大方网络服务中心	2001	显示器	15	台	960.00	4	3840.00
7	7	2010/02/06	济南商业电脑商城	4001	内存储器	256	片	225.00	10	2250.00
8	8	2010/02/15	济南新浪计算机公司	3001	CPU处理器	P4	个	410.00	4	1640.00
9	9	2010/02/26	李晓雯	4002	内存储器	512	片	320.00	25	8000.00
10	10	2010/03/07	青岛科技商贸公司	2002	显示器	17	台	990.00	7	6930.00
11	11	2010/03/18	济南新浪计算机公司	1001	计算机	LC	套	5750.00	2	11500.00
12	12	2010/03/20	济南新浪计算机公司	1001	计算机	LC	套	5780.00	3	17340.00
13	13	2010/03/20	济南新浪计算机公司	3001	CPU处理器	P4	个	400.00	5	2000.00
14	14	2010/03/20	潍坊电脑器材商店	4002	内存储器	512	片	320.00	25	8000.00
15	17	2009/08/25	济南商业电脑商城	1002	计算机	LX	套	5500.00	2	11000.00

图 8.13　创建触发器后在“销售表 2011”中插入一条销售记录的结果

再打开“商品一览表”可以看到，1002 商品的库存量已经自动修改(6 台)。

如果将单价改为 5000，再输入以下代码增加一条销售记录：

```
INSERT 销售表 2011 (销售日期, 客户名称, 货号, 数量, 单价, 销售员)
      VALUES (default, '济南商业电脑商城', '1002', 2, 5000, '章晓晓')
```

运行结果显示："价超出参考价格 5600.00 的%5 范围，不能销售。"

再查询"销售表 2011"或"销售信息视图 2011"可以看到没有增加记录，"商品一览表"中的库存量也没有变化。

如果将单价改为 6000，输入以下代码增加一条销售记录：

```
INSERT 销售表 2011 (销售日期, 客户名称, 货号, 数量, 单价, 销售员)
    VALUES (default, '济南商业电脑商城', '1002', 2, 6000, '章晓晓')
```

运行结果与前一条 SQL 语句一样，没有增加记录。

如果改销售数量为 7 台(注意现有 6 台)，输入以下代码增加一条销售记录：

```
INSERT 销售表 2011 (销售日期, 客户名称, 货号, 数量, 单价, 销售员)
    VALUES (default, '济南商业电脑商城', '1002', 7, 5500, '章晓晓')
```

运行结果显示："销售量大于库存量 6，库存不足不能销售"，各表数据均没有变化。

【实训项目 8-7】为"商品一览表"创建"修改商品"触发器

为"商品一览表"创建一个名为"修改商品"的后触发器，禁止修改"平均进价"和"库存量"；当修改某个商品的货名时，需要把"销售表 2011"中相应的数据同时全部修改，实现"商品一览表"和"销售表 2011"的级联修改。

注意： 货号已被"销售表 2011"、"进货表 2011"设置了外键的引用，本身已不允许修改，如果有必要修改时必须解除"销售表 2011"、"进货表 2011"的外键约束。

```
USE diannaoxs
IF exists (SELECT name FROM sysobjects WHERE name='修改商品' AND
type='tr')
   DROP TRIGGER 修改商品
GO
CREATE TRIGGER 修改商品 ON 商品一览表 after update
   AS
   DECLARE @hh char(4), @hm nvarchar(8), @pj1 Smallmoney, @pj2 Smallmoney,
           @kc1 bigint, @kc2 bigint
   SELECT @hh=货号, @pj1=平均进价, @kc1=库存量 FROM deleted
   SELECT @hm=货名, @pj2=平均进价, @kc2=库存量 FROM inserted
   IF @pj1<>@pj2
    BEGIN
      PRINT '平均进价不允许修改！'
      ROLLBACK TRANSACTION       -- 事务回滚，撤销修改
    END
   ELSE
    BEGIN
      IF @kc1<>@kc2
       BEGIN
         PRINT '库存量不允许修改！'
         ROLLBACK TRANSACTION      -- 事务回滚，撤销修改
       END
      ELSE
```

```
        UPDATE 销售表 2011  SET 货名=@hm  WHERE 货号=@hh
    END
GO
```

运行代码创建触发器成功后显示：命令已成功完成。

如果使用以下语句对“商品一览表”的“平均进价”进行修改：

```
    UPDATE 商品一览表 SET 平均进价=8000  WHERE 货号='1001'
```

运行后显示：“平均进价不允许修改！”，查询 1001 号商品的平均进价没有变化。

如果使用以下语句对“商品一览表”的“库存量”进行修改：

```
    UPDATE 商品一览表 SET 库存量=8000  WHERE 货号='1001'
```

运行后显示：“库存量不允许修改！”，查询 1001 号商品的库存量没有变化。

如果使用以下语句对“商品一览表”的“货名”进行修改：

```
    UPDATE 商品一览表 SET 货名='品牌计算机'  WHERE 货号='1001'
    SELECT  *  FROM 商品一览表
```

运行结果如图 8.14 所示。

	货号	货名	规格	单...	平均进价	参考价...	库存量
1	1001	品牌计算机	LC	套	5233.6956	5800.00	23
2	1002	计算机	LX	套	5180.00	5600.00	6
3	1003	计算机	FZ	套	4950.00	5335.00	10
4	2001	显示器	15	台	860.00	980.00	26
5	2002	显示器	17	台	1060.00	1250.00	23
6	3001	CPU处理器	P4	个	350.00	420.00	43
7	3002	CPU处理器	SY8800	个	NULL	NULL	0
8	4001	内存储器	256	片	185.50	225.50	70
9	4002	内存储器	512	片	280.50	335.50	80

图 8.14　创建触发器后更新“商品一览表”的结果

再查询一下“销售表 2011”或“进货信息视图 2011”，可以看到所有原来 1001 号商品名称全部被更新成了“品牌计算机”。

最后请使用以下语句将“商品一览表”中的数据恢复过来：

```
    UPDATE 商品一览表 SET 货名='计算机'  WHERE 货号='1001'
```

【实训项目 8-8】为“销售表 2011”创建“修改销售”触发器

为“销售表 2011”创建一个“修改销售”的后触发器，销售记录超过 5 天后则不允许修改。

```
USE diannaoxs
IF exists (SELECT name FROM sysobjects  WHERE name='修改销售' AND type='tr')
    DROP  TRIGGER  修改销售
GO
CREATE  TRIGGER 修改销售 ON 销售表 2011  after  update
    AS
```

```
    DECLARE  @rq  Smalldatetime
    SELECT  @rq=销售日期  FROM  deleted
    IF  Datediff(dd, @rq,getdate())>5
      BEGIN
         PRINT  '销售记录已超过 5 天，不准修改！'
         ROLLBACK  TRANSACTION        -- 事务回滚，撤销修改
      END
GO
```

注意：条件表达式不能使用 Day(getdate())-Day(@rq)>5，这样则月底和下个月初的日期计算不对。

运行代码创建触发器成功后显示："命令已成功完成。"

如果将序号 17 的销售记录的客户名称"济南商业电脑商城"改为"济南商业电脑城"，可使用以下语句进行修改：

```
UPDATE 销售表 2011  SET 客户名称='济南商业电脑城'  WHERE 序号=17
SELECT  *  FROM 销售表 2011
```

运行后可以看到数据已得到了修改，重新设置一下系统时间为 5 天以后，再输入以下语句：

```
UPDATE 销售表 2011  SET 客户名称='济南商业电脑公司'  WHERE 序号=17
```

运行结果显示：销售记录已超过 5 天，不准修改！

【实训项目 8-9】为"供货商表"创建"禁止修改"触发器

设置替代触发器"禁止修改"，不允许对"供货商表"的厂家记录进行修改、删除。代码如下：

```
USE diannaoxs
IF exists (SELECT name FROM sysobjects  WHERE name='禁止修改' AND
type='tr')
   DROP  TRIGGER  禁止修改
GO
CREATE  TRIGGER 禁止修改 ON 供货商表
   instead  of  update, delete                 -- 修改或删除激活
   AS
   PRINT  '请原谅，"供货商表"不允许对任何数据进行修改和删除。
GO
```

该触发器为替代触发，只要对"供货商表"进行任何修改、删除操作，则立即停止并取消该 SQL 语句对"供货商表"的操作，激活并执行触发器，所以不需要事务回滚语句。

在创建该触发器之前，可以将"供货商表"编号为 SDKJ 的厂家名称"山东科技市场计算机销售处"改为"山东科技市场计算机销售中心"。代码如下：

```
UPDATE 供货商表 SET 供货商='山东科技市场计算机销售中心'
     WHERE 供货商 ID='SDKJ'
SELECT * FROM 供货商表
```

运行后可以看到数据已得到了修改，创建触发器以后，再输入修改语句结果就会显示：“请原谅，“供货商表”不允许对任何数据进行修改和删除。”

注意：如果外键所引用的父表已经创建了对子表级联修改或删除的触发器，则子表不允许创建具有相同动作的替代触发器。

例如：我们已经创建了“商品一览表”、“员工表”、“供货商表”对“进货表 2011”、“销售表 2011”的级联 UPDATE 触发器，则“进货表 2011”、“销售表 2011”可以创建由 UPDATE 动作激活的后触发器，但不允许创建由 UPDATE 动作激活的替代触发器。

8.3.4　禁用/启用触发器

当某个表设置触发器禁止对某个字段进行修改而又必须对该表进行修改时，可以使用禁用触发器命令，使触发器不起作用，修改以后重新启用。

例如：【实训项目 8-9】对“供货商表”已设置替代触发器“禁止修改”，如果有必要修改时必须禁用触发器，修改后再启用该触发器。

假设“员工表”与“销售表 2011”、“进货表 2011”用触发器实现了级联删除，若某个员工调离，需要从“员工表”中删除，但是原来他所经手的销售或进货记录不能删除，则可以禁用触发器，“员工表”删除记录以后再启用该触发器。

再例如：销售价格被触发器限制在公司制定的参考价格 5%范围内浮动，如果遇到特殊情况做特价处理时，则可以禁用触发器，特价销售以后再启用该触发器。

禁用触发器的语句格式：

```
ALTER  TABLE 表名  DISABLE  TRIGGER 触发器名
```

启用触发器的语句格式：

```
ALTER  TABLE 表名  ENABLE  TRIGGER 触发器名
```

【实训项目 8-10】禁止“供货商表”使用“禁止修改”触发器

禁止使用“供货商表”创建的替代触发器“禁止修改”，允许对厂家记录进行修改、删除。代码如下：

```
ALTER  TABLE 供货商表  DISABLE  TRIGGER 禁止修改
UPDATE 供货商表 SET 供货商='山东科技市场计算机销售处'
   WHERE 供货商 ID='SDKJ'
SELECT  *  FROM 供货商表
```

运行后可以看到数据已得到了修改，可见“禁止修改”触发器已经不起作用，可以对“供货商表”进行修改和删除。之后使用以下语句再启用触发器。

```
ALTER  TABLE 供货商表  ENABLE  TRIGGER 禁止修改
```

8.3.5 用 SSMS 创建触发器

用 SSMS 创建触发器的步骤如下。

在对象资源管理器中展开数据库，展开数据表节点，展开要创建触发器的表，选中“触发器”节点后右击，在弹出的快捷菜单中选择“新建触发器”命令，如图 8.15 所示。

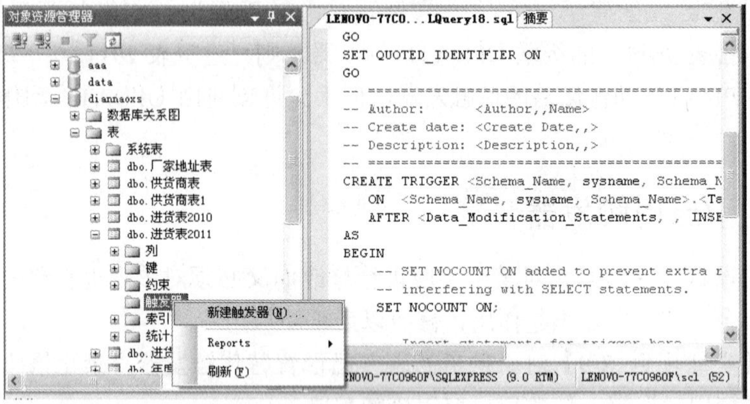

图 8.15　选择“新建触发器”命令

注意：
- 不能在系统表和临时表上创建任何触发器，不能在视图上创建后触发器。
- 可以在触发器中引用视图或临时表，但不能引用系统表。

8.4 触发器的查看、编辑、重命名和删除

8.4.1 用 SSMS 查看、编辑触发器

与在 SSMS 中创建触发器相同：在对象资源管理器中展开数据表节点，展开要创建触发器的表，展开“触发器”节点，选择建好的触发器后右击，从弹出的快捷菜单中选择“修改”命令。最后单击“关闭”按钮完成触发器的操作。

8.4.2 用 EXECUTE 查看触发器的定义与相关性

1. 查看触发器的基本信息

语法格式：

```
[EXECUTE] sp_help 触发器名
```

2. 查看触发器的定义

语法格式：

```
[EXECUTE] sp_helptext 触发器名
```

3．查看触发器的依赖关系(相关性)

语法格式：

```
[EXECUTE] sp_depends 触发器名
```

4．查看指定表上指定类型的触发器信息

语法格式：

```
    [EXECUTE] sp_help TRIGGER 表名[，INSERT|UPDATE|DELETE ]
```

如果省略触发类型，则返回定义在该表上的所有触发器的信息。

8.4.3　用 SQL 语句修改和删除触发器

1．用 ALTER TIGGER 语句修改触发器

语法格式：

```
   ALTER  TIGGER 触发器名  ON 表名 [WITH  ENCRYPTION]
      FOR  { [ DELETE ]  [,]  [ UPDATE ]  [,]  [ INSERT ] }
      [NOT  FOR  REPLICATION]
      AS
      SQL 语句
```

在 SSMS 中修改触发器可以参照原来的 SQL 语句直接进行修改，所以修改触发器在 SSMS 中更加方便。

2．重命名触发器

语法格式：

```
[EXECUTE]  sp_rename 原触发器名, 新触发器名
```

3．删除触发器

语法格式：

```
DROP  TRIGGER 触发器名[, …n]
```

8.5　实训要求与习题

实训要求

(1) 理解存储过程的意义，掌握存储过程的创建、查看、修改、删除与应用。

(2) 理解触发器的意义，掌握触发器的创建、查看、修改、禁用/启用、删除与应用。

(3) 根据教学进度，认真按照【实训项目 8-1】～【实训项目 8-10】的要求进行操作，掌握存储过程和触发器在数据库中的应用。

练习题

(1) 创建存储过程使用__________语句，执行调用用__________语句，查看用__________语句，删除用__________语句。

(2) 触发器按激活的方式分为________和________两种触发方式。后触发器在________被激活，只能用于______上。替代触发器在________被激活，用于______上。

(3) 创建触发器使用________语句。在表或视图上执行______、______和________语句可以激活触发器。

(4) SQL Server 为每一个触发器创建了两个______和_______临时表。在______时候创建，在__________时候被删除。

(5) 下列(　　)是对存储过程的描述。

A. 定义了一个有相关列和行的集合
B. 当用户修改数据时，一种特殊形式的存储过程被自动执行
C. SQL 语句的预编译集合
D. 它根据一列或多列的值，提供对数据库表的行的快速访问

(6) 创建存储过程时必须注意(　　)两项。

A. 不能在存储过程中使用 CREATE VIEW 命令
B. 存储过程中参数的最大数目为 1024/2100
C. 存储过程中局部变量的最大数目仅受可用内存的限制
D. 在存储过程中不能引用临时表

(7) 在 SQLServer 2005 中，系统存储过程(　　)。

A. 用来代替用户定义的存储过程
B. 可以在查询编辑器中修改
C. 一些名称以“sp_”开头，一些名称以“sys_”开头
D. 存储在 Master 数据库中

(8) 对于下面的存储过程：

```
CREATE PROCEDURE MyP1 @p Int As select Studentname, Age
    form Students where Age=@p
```

如果在 students 表中查找年龄 18 岁的学生，正确调用存储过程的是(　　)。

A. execx MyP1 @p='18'　　B. execx MyP1 @p=18
C. execx MyP1 p='18'　　D. execx MyP1 p=18

(9) 下面有关触发器的描述正确的是(　　)。

A. 触发器代码可以包含一条 rollback tran 语句，以取消触发自己的数据修改语句所做的工作
B. 触发器在被批处理，但在它们被递交后触发
C. 若存在一个删除触发器，则只有执行 T-SQL 能够触发该批处理，在 SSMS 中手工删除数据不会触发
D. 可以通过执行一个触发器名字来触发该触发器，就像执行一个存储过程一样

(10) 用 sp_recompile 系统存储过程可以强制存储过程在下一次启动时进行重新编译，其语法为：sp_recompile|@objectname=|'object'，其中的 object 不是以下(　　)对象名称。

A. 存储过程名称　　B. 触发器名称

C. 约束对象名称　　D. 视图名称

(11) 考虑下面 SQL Server 的存储过程：

```
CREATE procedure lookup (@a int)As
  if @a is null
    Begin
      print 'You forgot to pass in a parameter'
      Return
    End
Select * from sysobjects where id = @a
Retrun
```

如果这个存储过程不带参数运行会发生(　　)。

A. 该存储过程会打印“You forgot to pass in a parameter”

B. 该存储过程会基于无参数情况做一个查找，返回表中的所有行

C. 该存储过程有语法错误

D. 服务器会打印一条消息，提示该存储过程需要提供一个参数

(12) 对于下面的存储过程：

```
create procedure mypi @p int
as
select studentname,age from students where age=@p
```

如果在 students 表中查询年龄是 18 岁的学生，(　　)可以正确地调用这个存储过程。

A. exec mypi @p='18'　　B. exec mypi @p=18

C. exec mypi p='18'　　D. exec mypi p=18

(13) 创建存储过程如下：

```
create procedure dis_num  @dis_no int, @dis_name char(20) OUTPUT  as
  select @dis_name=boss_name from distributors
    where distri_num= @dis_no
```

执行该存储过程的方法正确的是(　　)。

A. exec dis_num 258, @bossname output
   print @bossname

B.declare @bossname char(20)
   exec dis_num 258,@bossname
   print @bossname

C. declare @bossname char(20)
   exec dis_num '258',@bossname output
   print @bossname

D. declare @bossname char(20)
   exec dis_num 258,@bossname output
   print @bossname

(14) T-SQL 代码为：

```
Create procedure price_proc
 (@count int output,@avg_price money output,@type char(12)='business')
```

```
as
Selec@Count=Count(*),@avg_price=Avg(price)from titles where type=@type
```

以下说法正确的是(　　)。

A. 建立一个存储过程 price_proc，所有参数都是输出参数

B. 建立一个存储过程 price_proc，返回的是用户指定类图书的数量及平均价格

C. @count=count(*)也可以用@count=count()代替

D. 创建存储过程失败，因为 select 语句中用了聚合函数，因此必须使用 Group By 进行分组

(15) 在 SQL SERVER 中，以下(　　)不是触发器的特性。

A. 强化约束　　　　B. 可级联运行

C. 跟踪变化　　　　D. 查询优化

(16) 当对表进行(　　)等操作时，触发器将可能根据表发生操作的情况自动被 SQL Server 触发而运行。

A. INSERT　　　　B. Declare

C. Create DataBase　　　　D. Create Trigger

(17) 在 goods 表上已经创建一个 INSERT 的 AFTER 触发器，这时向 goods 表添加一条记录，该记录未指定“货品名称”字段的值，INSERT 触发器触发了吗？为什么？若在 goods 表上创建的是 INSERT 的 INSTEAD OF 触发器，情况又怎样？

(18) 在某表上创建了 DELETE 触发器，当使用 TRUNCATE TABLE 语句删除表中所有记录时，DELETE 触发器能被激活吗？

(19) 若使一表名为 table1 上的 trigger1 触发器无效和重新有效，试编写相应的 Transact-SQL 语句。

第 9 章　SQL Server 2005 的安全性

学习目的与要求

对任何企业组织来说，数据的安全性最为重要。安全性主要是指允许具有相应的数据访问权限的用户能够登录到 SQL Server 并访问数据，以及对数据库对象实施各种权限范围内的操作。因此安全性管理与用户管理是密不可分的。SQL Server 2005 提供了内置的安全性和数据保护，并且这种管理有效而又容易。本章主要讨论如何创建和管理用户账号，以及如何实现和管理安全性。

实训项目

【实训项目 9-1】～【实训项目 9-5】分别用 SSMS、SQL 语句创建 diannaoxs 数据库“员工表”、“商品一览表”、“供货商表”、“销售表 2011”及“进货表 2011”，为各数据表设置或添加数据库用户和角色，最终完善 diannaoxs 数据库。

9.1　SQL Server 2005 的安全机制

SQL Server 2005 的安全性管理是基于安全对象(Securble)和主体(Principal)的。安全对象是受系统保护或控制的资源，如表、视图、存储过程等。主体是可以获得访问安全对象的对象，例如，用户、角色。

安全对象有不同的层次范围，因此，SQL Server 中也是分层次管理和控制的。安全对象范围有服务器、数据库和架构，对应的有服务器安全性、数据库安全性、对象安全性。当用户访问数据库的数据时，用户首先向服务器认证，获得访问服务器后，再向服务器认证，最后向数据库中的对象认证。

服务器层次的安全对象，如登录名(Login)。即用户要想访问数据库，必须有合法的登录名才能连接 SQL Server 服务器，SQL Server 支持的登录名有两种类型：SQL Server 用户、Windows 用户或 Windows 组。

数据库层次的安全对象有数据库用户、角色。只有在获取访问数据库的权限之后才能够对服务器上的数据库进行权限许可下的各种操作，主要是针对数据库对象，如表、视图、存储过程等。这种用户访问数据库权限的设置是通过用户账号来实现的，同时在 SQL Server 中角色作为用户组的代替物大大地简化了安全性管理。

架构是对象的集合，每个对象都被一个架构所拥有，默认架构是 dbo。对象的权限非常精细，在对象上执行的每一个操作(SELECT、UPDATE、INSERT、DELETE)都有相应的权限。使用数据控制语言(Data Control Language，DDL)的 DENY、GRANT、ROVOKE 命令以及系统存储过程可以分配和管理对象权限。

9.1.1 SQL Server 2005 登录认证简介

MS SQL Server 能在两种安全模式下运行：Windows 认证模式、SQL Server 模式。

1. Windows 认证模式

SQL Server 数据库系统通常运行在 NT 服务器平台或基于 NT 构架的 Windows 上，而 NT 作为网络操作系统本身就具备管理登录验证用户合法性的能力，所以 Windows 认证模式正是利用这一用户安全性和账号管理的机制允许 SQL Server 也可以使用 NT 的用户名和口令。在该模式下，用户只要通过 Windows 的认证就可连接到 SQL Server。

Windows 认证模式比起 SQL Server 认证模式来有许多优点，原因在于 Windows 认证模式集成了 NT 或 Windows 的安全系统，并且 NT 安全管理具有众多特征，如安全合法性、口令加密、对密码最小长度进行限制等，所以当用户试图登录到 SQL Server 时，它从 NT 或 Windows 的网络安全属性中获取登录用户的账号与密码，并使用 NT 或 Windows 验证账号和密码的机制来检验登录的合法性，从而提高了 SQL Server 的安全性。

2. SQL Server 认证模式

在 SQL Server 认证模式下，Windows 认证和 SQL Server 认证这两种认证模式都是可用的，NT 的用户既可以使用 NT 认证，也可以使用 SQL Server 认证。前面已经介绍了 Windows 认证的含义，下面介绍一下 SQL Server 认证模式。

9.1.2 SQL Server 认证模式设置(创建登录名)

在 SQL Server 2005 中账号也叫登录名，下面介绍创建登录名的步骤。

(1) 打开 SSMS，在对象资源管理器中，定位到“安全性”节点，展开“登录名”，右击并从弹出的快捷菜单中选择“新建登录名”命令，如图 9.1 所示。在“登录名”对话框中，选择“SQL Server 身份认证”单选按钮，输入登录名、密码，设置默认数据库后单击“确定”按钮即可创建 SQL Server 登录名。

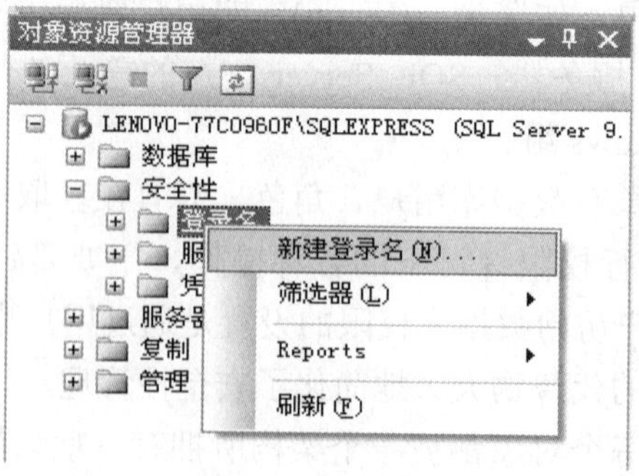

图 9.1 选择“新建登录名”命令

(2) 选择“新建登录名”命令，即出现如图 9.2 所示的新建登录名的“常规”选项卡。

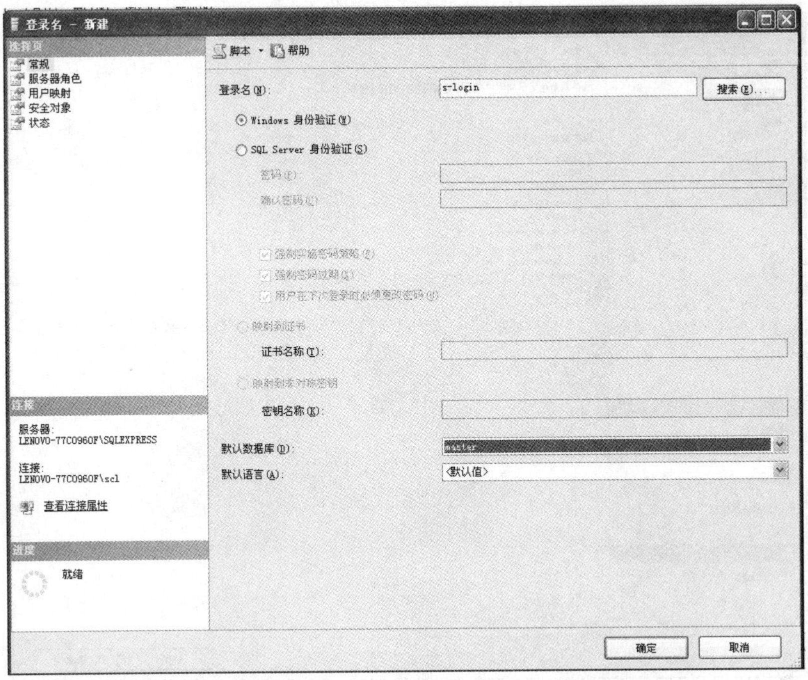

图 9.2　新建登录名的“常规”选项卡

- 在“登录名”文本框中输入名称 s-login。
- 在“身份验证”区域选择“SQL Server 身份验证”单选按钮，如果选择“Windows 身份验证”单选按钮，则在“登录名”文本框中输入的名称必须已经存在于 Windows 操作系统的登录账号中。
- 在“密码”和“确认密码”文本框中输入账号的密码。如选中“强制实施密码策略”复选框，则表示按照一定的密码策略来检验设置的密码，如未选中“强制实施密码策略”复选框，那么设置的密码可以为任意位数。
- 在“默认数据库”下拉列表框中选择数据库 diannaoxs，表示登录名 s-login 的默认数据库为 diannaoxs。

(3) 切换到如图 9.3 所示的新建登录名的“服务器角色”选项卡，该选项卡用于设置登录名是否属于某些服务器角色，服务器角色是对 SQL Server 2005 服务器具有某些操作权限的集合(详见后面章节中的相关内容)。

(4) 切换到如图 9.4 所示的新建登录名的“用户映射”选项卡。该选项卡用于设置访问服务器的登录名将使用什么样的数据库用户名访问数据库，以及具备什么样的数据库角色。数据库角色是对 SQL Server 2005 数据库具有某种权限的集合。

注意： 登录名和用户名是两个截然不同的概念。登录名代表的是服务器上的权限，用户名代表的是数据库上的权限。用户使用登录名登录服务器后，按照登录名的服务器权限可以操作服务器；使用登录名映射的用户名可以操作数据库。登录名和用户名可以相同，也可以不同，一般情况下选择相同。

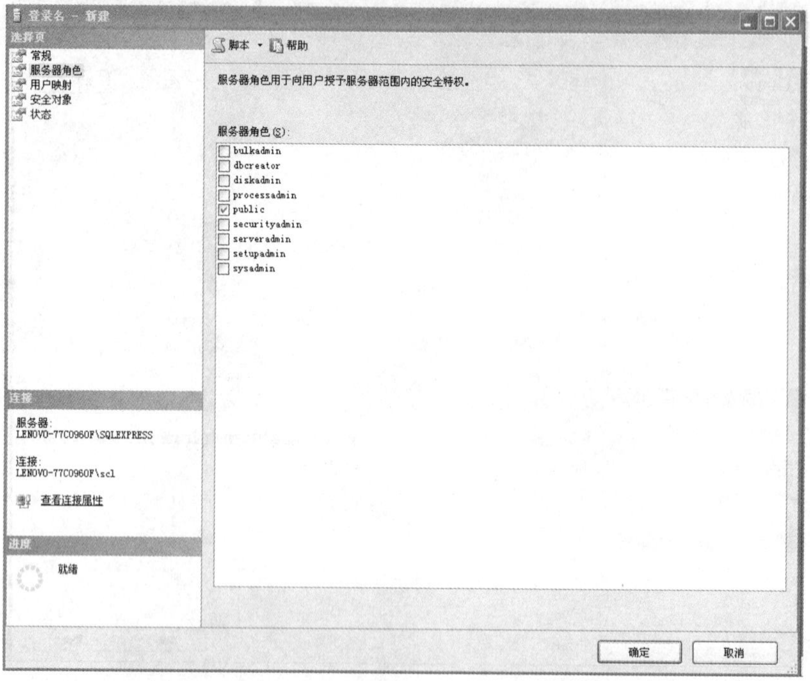

图 9.3　新建登录名的“服务器角色”选项卡

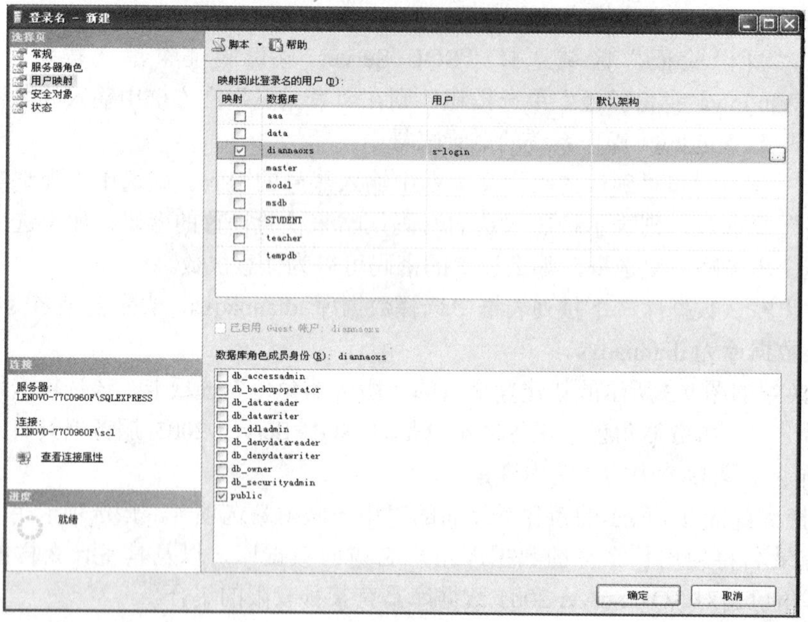

图 9.4　新建登录名的“用户映射”选项卡

(5) 切换到如图 9.5 所示的新建登录名的“安全对象”选项卡，在该选项卡中可以设置特定对象(如服务器、登录名)的权限。

(6) 切换到如图 9.6 所示的新建登录名的“状态”选项卡，在该选项卡中可以设置是否允许登录名连接到数据库引擎，以及是否启用等。

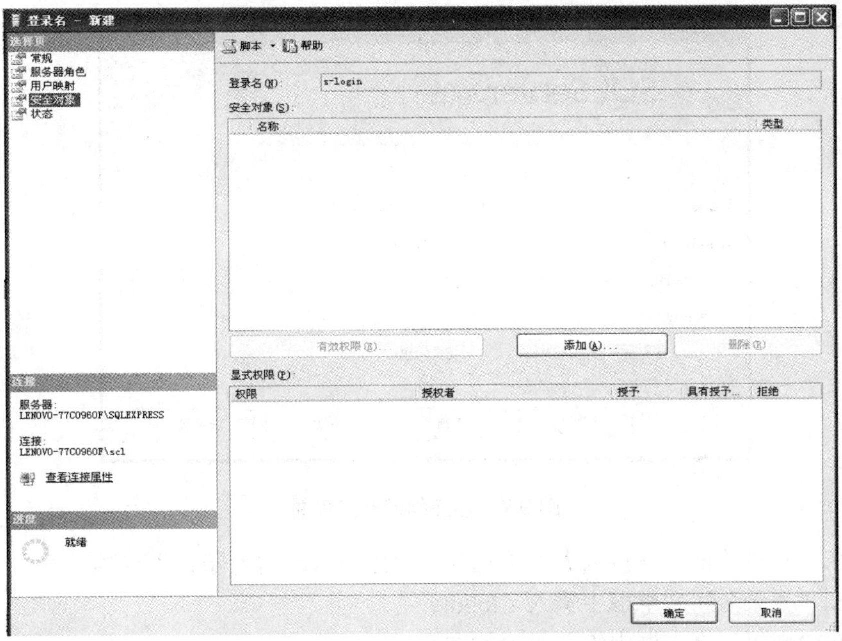

图 9.5　新建登录名的“安全对象”选项卡

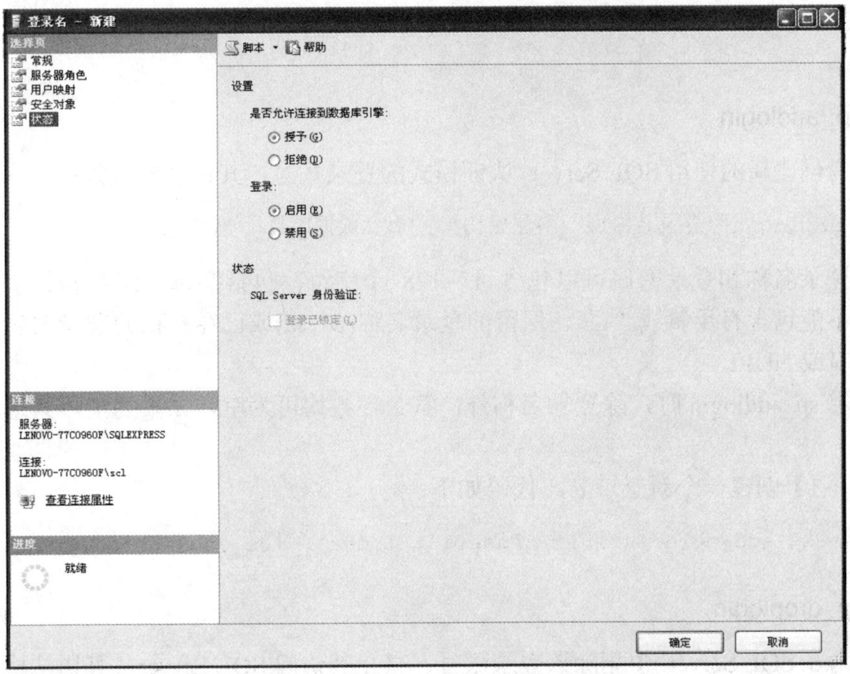

图 9.6　新建登录名的“状态”选项卡

设置完成后单击“确定”按钮，一个新的登录名 s-login 创建完毕。

(7) 可以使用 SSMS 来检测新的登录名是否能成功连接服务器。选择“新建连接”，出现如图 9.7 所示的连接到服务器界面。

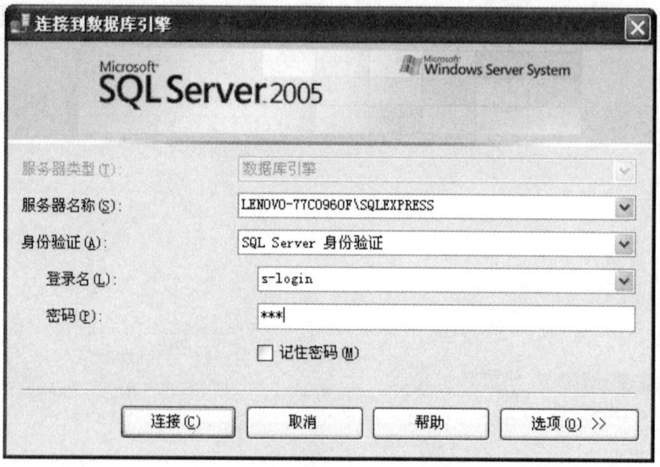

图 9.7　连接到服务器界面

- 在“身份验证”下拉列表框中选择“SQL Server 身份验证”选项。
- 在“登录名”文本框中输入 s-login。
- 在“密码”文本框中输入正确的密码。

单击“连接”按钮，可以测试登录名是否创建成功。

在 SQL Server 中还提供了一些管理 SQL Server 登录功能的系统存储过程，主要有以下几种。

1. sp_addlogin

功能为创建新的使用 SQL Server 认证模式的登录账号，其语法格式为：

```
sp_addlogin '登录名称', '登录密码', '默认数据库', '默认语言'
```

其中登录名称和登录密码可以包含 1～128 个字符，包括字母、汉字和数字。但是，登录名称不能包含有反斜线“\”、保留的登录名称(如 sa)或已经存在的登录名称，也不能是空字符串或 NULL。

在使用 sp_addlogin 时，除登录名称外，其余参数均可为空，如果为空，其选项则设为默认值。

【例 9-1】创建一个新登录名。代码如下：

```
exec sp_addlogin 'user1', 'user1', 'pubs', 'us_english'
```

2. sp_droplogin

功能为在 SQL Server 中删除该登录账号，禁止其访问 SQL Server，其语法格式为：

```
sp_droplogin '登录名称'
```

【例 9-2】 删除 SQL Server 登录者“user1”。代码如下：

```
exec sp_droplogin 'user1'
```

使用时须注意，不能删除系统管理者 sa 以及当前连接到 SQL Server 的登录。如果与登录相匹配的用户仍存在于数据库 sysusers 表中，则不能删除该登录账号。sp_addlogin 和 sp_droplogin 只能用在 SQL Server 认证模式下。

9.2 数据库的用户管理

9.2.1 数据库用户简介

数据库用户用来指出哪一个人可以访问哪一个数据库。在一个数据库中用户 ID 唯一标识一个用户，用户对数据的访问权限以及对数据库对象的所有关系都是通过用户账号来控制的。用户账号总是基于数据库的，即两个不同数据库中可以有两个相同的用户账号。

在数据库中用户账号与登录账号是两个不同的概念。一个合法的登录账号只表明该账号通过了 NT 认证或 SQL Server 认证，但不能表明其可以对数据库数据和数据对象进行某种或某些操作，所以一个登录账号总是与一个或多个数据库用户账号(这些账号必须分别存在相异的数据库中)相对应，这样才可以访问数据库，如登录账号 sa 自动与每一个数据库用户 dbo 相关联。

9.2.2 管理数据库用户

1. 利用 SSMS 管理数据库用户

利用 SSMS 创建一个新数据库用户要执行以下步骤。

(1) 启动 SSMS，单击登录服务器旁边的“+”标志。

(2) 打开数据库文件夹，打开要创建用户的数据库，打开创建用户的表。

(3) 选择“安全性”节点，右击“用户”图标，在弹出的快捷菜单中选择“新建数据库用户”命令，弹出新建用户对话框，如图 9.8 所示。

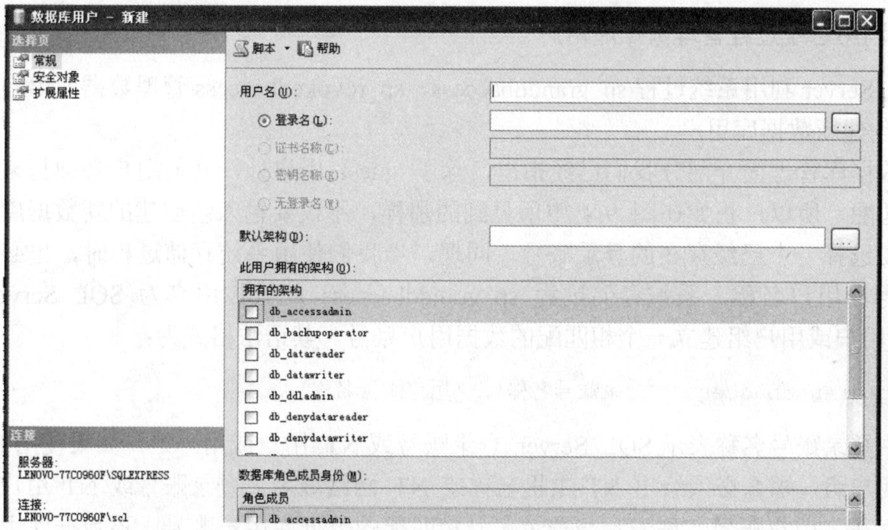

图 9.8　新建数据库用户对话框

(4) 在“登录名”文本框中设置已经创建的登录账号，在“用户名”文本框内输入数据库用户名称。

(5) 单击“确定”按钮。

当然，在创建一个 SQL Server 登录账号时就可以先为该登录账号定出其在不同数据库中所使用的用户名称，如图 9.9 所示，这实际上也完成了创建新的数据库用户这一任务。

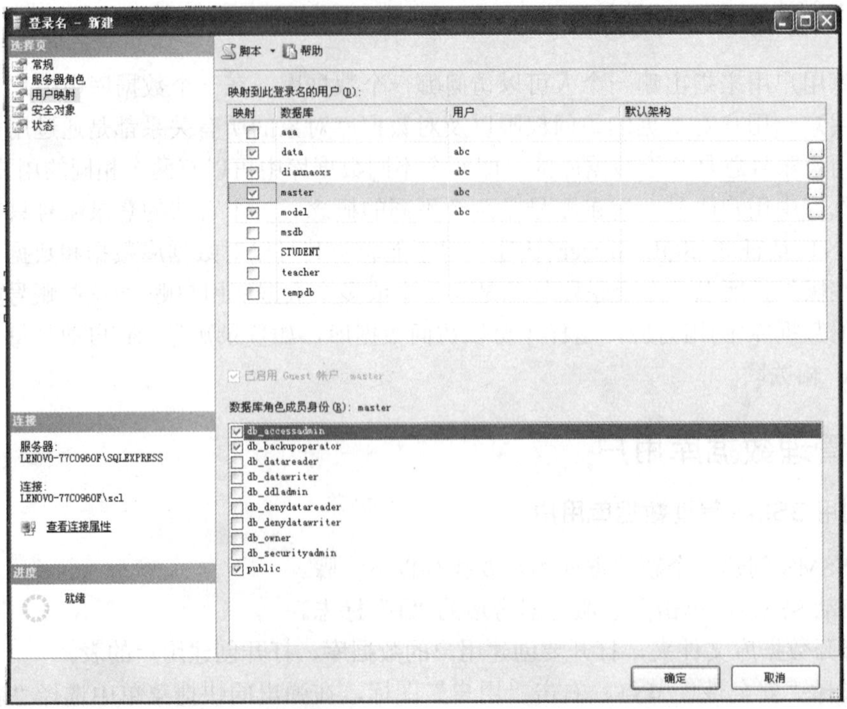

图 9.9 “登录属性”对话框与“数据库访问”标签页

2. 利用系统过程管理数据库用户

SQL Server 利用系统过程 sp_granddbaccess、sp_revokedbaccess 管理数据库用户。

1) 创建新数据库用户

在数据库管理简介部分我们已经指出，除了 guest 用户外，其他用户必须与某一登录账号相匹配，所以，正如在图 9.8 中所见到的那样，不仅要输入新创建的新数据库用户名称，还要选择一个已经存在的登录账号。同理，当我们使用系统存储过程时，也必须指出登录账号和用户名称。系统存储过程 sp_granddbaccess 就是被用来为 SQL Server 登录者、NT 用户或用户组建立一个相匹配的数据用户账号。其语法格式为：

```
sp_grantdbaccess  '登录账号名称', '用户账号名称'
```

其中登录账号名称表示 SQL Server 登录账号或 NT 用户或用户组，如果使用的是 NT 用户或用户组，那么必须给出 NT 主机名称或 NT 网络域名，登录账号或 NT 用户或用户组必须存在。用户账号名称表示与登录账号相匹配的数据库用户账号，该数据库用户账号并不存在于当前数据库中，如果不给出该参数值，则 SQL Server 把登录名作为默认的缺省用户名称。

【实训项目 9-1】将 NT 用户 MIS96\XJ 加到数据库 dianaoxs 中，其用户名为 XJ

代码如下：

```
exec sp_grantdbaccess 'MIS96\XJ', 'XJ'
```

2) 删除数据库用户

系统过程 sp_revokedbaccess 用来将数据库用户从当前数据库中删除，其相匹配的登录者就无法使用该数据库。sp_revokedbaccess 的语法格式为：

```
sp_revokedbaccess  '用户账号名称'
```

【实训项目 9-2】删除 diannaoxs 数据库用户 XJ

代码如下：

```
use diannaoxs
sp_revokedbaccess 'XJ'
```

正如我们不能删除有数据库用户与之相匹配的登录账号一样，如果被删除的数据库用户在当前数据库中拥有任一对象(如表、视图、存储过程)，将无法用该系统存储过程把它从数据库中删除，只有在删除其所拥有和所有的对象后，才可以将数据库用户删除。另外一种解决办法是使用 sp_changeobjectowner 改变对象的所有者，这样也可以被允许删除数据库用户。

3) 查看数据库用户信息

sp_helpuser 被用来显示当前数据库的指定用户信息，其语法格式为：

```
sp_helpuser  '用户账号名称'
```

【例 9-3】 使用 sp_helpuser 查询用户信息。如果不指出参数则显示所有用户信息。代码如下：

```
exec sp_helpuser
```

9.3 权 限 管 理

9.3.1 权限管理简介

用户在登录到 SQL Server 之后，其安全账号(用户账号)所归属的 NT 组或角色所被授予的权限决定了该用户能够对哪些数据库对象执行哪种操作以及能够访问、修改哪些数据。在 SQL Server 中包括两种类型的权限，即对象权限和语句权限。

1. 对象权限

对象权限总是针对表、视图、存储过程而言，它决定了能对表、视图、存储过程执行哪些操作(如 UPDATE、DELETE、INSERT、EXECUTE)。如果用户想要对某一对象进行操作，其必须具有相应的操作权限。例如，当用户要成功修改表中数据时，则前提条件是他已经被授予表的 UPDATE 权限。不同类型的对象支持不同的针对它的操作，例如，不能对表对象执行 EXECUTE 操作。针对各种对象的可能操作进行总结，如表 9.1 所示。

表 9.1　对象权限总结表

对　象	操　作
表	SELECT INSERT UPDATE DELETE REFERENCE
视图	SELECT UPDATE INSERT DELETE
存储过程	EXECUTE
列	SELECT UPDATE

2. 语句权限

语句权限主要指用户是否具有权限来执行某一语句，这些语句通常是一些具有管理性的操作，如创建数据库、表、存储过程等。这种语句虽然仍包含有操作(如 CREATE)的对象，但这些对象在执行该语句之前并不存在于数据库中，如创建一个表，在 CREATE TABLE 语句未成功执行前数据库中没有该表，所以将其归为语句权限范畴。

在 SQL Server 中我们使用 GRANT、REVOKE 和 DENY 三种命令来管理权限。

- GRANT 用来把权限授予某一用户，以允许该用户执行针对该对象的操作(如 UPDATE、SELECT、DELETE、EXECUTE)或允许其运行某些语句(如 CREATE TABLE、CRETAE DATABASE)。
- REVOKE 用来取消用户对某一对象或语句的权限，这些权限是经过 GRANT 语句授予的不允许该用户执行针对数据库对象的某些操作(如 UPDATE、SELECT、DELETE、EXECUTE)或不允许其运行某些语句(如 CREATE TABLE、CREATE DATABASE)。
- DENY 用来禁止用户对某一对象或语句的权限，明确禁止其对某一用户对象执行某些操作(如 UPDATE、SELECT、DELETE、EXECUTE)或运行某些语句(如 CREATE TABLE、CREATE DATABASE)。

下面介绍管理语句权限和对象权限的 GRANT、DENY、REVOKE 三语句的 T-SQL 命令。

管理语句权限命令的语法规则如下：

```
GRANT 语句名称 [,…n] TO 用户账户名称 [,…n]
DENY 语句名称 [,…n] TO 用户账户名称 [,…n]
REVOKE 语句名称 [,…n] TO 用户账户名称 [,…n]
```

【例 9-4】 给用户 user1 授予执行多个语句的权限。代码如下：

```
GRANT CREATE DATABAE,CREATE TABLE TO USRE1
```

【例 9-5】 废除用户 user1 执行 CREATE DATABAE、CREATE TABLE 的权限。代码如下：

```
REVOKE CREATE DATABAE,CREATE TABLE TO USRE1
```

【例 9-6】 禁止用户 user1 执行 CREATE DATABAE、CREATE TABLE 的权限。代码如下：

```
DENY CREATE DATABAE,CREATE TABLE TO USRE1
```

管理对象权限的语法命令如下：

```
GRANT 权限名称 [,…n] ON 表名|视图名|存储过程名 TO 用户账户名称
DENY 权限名称 [,…n] ON 表名|视图名|存储过程名 TO 用户账户名称
REVOKE 权限名称 [,…n] ON 表名|视图名|存储过程名 FROM 用户账户名称
```

【实训项目 9-3】授予用户 user1 对“商品一览表”的 insert、update、delete 的权限

代码如下：

```
GRANT INSERT,UPDATE,DELETE ON 商品一览表 TO USER1
```

9.3.2 利用 SSMS 管理权限

使用 SSMS 管理权限的执行步骤如下。

(1) 启动 SSMS，在对象资源管理器中选择数据库 diannaoxs 后右击，在弹出的快捷菜单中选择“属性”命令。

(2) 切换到如图 9.10 所示的表属性的“权限”选项卡。在这里可以给数据库用户授予或者删除特定对象的权限，不同的数据对象其权限可能会有所不同。

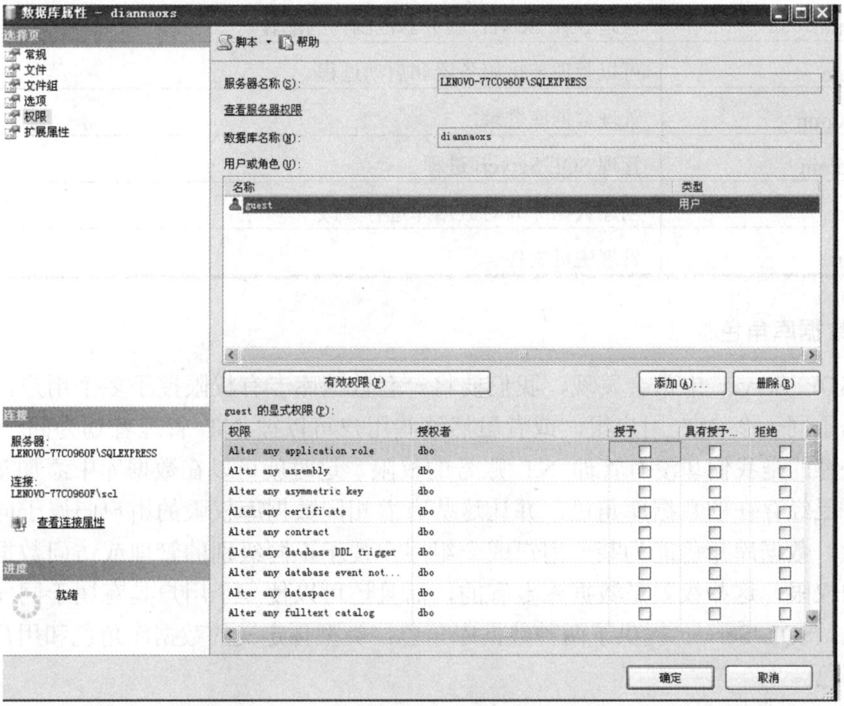

图 9.10 表属性的“权限”选项卡

9.4 角 色 管 理

9.4.1 角色管理简介

自 SQL Server 7 版本开始引入了新的概念角色，从而替代以前版本中组的概念。和组一样，SQL Server 管理者可以将某些用户设置为某一角色，这样只对角色进行权限设置便可实现对所有用户权限的设置，大大减少了管理员的工作量。在 SQL Server 中主要有两种角色类型：服务器角色与数据库角色。

1．服务器角色

服务器角色是指根据 SQL Server 的管理任务，以及这些任务相对的重要性等级，来把具有 SQL Server 管理职能的用户划分成不同的用户组，每一组所具有管理 SQL Server 的权限已被预定义服务器角色，适用在服务器范围内并且其权限不能被修改。例如，具有 sysadmin 角色的用户在 SQL Server 中可以执行任何管理性的工作，任何企图对其权限进行修改的操作都将会失败。这一点与数据库角色不同。

SQL Server 共有 7 种预定义的服务器角色，各种角色的具体含义如表 9.2 所示。

表 9.2 服务器角色的含义

服务器角色	描 述
sysadmin	可以在 SQL Server 中做任何事情
serveradmin	管理 SQL Server 服务器范围内的配置
setupadmin	可以管理连接服务器和启动过程
securityadmin	管理数据库登录
processadmin	管理 SQL Server 进程
dbcreator	创建数据库并对数据库进行修改
diskadmin	管理磁盘文件

2．数据库角色

在 SQL Server 中常会发现，我们要将一套数据库专有权限授予多个用户，但这些用户并不属于同一个 NT 用户组，或者虽然这些用户可以被 NT 管理者划为同一 NT 用户组，但遗憾的是我们却没有管理 NT 账号的权限，这时就可以在数据库中添加新数据库角色或使用已经存在的数据库角色，并让这些有着相同数据库权限的用户归属于同一角色。由此可见，数据库角色能为某一用户或一组用户授予不同级别的管理或访问数据库或数据库对象的权限，这些权限是数据库专有的，而且还可以使一个用户具有属于同一数据库的多个角色。SQL Server 提供了两种数据库角色：类型预定义的数据库角色和用户自定义的数据库角色。

1) 预定义数据库角色

预定义数据库角色是指这些角色所具有的管理、访问数据库权限已被 SQL Server 定义，并且 SQL Server 管理者不能对其所具有的权限进行任何修改。SQL Server 中的每一个数据库中都有一组预定义的数据库角色，在数据库中使用预定义的数据库角色，可以将不同级别的数据库管理工作分给不同的角色，从而很容易实现工作权限的传递。例如，如果准备让某一用户临时或长期具有创建和删除数据库对象(表、视图、存储过程)的权限，那么只要把他设置为 db_ddladmin 数据库角色即可。在 SQL Server 中预定义的数据库角色如表 9.3 所示。

表 9.3　预定义的数据库角色

预定义的数据库角色	描　述
db_owner	数据库的所有者可以执行任何数据库管理工作，可以对数据库内的任何对象进行任何操作，如删除、创建对象，将对象权限指定给其他用户。该角色包含以下各角色的所有权限
db_accessadmin	可增加或删除 NT 认证模式下 NT 用户或 NT 用户组登录者以及 SQL Server 用户
db_datareader	能且仅能对数据库中任何表执行 SELECT 操作，从而读取所有表的信息
db_datawriter	能对数据库中任何表执行 INSERT UPDATE DELETE 操作，但不能进行 SELECT 操作
db_addladmin	可以新建、删除、修改数据库中的任何对象
db_securityadmin	管理数据库内权限的 GRANT DENY 和 REVOKE，主要包括语句和对象权限，也包括对角色权限的管理
db_backupoperator	可以备份数据库
db_denydatareader	不能对数据库中任何表执行 SELECT 操作
db_denydatawriter	不能对数据库中任何表执行 UPDATE DELETE 和 INSERT 操作

2) 用户自定义的数据库角色

当我们打算为某些数据库用户设置相同的权限，但是这些权限不等同于预定义的数据库角色所具有的权限时，就可以定义新的数据库角色来满足这一要求，从而使这些用户能够在数据库中实现某一特定功能。用户自定义的数据库角色具有以下几个优点。

- SQL Server 数据库角色可以包含 NT 用户组或用户。
- 在同一数据库中，用户可以具有多个不同的自定义角色，这种角色的组合是自由的，而不仅仅是 public 与其他一种角色的结合。
- 角色可以进行嵌套，从而在数据库实现不同级别的安全性。

用户定义的数据库角色有两种类型：标准角色和应用角色。标准角色类似于 SQL Server 7 版本以前的用户组，它通过对用户权限等级的认定将用户划分为不同的用户组，使用户总是相对于一个或多个角色，从而实现管理的安全性。所有预定义的数据库角色或 SQL Server 管理者自定义的某一角色(该角色具有管理数据库对象或数据库的某些权限)都是标准角色。

应用角色是一种比较特殊的角色类型，当我们打算让某些用户只能通过特定的应用程序间接地存取数据库中的数据时，就应该考虑使用应用角色。当某一用户使用了应用角色时，他便放弃了已被赋予的所有数据库专有权限，他所拥有的只是应用角色被设置的权限，通过应用角色总能实现这样的目标，即以可控制方式来限定用户的语句或对象权限。

标准数据库角色与应用角色的差异主要表现在以下几个方面。

- 应用角色不像标准角色那样具有组的含义，因此不能像使用标准角色那样，把某一用户设置为应用角色。
- 当用户在数据库中激活应用角色时，必须提供密码，即应用角色是受口令保护的，而标准角色并不受口令保护。

可以看出，并不像标准角色那样，将通过把用户加入到不同的角色当中而使用户具有这样或那样的语句或对象权限，而是首先将这样或那样的权限赋予应用角色，然后将逻辑加入到某一特定的应用程序中，从而通过激活应用角色实现对应用程序存取数据的可控性。只有应用角色被激活，角色才是有效的，用户也便可以且只可以执行应用角色相应的权限，而不管用户是一个 sysadmin 或 public 标准数据库角色。

9.4.2 角色的管理

1. 管理服务器角色

使用 SSMS 查看服务器角色成员的执行步骤如下。

(1) 启动 SSMS 登录，在对象资源管理器下选择“安全性”下的“服务器角色”节点，右击服务器角色，在弹出的快捷菜单中选择“属性”命令，如图 9.11 所示，弹出“服务器角色属性”对话框，如图 9.11 所示。

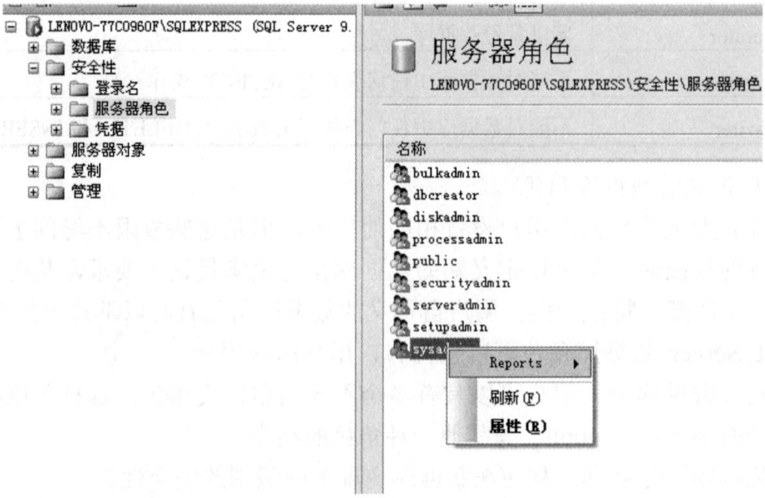

图 9.11 服务器角色属性

(2) 出现如图 9.12 所示的服务器角色属性的“常规”选项卡。在这里可以将服务器角色授予某登录名，或者删除某个登录名具有的服务器角色。

对数据库的安全性管理，SQL Server 2005 通过用户、角色和架构来实现。

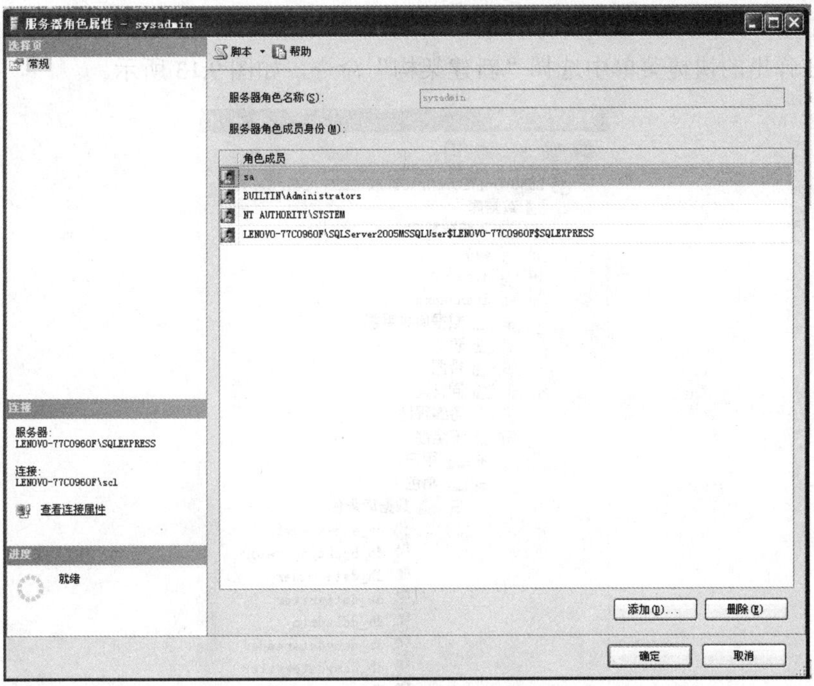

图 9.12　服务器角色属性的“常规”选项卡

2. 增加服务器角色成员

在图 9.12 所示的“服务器角色属性”对话框中单击“添加”按钮，弹出“添加成员”对话框，从中选择登录者。

3. 使用存储过程管理服务器角色

在 SQL Server 中管理服务器角色的存储过程主要有两个：sp_addsrvrolemember 和 sp_dropsrvrrolemember。

sp_addsrvrolemember 是将某一登录加入到服务器角色内，使其成为该角色的成员。

其语法格式为：

```
sp_addsrvrolemember '登录者名称', '服务器角色'
```

【例 9-7】 将登录者 user1 加入 sysadmin 角色中。

```
exec sp_addsrvrolemember 'user1', 'sysadmin'
```

sp_dropsrvrrolemember 用来将某一登录者从某一服务器角色中删除，当该成员从服务器角色中被删除后，便不再具有该服务器角色所设置的权限。

其语法格式为：

```
sp_dropsrvrolemember '登录者名称', '服务器角色'
```

4. 管理数据库架构

架构是数据对象管理的逻辑单位。下面介绍如何在数据库中创建新的架构。

(1) 启动 SSMS，在对象资源管理器下展开“数据库”→“安全性”→“架构”节点后右击，在弹出的快捷菜单中选择“新建架构”命令，如图 9.13 所示。

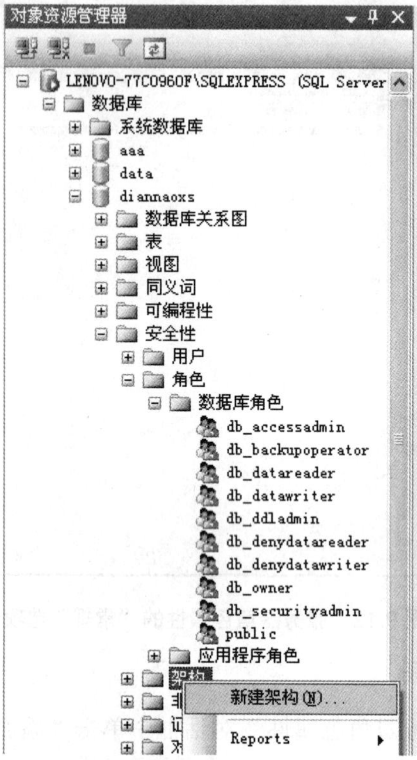

图 9.13　选择“新建架构”命令

(2) 出现如图 9.14 所示的新建架构“常规”选项卡。

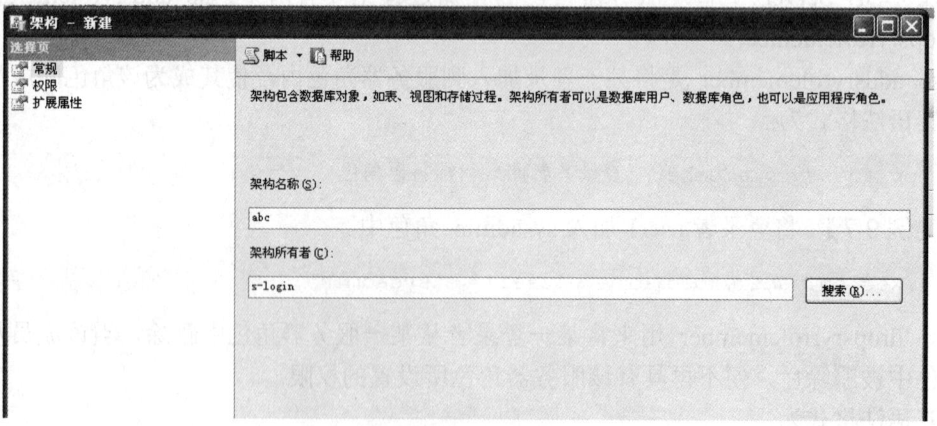

图 9.14　新建架构“常规”选项卡

(3) 切换到如图 9.15 所示的“权限”选项卡。在这里可以设置数据库用户或数据库角色对架构的权限。完成后单击“确定”按钮。

图 9.15　新建架构的"权限"选项卡

5．管理数据库角色

1) 创建数据库角色

(1) 启动 SSMS，在对象资源管理器下，展开"数据库"下的"数据库角色"节点，右击服务器角色，在弹出的快捷菜单中选择"新建"→"新建数据库角色"命令，如图 9.16 所示。

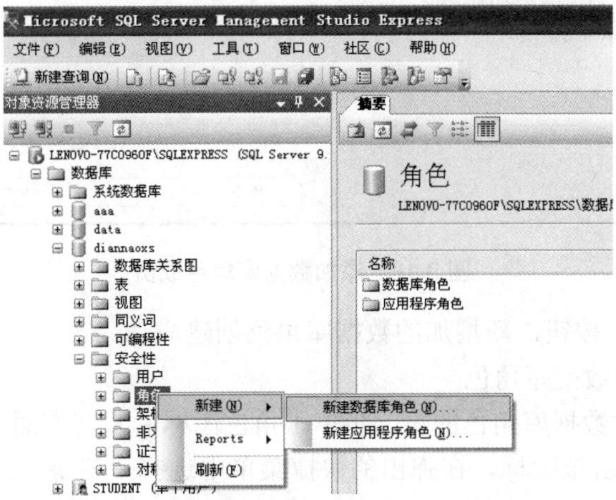

图 9.16　选择"新建数据库角色"命令

(2) 弹出新建数据库角色对话框，如图 9.17 所示，在"角色名称"文本框中输入该数据库角色的名称。

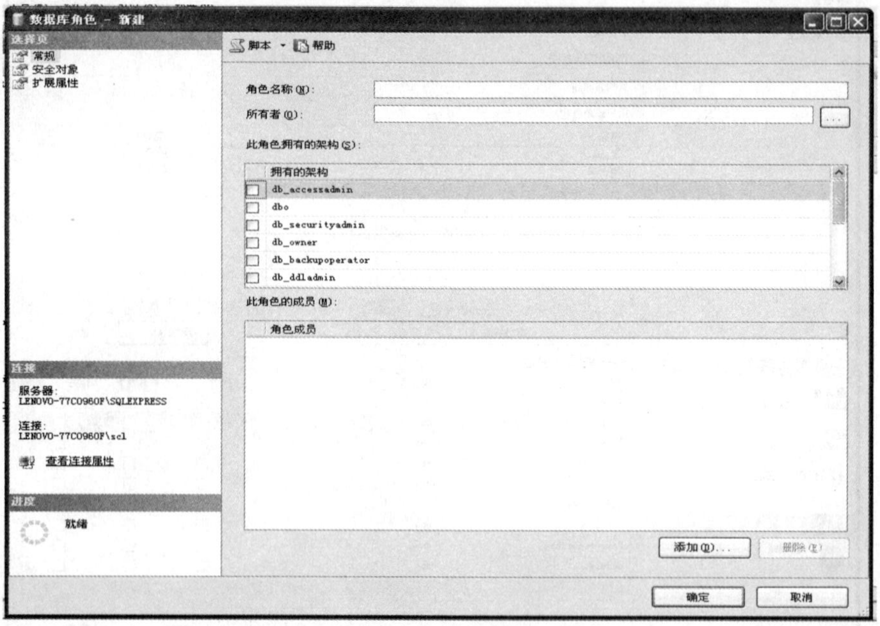

图 9.17　新建数据库角色对话框

(3) 在此角色“拥有的架构”列表框中选择数据库拥有的架构，在此“角色的成员”栏中可以添加数据库用户或数据库角色，如图 9.18 所示。

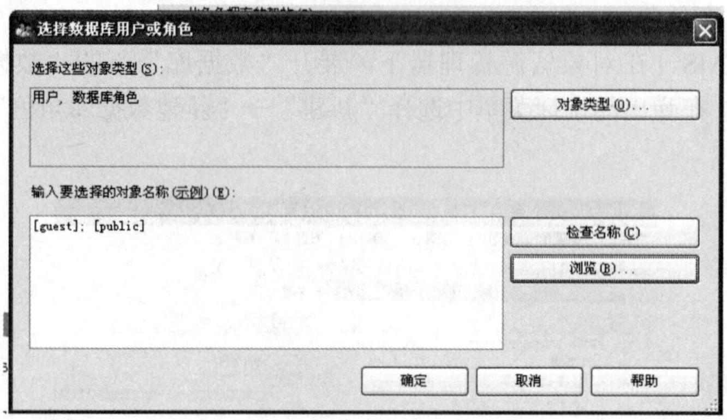

图 9.18　添加数据库角色成员

(4) 单击“确定”按钮，新增加的数据库角色创建成功。

2) 删除自定义的数据库角色

在用 SSMS 创建数据库角色的第二步单击角色图标后，在右面的窗格中选择要删除的数据库角色图标，右击该图标，在弹出的快捷菜单中选择“删除”命令，则该数据库角色被删除。

3) 使用存储过程管理数据库角色

在 SQL Server 中支持数据库角色管理的存储过程有：sp_addrole、sp_addapprole、

sp_dropapprole、sp_helprole、sp_helprolemember、sp_addrolemember、sp_droprolemember。

(1) sp_addrole 系统存储过程是用来创建新数据库角色。其语法格式为：

```
sp_addrole '要创建的数据库角色名称','数据库角色的所有者'
```

【实训项目 9-4】在数据库 diannaoxs 中建立新的数据库角色 newRole

代码如下：

```
sp_addrole 'newRole'
```

(2) sp_droprole 用来删除数据库中某一自定义的数据库角色，其语法格式为：

```
sp_droprole  '要删除的数据库角色名称'
```

若要建立应用角色应使用系统过程 sp_addapprole，其语法格式与 sp_addrole 相同。

【实训项目 9-5】将数据库 diannaoxs 的数据库角色 newRole 删除

代码如下：

```
sp_droprole 'newRole'
```

sp_helprole 用来显示当前数据库所有的数据库角色的全部信息，其语法格式为：

```
sp_helprole  '预定义的数据库角色'
```

若要删除应用角色应使用系统过程 sp_dropapprole，语法格式与 sp_droprole 相同。

【例 9-8】 显示数据库 diannaoxs 的所有数据库角色信息。代码如下：

```
sp_helprole
```

(3) sp_addrolemember 用来向数据库某一角色中添加数据库用户，这些角色可以是用户自定义的标准角色，也可以是预定义的数据库角色，但不能是应用角色。其语法格式为：

```
sp_addrolemember  '数据库角色','数据库用户角色或NT 用户或用户组'
```

【例 9-9】 将用户 user1 加入到角色 newRole 中。代码如下：

```
sp_addrolemember 'newRole' 'user1'
```

sp_droprolemember 是用来删除某一角色的成员，其语法格式为：

```
sp_droprolemember '数据库角色','数据库用户角色或NT 用户或用户组'
```

【例 9-10】 将用户 user1 从数据库角色 newRole 中删除。代码如下：

```
sp_droprolemember 'newRole' 'user1'
```

sp_helprolemember 用来显示某一数据库角色的所有成员，其语法格式为：

```
sp_helprolemember  '数据库角色'
```

如未指明角色名称则显示当前数据库所有角色的成员。

【例 9-11】 显示 diannaoxs 数据库中所有角色的成员。代码如下：

```
use diannaoxs
sp_helprolemember
```

9.5 实训要求与习题

实训要求

(1) 掌握 SQL Server 2005 中两种安全登录认证模式。

(2) 能够使用 SSMS 和查询编辑器两种方法创建两种登录用户。

(3) 理解什么是数据库用户，以及数据库用户与登录用户之间的关系，并且会建立数据库用户。

(4) 掌握两种类型的权限：对象权限和语句权限。

(5) 会为指定用户授予、废除和禁止相应的权限。

(6) 理解角色的概念以及两种角色类型(服务器角色和数据角色)，了解角色的作用。

(7) 能够按照要求创建角色。

练习题

(1) 创建 SQL Server 2005 登录账号时，有哪两种登录账号？它们之间有什么区别？

(2) 写出有关管理登录用户的 T-SQL 语句。

① 创建一个数据库登录用户，用户名为“LoginUser1”，密码为“HelloWorld”，默认数据库为“diannaoxs”。

② 当使用该用户登录时，会出现什么问题？为什么？

③ 显示用户 LoginUser1 的登录信息。

(3) 写出有关管理数据库用户的 T-SQL 语句。

① 将数据库登录用户“LoginUser1”添加到数据“diannaoxs”中，其对应的数据库用户名为“DBUser1”。

② 使用 LoginUser1 登录，能否登录？打开数据库 kiannaoxs，执行查询“员工表”的查询语句，会有什么问题出现？为什么？

③ 显示数据库用户“DBUser1”的信息。

(4) 写出有关管理权限的 T-SQL 语句。

① 授予用户“DBUser1”对“员工表”的 select、insert 权限。

② 使用 LoginUser1 登录，打开 dianaoxs 库，执行查询员工表的 select 语句，看一下还有问题吗？执行查询商品一览表呢？为什么？

③ 给用户“DBUser”授予执行 Create DataBase，Create Table 语句的权限。

④ 废除用户“DBUser”执行 Create DataBase，Create Table 语句的权限。

⑤ 禁止用户“DBUser”执行 Create DataBase，Create Table 语句的权限。

(5) 写出有关管理系统数据库角色的 T-SQL 语句。

① 将数据库登录用户“LoginUser1”加入“sysadmin”角色中。

② 使用“LoginUser1”登录，查询其中的几个表，有问题吗？尝试创建一个数据库，有问题吗？为什么？

③ 将“LoginUser1”从角色“sysadmin”中删除。

④ 使用“LogonUser1”重新登录，尝试查询员工表，会有什么问题出现？

(6) 写出有关管理用户自定义数据库角色的 T-SQL 语句。

① 在数据库“diannaoxs”中创建数据库角色“SeleRole”。

② 把“员工表”和“商品一览表”中的 select 权限通过 grant 语句授予角色“SeleRole”。

③ 通过 LoginUser1 登录，查询“员工表”和“商品一览表”，会有什么问题？

④ 将数据库用户“DBUser1”加入到角色“SeleRole”中。

⑤ 通过 LoginUser1 登录，查询“员工表”和“商品一览表”，还有问题吗？查询“销售表 2006”呢？为什么？

第 10 章　数据备份恢复

学习目的与要求

本章详细介绍了数据备份的主要方式及注意事项，采取适当的备份策略，可以在最短时间内，以最少的数据损失量恢复数据。通过本章学习，要求读者重视数据的安全及保证系统的可靠性方法和异种数据之间的备份技术。

实训项目

【实训项目 10-1】～【实训项目 10-4】利用 SSMS 和 T-SQL 语句对数据库 diannaoxs 进行数据的备份、还原。

10.1　备份与恢复概述

人为操作疏忽、硬件发生故障、数据库文件损坏或者是整个系统毁坏等都有可能造成我们辛苦创建的数据库无法使用。为了能在发生这类问题时，尽快将数据库恢复，将损失降到最低，应该定期备份数据库内容，尤其是存放有重要数据的数据库。

备份与恢复是 SQL Server 的重要组成部分。备份就是指对 SQL Sever 数据库及其他相关信息进行复制，数据库备份能记录数据库中所有数据的当前状态，以便在数据库遭到破坏时能够将其恢复。

恢复就是把遭受破坏、丢失的数据或出现错误的数据库恢复到原来的正常状态，这一状态是由备份决定的，不同的数据库备份类型，都应该个别采取不同的还原方法。就某种意义来说，数据库的还原比数据库的备份更加重要并困难，因为数据库备份是在正常的状态下进行的，然而数据库还原则是在非正常的状态下进行，例如硬件故障、系统瘫痪以及操作疏忽等。

备份与恢复还可以用作其他用途，如将一个服务器的数据库备份下来，把它恢复到其他服务器上，实现数据库的移动。

进行备份与恢复工作主要是由数据库管理员来完成的。

10.1.1　数据库备份的类型

SQL Server 2005 有 4 种备份方式。

1. 完全数据库(database-complete)备份

这是最完整的数据库备份方式，它会将数据库内所有的对象完整地复制到指定的设备上。由于它是备份完整内容，因此通常需要花费较多的时间，同时也会占用较多的空间。对于数据量较少，或者变动较小不需经常备份的数据库而言，可以选择使用这种备份方式。

2. 差异(database-differential)备份

差异数据库备份只会针对自从上次完全备份后有变动的部分进行备份处理，这种备份模式必须搭配完全数据库备份一起使用，最初的备份使用完全备份保存完整的数据库内容，之后则使用差异备份只记录有变动的部分。由于差异数据库备份只备份有变动的部分，因此比起完全数据库备份来说，通常它的备份速度会比较快，占用的空间也会比较少。对于数据量大且需要经常备份的数据库，使用差异备份可以减少数据库备份的负担。

若是使用完全备份搭配差异备份来备份数据库，则在还原数据库的内容时，必须先加载前一个完全备份的内容，然后再加载差异备份的内容。例如，假设我们每天都对数据库“diannaoxs”做备份，其中星期一到星期六做的是差异备份，星期天做完全备份，当星期三发现数据库有问题，需要将数据库还原到星期二的状况时，我们必须先将数据库还原到上星期天完全备份，然后再还原星期二的差异备份。

3. 事务日志(transaction log)备份

事务日志备份与差异数据库备份非常相似，都是备份部分数据内容，只不过事务日志备份是针对自从上次备份后有变动的部分进行备份处理，而不是针对上次完全备份后的变动。

若是使用完全备份配合事务日志来备份数据库，则在还原数据库内容时，必须先加载前一个完全备份的内容，然后再按顺序还原每一个事务日志备份的内容。例如，假设我们每天都对数据库“diannaoxs”进行备份，其中星期一到星期六做的是差异备份，星期天做完全备份，当星期三发现数据库有问题，需要将数据库还原到星期二的状况时，我们必须先将数据库还原到上星期天开始的完整数据库备份，然后再还原星期二的差异备份，接着再还原星期三的事务日志备份。

4. 数据库文件和文件组(file and filegroup)备份

这种备份模式是以文件和文件组作为备份的对象，可以针对数据库特定的文件或特定文件组内的所有成员进行数据备份处理。不过在使用这种备份模式时，应该搭配事务日志备份一起使用，因为当我们在数据库中还原部分的文件或文件组时，也必须还原事务日志，使得该文件能够与其他的文件保持数据一致性。

10.1.2 备份设备的创建与删除

在进行备份前首先必须指定或创建备份设备，备份设备是用来存储数据文件、事务日志文件和文件组备份的存储介质，可以是硬盘、磁带或管道。当使用磁盘作为备份设备时，SQL Server 允许将本地主机硬盘和远程主机上的硬盘作为备份设备，备份在硬盘中以文件方式存储。

1. 使用 SSMS 创建与删除备份设备

(1) 启动 SSMS，在对象资源管理器下展开“服务器对象”下的“备份设备”并右击，在弹出的快捷菜单中选择“新建备份设备”命令，如图 10.1 所示。

(2) 在“备份设备”对话框的“设备名称”文本框中输入备份设备名，比如“DNXSBF”，“文件”文本框中会自动生成包括默认路径的物理文件名，C:\Program

Files\Microsoft SQL　Server\MSSQL\BACKUP\DNXSBF.BAK，如图 10.2 所示。

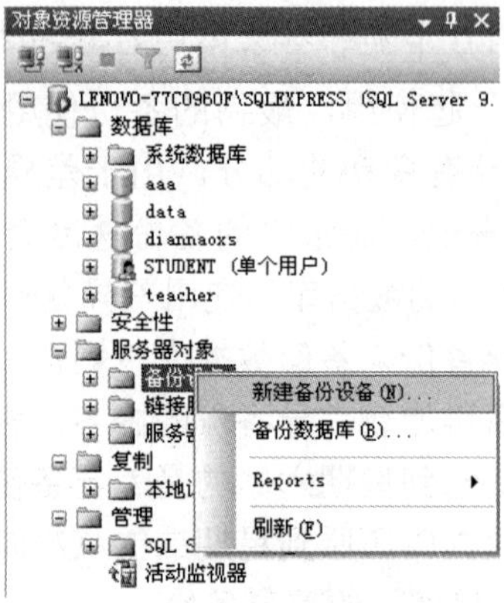

图 10.1　选择“新建备份设备操作”命令

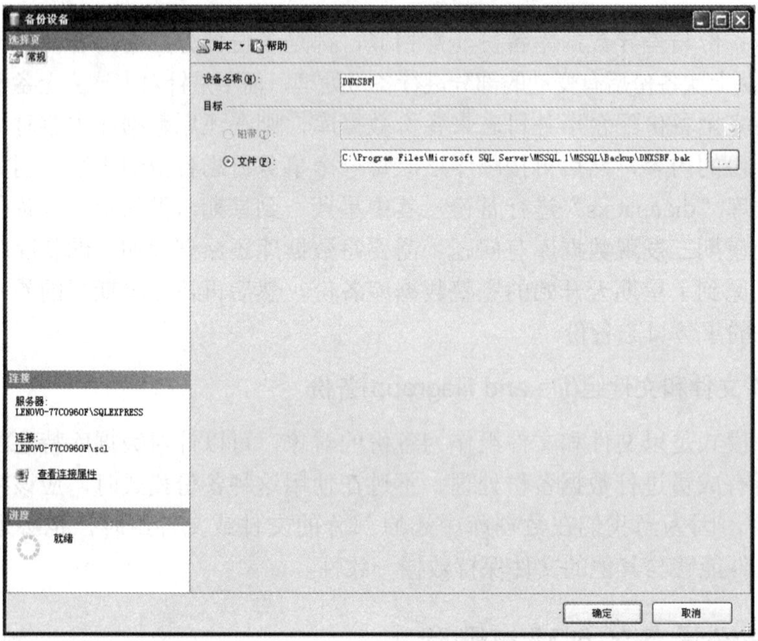

图 10.2　新建备份设备对话框

用户可以自行设置存放路径，单击“确定”按钮即创建完成了备份设备 DNXSBF。

注意：物理备份设备是指操作系统所标识的磁盘或磁带，如 C:\Program Files\Microsoft SQL Server\MSSQL\BACKUP\DNXSBF.BAK。逻辑备份设备是用来标识物理备份设备的别名或公用名称。逻辑备份名称永久地存储在 MASTER 数据库下 SYSYDEVICES 系统表中。使用逻辑备份设备的优点是引用它比引用物理设备名称简单。

删除备份设备与创建的过程类似：选中要删除的备份设备后右击，在弹出的快捷菜单中选择“删除”命令即可删除。

2. 使用系统存储过程 sp_addumpdevice 语句创建备份设备

在 SQL Server 中，可以使用 sp_addumpdevice 语句创建备份设备，语法格式为：

```
[ EXECUTE ] sp_addumpdevice '设备类型' [ , '设备逻辑名称' ] [ , '物理名称' ]
[ , 管理员 | '验证设备' ]
```

设备类型值可以是 DISK、PIPE、TAPE。

【例 10-1】 在磁盘上创建一个磁盘备份设备 diskbackup。

在查询编辑器中输入代码：

```
Exec sp_addumpdevice 'disk' , 'diskbackup' , 'E:\DATA\diskbackup.bak'
```

运行后显示："(所影响的行数为 1 行) '硬盘' 设备已添加。" 操作完成。

3. 使用系统存储过程 sp_dropdevice 语句删除备份设备

语法格式：

```
[ EXECUTE ] sp_dropdevice '备份设备逻辑名' [ , '物理名' ]
```

【例 10-2】 删除上面创建的磁盘备份设备 diskbackup。

在查询编辑器中输入代码：

```
sp_dropdevice 'diskbackup', 'E:\DATA\diskbackup.bak'
```

运行后显示："设备已除去。"

10.1.3 数据库的备份

1. 使用 SSMS 进行备份

(1) 启动 SSMS，在对象资源管理器下选择数据库后右击，在弹出的快捷菜单中选择"任务"→"备份"命令，如图 10.3 所示。

图 10.3　选择备份数据库

(2) 出现如图 10.4 所示"备份数据库"对话框的"常规"选项卡。

可用的选项设置说明如下。

- “数据库”下拉列表框：用来指定要进行数据备份的数据库名称。
- “备份类型”选项组：指定使用的备份模式，如果数据库是第一次备份，将只会有一个完全备份选项可供选择。
- 在“备份集”选项区的“名称”文本框中输入完整数据库备份。

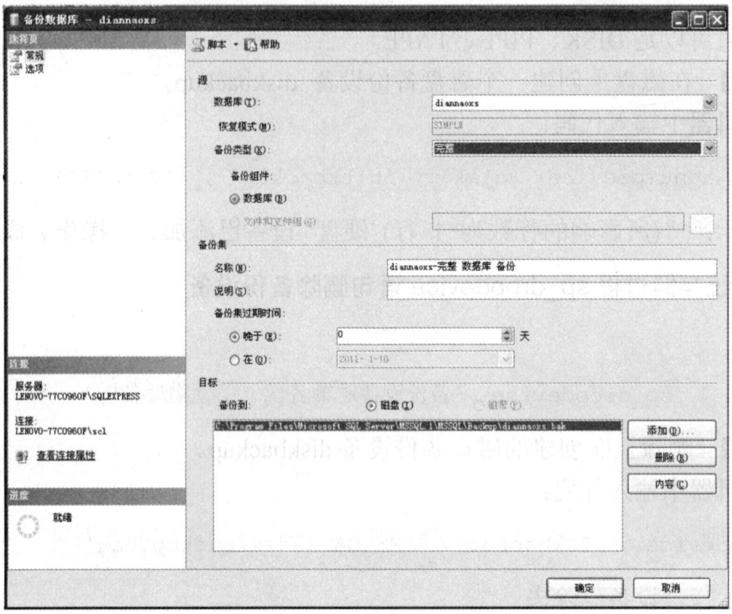

图 10.4 “常规”选项卡

(3) 切换到如图 10.5 所示的“选项”选项卡中进行附加设置。

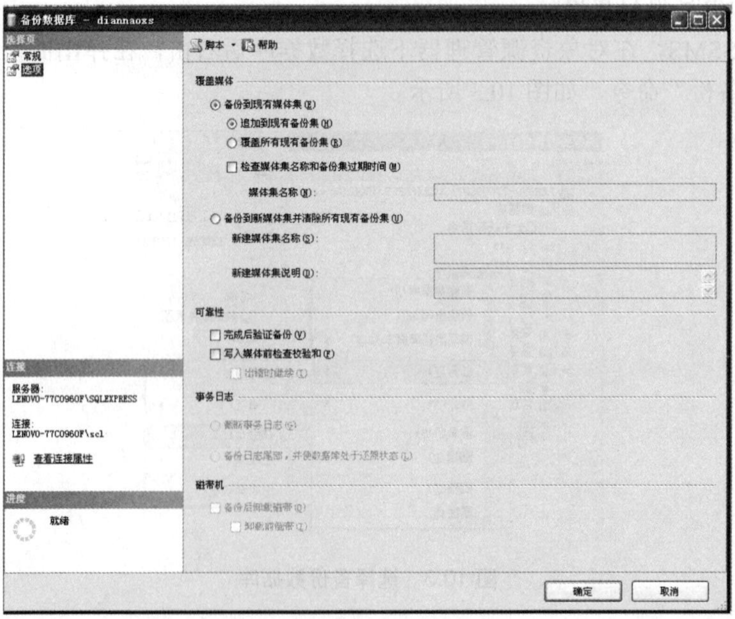

图 10.5 “选项”选项卡

(4) SQL Server 2005 将自动完成备份过程，完成后出现图 10.6 所示的提示界面，单击“确定”按钮即可。

图 10.6 提示界面

2. 使用 Transact-SQL 语句 Backup 备份数据库及事务日志

数据库备份的语法格式：

```
BACKUP  BATABASE  database_name | @database_name_var
  to < backup_device > [ , …n ]
  [ with [[,] format ][[,] init | noinit ][[,] restart ][[,]differential ] ]
```

其中：

- BACKUP_DEVICE 指定备份操作时要使用的逻辑或物理备份设备。其值为 disk、tape、pipe 之一。
- DIFFERENTIAL 指定数据库备份或文件备份应该与上一次完整备份后改变的数据库或文件部分保持一致，即差异备份。
- RESTART 指定 SQL Server 重新启动一个被中断的备份操作。
- INIT 指定应重写所有备份集，但是保留介质头。如果指定了 INIT，将重写那个设备上的所有现有的备份集数据。
- NOINIT 表示备份集将追加到指定的磁盘或磁带设备上，以保留现有的备份集。NOINIT 是默认设置。
- FORMAT 指定应将媒体头写入用于此备份操作的所有卷。任何现有的媒体头都被重写。FORMAT 选项使整个媒体内容无效，并且忽略任何现有的内容。

【实训项目 10-1】创建磁盘备份设备(DNXS 和 DNXSDIFF)，分别对数据库 diannaoxs 执行完全备份和差异备份

在查询编辑器中输入代码：

```
USE MASTER
/*创建(完全)备份设备*/
EXEC sp_addumpdevice 'DISK', 'DNXS', 'E:\DATA\DNXS.DAT'
/*创建(差异)备份设备*/
EXEC sp_addumpdevice 'DISK', 'DNXSDIFF', 'E:\DATA\DNXSDIFF.DAT'
/*执行完全备份*/
BACKUP BATABASE diannaoxs to DNXS  With NOINIT
/*执行差异备份*/
BACKUP BATABASE diannaoxs to DNXSDIFF  With DIFFERENTIAL
GO
```

事务日志备份的语法格式：

```
BACKUP LOG database_name | @database_name_var
to <backup_device> [, …n ] [WITH NO_TRUNCATE] [ [ , ] NO_LOG | TRUNCATE_ONLY ]
```

其中：

NO_TRUNCATE 表示完成事务日志备份后，并不清空原有日志的数据，故可以允许在数据库损坏时备份日志。

注意：如果数据库文件被损坏或者丢失可使用 NO_TRUNCATE 选项。在此情形下，首先恢复数据库备份并且恢复事务日志备份作为修复过程中的最近的一次备份。和 NO_TRUNCATE 相对应的是，其他两个选项则删除日志中的非活动部分，而并不为它制作一个备份复制。因而，使用了 TRUNCATE_ONLY 和 NO_LOG 选项的话，就不用指定设备的列表，这是因为事务日志备份并没有被保存。

TRUNCATE_ONLY 选项将会删掉事务日志中的非法部分，而并不为它制作一个备份的复制。TRUNCATE_ONLY 选项用来节省事务日志文件中的空间(通常是由于包含事务日志的文件或者磁盘满了)。由于它把那些对于完全恢复来说很重要的日志中的信息删除了，所以在它的后面必须紧跟着一个完全数据库备份。截断日志操作本身就是一个被记录的操作，并且在 TRUNCATE_ONLY 选项中，这些操作都会被记录在日志中。

NO_LOG 选项和 TRUNCATE_ONLY 选项一样删除掉事务日志里面的非活动部分，和 TRUNCATE_ONLY 选项不同的是 NO_LOG 选项截断日志的操作是不会记录在日志中的。

注意：在使用了 TRUNCATE_ONLY 或者 NO_LOG 选项后应该立即执行完全数据库备份操作，因为不能恢复那些已经被两个选项所截断的变动了。

【实训项目 10-2】创建磁盘备份设备(DNXSLOG1)，对数据库 diannaoxs 事务日志进行备份

在查询编辑器中输入代码：

```
USE MASTER
EXEC sp_addumpdevice 'DISK', 'DNXSLOG1', 'E:\DATA\DNXSLOG1.DAT'
BACKUP Log diannaoxs to DNXSLOG1
GO
```

此外，数据库的备份还有直接复制数据库文件 MDF 和日志文件 LDF 的方法。具体内容可参见数据库的分离与附加相关操作。

10.2 数据库的恢复

10.2.1 数据库恢复策略

数据库备份后，一旦系统发生崩溃或者执行了错误的数据库操作，就可以从备份文件中恢复数据库，将数据库备份加载到系统中。数据库恢复模型有以下 3 种。如表 10.1

所示。

表 10.1 3 种恢复模型的比较

恢复模型	优 点	工作损失表现	能否恢复到即时点
简单	允许高性能大容量复制操作。收回日志空间以使空间要求最小	必须重做自最新的数据库或差异备份后所发生的更改	可以恢复到任何备份的结尾处。随后必须重做更改
完全	数据文件丢失或损坏不会导致工作损失。可以恢复到任意即时点(例如，应用程序或用户错误之前)	正常情况下没有。如果日志损坏，则必须重做自最新的日志备份后所发生的更改	可以恢复到任何即时点
大容量日志记录	允许高性能大容量复制操作。大容量操作使用最少的日志空间	如果日志损坏，或者自最新的日志备份后发生了大容量操作，则必须重做自上次备份后所做的更改。否则不丢失任何工作	可以恢复到任何备份的结尾处。随后必须重做

1. 简单恢复

使用简单恢复模型可以将数据库恢复到上次备份的即时点。不过，无法将数据库还原到故障点或特定的即时点。若要还原到这些点，可选择完全恢复或大容量日志记录恢复。

简单恢复的备份策略包括：数据库备份，差异备份(可选)。

2. 完全恢复

完全恢复模型使用数据库备份和事务日志备份提供对媒体故障的完全防范。如果一个或多个数据文件损坏，则媒体恢复可以还原所有已提交的事务。正在进行的事务将回滚。

完全恢复提供将数据库恢复到故障点或特定即时点的能力。为保证这种恢复程度，包括大容量操作(如 SELECT INTO、CREATE INDEX 和大容量装载数据)在内的所有操作都将完整地记入日志。

完全恢复的备份策略包括：数据库备份，差异备份(可选)，事务日志备份。

完全恢复和大容量日志记录恢复很相似，而且很多使用完全恢复模型的用户有时将使用大容量日志记录模型。

3. 大容量日志记录恢复

大容量日志记录恢复模型提供对媒体故障的防范，并对某些大规模或大容量复制操作提供最佳性能和最少的日志使用空间。另外，当日志备份包含大容量更改时，大容量日志记录恢复模型只允许数据库恢复到事务日志备份的结尾处。不支持时点恢复。

大容量日志记录恢复的备份策略包括：数据库备份，差异备份(可选)，日志备份。

恢复数据库前需做以下准备工作。

(1) 在使用 RESTORE 子句进行恢复数据库时，系统会先进行安全性检查。在下面几种情况下，系统无法还原数据库。

- 服务器上的数据库文件登录信息和备份登录信息之间，数据库文件组不一致。
- 如果在 RESTORE 语句中指定的数据库已经存在，同时该数据库与在备份文件中记录的数据库不同。
- 无法提供还原数据库所需的全部文件或文件组。

(2) 备份事务日志。

在数据库发生故障之后，数据库管理员应该尽快创建一个事务日志备份，以便取得从上一次备份到数据库故障为止所有的事务信息。管理员在备份事务日志时，应该使用 No_Truncate 语句，这样即使数据库处于无法存取的状态，只要事务日志也可以存取，就可以进行事务日志备份。

(3) 检查备份的有效性。

在进行数据库还原之前，应该取得有关备份的相关信息。在还原数据库时，如果不能提供还原该数据库的文件或文件登录信息，即无法进行数据库的还原操作。因此，在进行数据库的还原时，必须要确保数据库的备份文件的有效性；并且在备份文件过程中，必须要包括所有需要还原的内容。在还原数据库时，可以使用以下两种方法来查看数据库备份信息。

- 使用 SQL Server SSMS 查看备份信息。
- 使用 Transact-SQL 语句查看备份信息。

常用的 Transact-SQL 语句有：RESTORE HEADERONLY，RESTORE FILELISTONLY，RESTORE BABELONLY 和 RESTORE VERIFYONLY。

可以使用 RESTORE HEADONLY 语句来获得指定的备份文件中所有备份设备的前置数据。执行 RESTORE HEADONLY 命令，可返回如下信息：

- 备份文件以及备份名称和描述信息；
- 备份所使用的媒体类型；
- 备份方法以及类型；
- 备份的日期以及时间；
- 备份文件的大小以及备份的序号。

可以使用 RESTORE FILELISTONLY 语句来取得备份登录信息，数据库文件与事务日志文件的文件信息。执行 RESTORE FILELISTONLY 指令，可返回以下信息：

- 数据库文件和事务日志文件登录信息的逻辑名称；
- 数据库文件和事务日志文件登录信息的实际名称；
- 文件类型；
- 文件组中所包含的成员；
- 备份登录信息的大小(MB)；
- 文件的最大容量(MB)。

同时，也可以使用 RESTORE LABELONLY 语句，来取得有关保存备份文件的保存媒体信息。并且使用 RESTORE VERIFYONLY 语句，可以用来判断备份登录信息的单一文件是否完全，以及备份文件是否可读。

在开始执行还原数据库之前，还需要注意以下几个方面。

- 在进行数据库还原之前，应该先将故障的数据库删除。
- 在进行数据库还原之前，必须先限制用户对数据库的存取，断开用户与准备还原的数据库之间的连接。数据库的还原是属于静态的，使用 SQL Server SSMS 或者系统保存过程 sp_dbotion，将数据库的“dbo use only”选项设置为“True”状态。

10.2.2　用 SSMS 恢复数据库

使用 SSMS 恢复数据库，执行步骤如下。

(1) 打开 SSMS，右击“数据库”节点，在弹出的快捷菜单中选择“还原数据库”命令，打开“还原数据库”对话框。

(2) 在“常规”选项卡中，选择还原数据库的名称、还原类型，如图 10.7 所示。

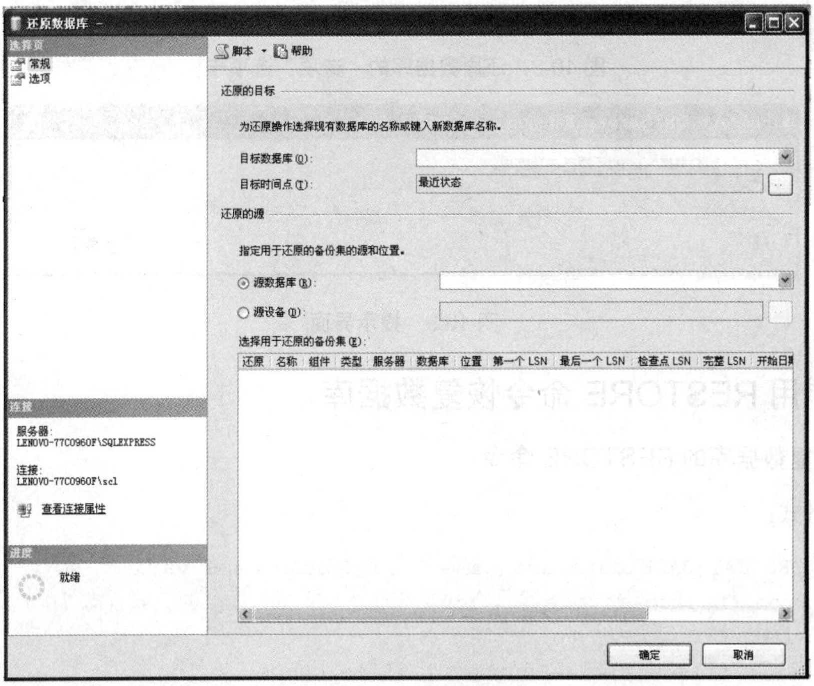

图 10.7　数据库还原的设置

在还原为数据库旁的下拉列表中选择要恢复的数据库；在还原文件组中时通过单击按钮来选择相应的数据库备份类型。

(3) 在“选项”选项卡中进行其他选项的设置，如图 10.8 所示。

(4) 数据恢复完毕后，出现如图 10.9 所示的提示界面，表明已经成功完成恢复。

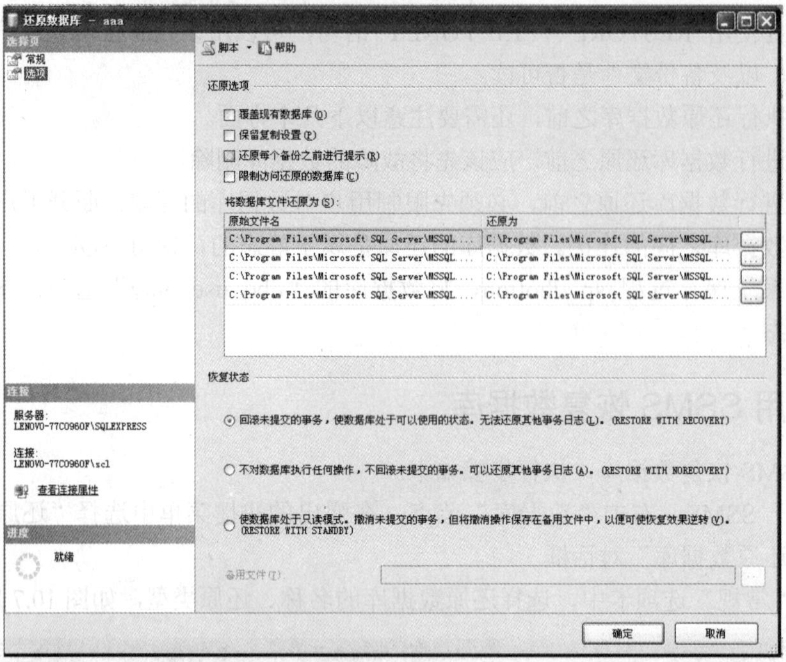

图 10.8　还原数据库的“选项”选项卡

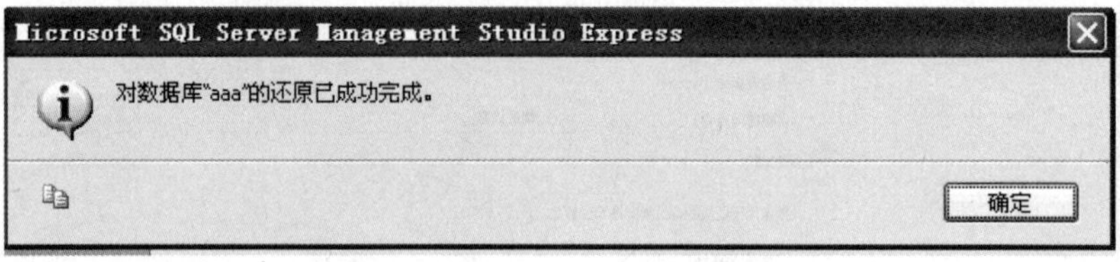

图 10.9　提示界面

10.2.3　用 RESTORE 命令恢复数据库

1. 恢复数据库的 RESTORE 命令

语法格式：

```
RESTORE DATABASE database_name | @database_name_var
  [ from <backup_device [ , …n] > ]
  [ with
    [ [,] file = { file_number | @file_number } ]
    [ [,] move 'logical_file_name'  to 'operating_system_file_name' ]
    [ [,] replace ]
    [ [,] norecovery | recovery | standby= undo_file_name ]
  ]
```

其中：

- database_name 是要恢复的数据库的名称(数据库名称还可以使用变量@database_name_var)。

- backup_device 指定还原操作要使用的逻辑或物理备份设备。
- file = { file_number | @file_number }表示要还原的备份集。例如，file_number 为 1 表示备份媒体上的第一个备份集，file_number 为 2 表示第二个备份集。
- move 'logical_file_name' to 'operating_system_file_name' 指定应将给定的 logical_file_name 移到 operating_system_file_name。默认情况下，logical_file_name 将还原到其原始位置。
- from 子句中的 backup_device 指定数据库备份出存在的一个或多个设备名称。可以是磁盘文件、磁带或者 Named Pipes 的一个名称列表。如果 FROM 没有被指定，备份的恢复不会执行，仅仅是执行修复。
- recovery 选项，当恢复最后一个备份设备时，用户应当使用此选项。RECOVERY 选项应用之后，数据库处于一致状态，可供使用。此选项是默认选项。

RESTORE DATABASE 命令也用来恢复一个差异数据库备份。恢复差异数据库备份的命令语法和选项与恢复数据库备份相同。当恢复差异数据库备份时，SQL Server 只恢复自从完全数据库备份后被改变的部分。因此，在恢复差异备份之前应先恢复完全数据库备份。

【实训项目 10-3】磁盘备份设备(DNXS)包含数据库 diannaoxs 的完全备份。磁盘备份设备(DNXSDIFF)包含数据库 diannaoxs 的差异备份。试还原数据库

在查询编辑器中输入代码：

```
use master
/*(1)从磁盘备份设备(DNXS)恢复完全数据库备份，使用 NORECOVERY 选项。*/
RESTORE DATABASE diannaoxs FROM DNXS WITH NORECOVERY
/*(2)从磁盘备份设备(DNXSDIFF)恢复差异数据库备份，使用 RECOVERY 选项。*/
RESTORE DATABASE diannaoxs FROM DNXSDIFF WITH RECOVERY
```

2. 恢复日志文件的 RESTORE 命令

语法格式：

```
RESTORE LOG { database_name | @database_name_var }
   [ FROM < backup_device > [ ,…n ] ]
  [ WITH
  [{ NORECOVERY | RECOVERY | STANDBY = undo_file_name } ] [[ , ]STOPAT
= { date_time | @date_time_var } | [ , ] STOPATMARK = 'mark_name'
[ AFTER datetime ] | [ , ] STOPBEFOREMARK = 'mark_name' [ AFTER
datetime ]  ]]
```

包括三个附加的选项：STOPAT、STOPATMARK 和 STOPBEFOREMARK。STOPAT 选项允许恢复数据库到精确的时刻状态，这个状态是在错误发生以前某一时间指定的特定一点。STOPAMARK 和 STOPBEFOREMARK 子句指定恢复到一个标记处。

【实训项目 10-4】对数据库 diannaoxs 的事务日志进行恢复

在查询编辑器中输入代码：

```
use master
RESTORE LOG FROM DNXSLOG1 WITH RECOVERY, STOPAT='APR 15, 2006 12: 00 AM'
```

10.3 实训要求与习题

实训要求

掌握 SQL Server 数据库的备份与恢复操作。

(1) 完全备份及恢复：

- 将“电脑器材销售管理”数据库(diannaoxs)执行完全数据库备份，写入到磁盘设备 DINAXS_DB 中，并且重写以前的任何备份。分别用 SSMS 和 T-SQL 语句完成。
- 从磁盘设备 DINAXS_DB 中完全恢复 diannaoxs 数据库，用 T-SQL 语句完成。

(2) 差异备份及恢复：

- 将“电脑器材销售管理”数据库(diannaoxs)执行数据库差异备份，写入到磁盘设备 DINAXS_DIFF 中。分别使用 SSMS 和 T-SQL 语句完成。
- 从磁盘设备 DINAXS_DIFF 中恢复 diannaoxs 数据库，用 T-SQL 语句完成。

(3) 事务日志备份：

将“电脑器材销售管理”数据库(diannaoxs)的事务日志执行备份，写入到磁盘设备 DINAXS_LOG 中。分别使用 SSMS 和 T-SQL 语句完成。

练习题

(1) 在 SQL Server 中数据库备份方法有哪些？

(2) 简述 SQL Server 中数据恢复模型。

(3) 恢复数据库之前需做的准备工作有哪些？

附录　习题答案

第1章

(1) 矩形，菱形

(2) 数据库管理系统

(3) 层次模型，网状模型，关系模型；关系模型

(4) 数据结构，数据操作，完整性约束

(5) 行；主键约束，唯一约束，空值约束

(6) 一致；主键约束或唯一约束，外键约束

(7) 有效性；数据类型，格式，取值范围

(8) 1，不能；多，可以

(9) 空，非空；主键约束，唯一约束

(10) C

(11) B

(12) 经历了人工管理、文件系统和数据库系统三个阶段。

(13) 数据定义功能、数据操纵功能、数据库的运行控制与管理、数据库的建立和维护功能、数据通信接口。

(14) 在实际应用中，数据库系统通常由硬件平台、数据库、软件和相关人员等几部分内容构成。

(15) 尽管实际的数据库建立在不同的操作系统之上，支持不同的数据模型，使用不同的数据库语言，但是就其体系结构而言却是大体上相同的，包括了内模式、模式和外模式三级模式结构。这三级模式反映了看待数据库的三种不同的数据观点。

(16) 层次模型、网状模型和关系模型。

① 层次模型：层次模型数据结构简单，对具有一对多的层次关系的描述非常自然、直观、容易理解。记录之间的联系通过指针来实现，查询效率较高。但是，如果要实现多对多联系，则非常复杂，效率非常低，使用也不方便，而且应用程序的编写也比较复杂。

② 网状模型：网状模型记录之间联系通过指针实现，具有良好的性能，存取效率较高。能够更为直接地描述现实世界，如一个节点可以有多个双亲。但是，随着应用环境的扩大，数据库的结构会变得越来越复杂，编写应用程序也会更加复杂，程序员必须熟悉数据库的逻辑结构。

③ 关系模型：关系模型具有严格的理论基础，数据结构单一，关系模型存取简单。但是，由于存取路径对用户透明，关系模型查询效率往往不如非关系数据模型。为了提高性能，必须对用户的查询请求进行优化，增加了开发数据库系统的难度。

(17) 包括实体完整性、参照完整性和数据的域完整性。

(18) 关系：一个关系模型的逻辑结构是二维表，它由行和列组成。一个关系对应一张二维表，用于存储数据，表中的每一行代表一个实体，表中的每一列都用来描述实体的特征。

属性：表中的一列称为一个属性，用来描述事物的特征，属性分为属性名和属性值。

元组：表中的一行称为一个元组，在数据库中也称为记录。

关键字：若关系中的某一个属性或属性组的值唯一地决定其他所有属性，则这个属性或属性组称为该关系的关键字。

主键：在一个关系的多个候选关键字中指定其中一个作为该关系的关键字，则称它为主键。

外键：如果一个关系 R 中的某个属性或属性组 F 并非该关系的关键字，但它和另外一个关系 S 的关键字 K 相对应，则称 F 为关系 R 的外键。

候选键：如果一个关系中有多个属性或属性组都能用来标识该关系的元组，那么这些属性或属性组都称为该关系的候选关键字。

(19) SQL Server 数据库中有 6 种约束，分别为主键约束、唯一约束、外键约束、检查约束、默认值约束、空值约束。作用如下：

① 主键约束可以保证数据的实体完整性，使表中的记录是唯一可区分和确定的。

② 唯一约束用于保证主键以外的字段值不能重复，用以保证数据的实体完整性。

③ 外键约束可以使一个数据库中的多个数据表之间建立关联。由于外键的取值必须是被引用主键的有效值，所以通过外键约束可以使父表与子表建立一对多的逻辑关系。

④ 检查约束是用指定的条件(逻辑表达式)检查限制输入数据的取值范围是否正确，用以保证数据的参照完整性和域完整性。

⑤ 默认值约束是给某个字段绑定一个默认的初始值(可以是常量、表达式或系统内置函数)，输入记录时若没有给出该字段的数据，则自动填入默认值以保证数据的域完整性。

⑥ 空值约束就是设置某个字段是否允许为空，用以保证数据的实体完整性和域完整性。

(20) 以班级为单位设计一个学生“学籍管理”数据库，包括“学生信息表”以及若干个“第×学期成绩表”。

学生信息表(学号，姓名，性别，出生日期，所在系，专业，班级)

第×学期成绩表(序号，学号，课程号，课程名，分数，考试日期)

(21)

① 第 1 范式

② 第 3 范式

③ 第 2 范式

④ 第 2 范式

⑤ 第 2 范式

第2章

(1)

① SQL Server 2005 企业版

作为生产数据库服务器使用。支持 SQL Server 2005 中的所有可用功能，并可根据支持最大的 Web 站点和企业联机事务处理(OLTP)及数据仓库系统所需的性能水平进行伸缩。

② SQL Server 2005 标准版

作为小工作组或部门的数据库服务器使用。

③ SQL Server 2005 个人版

供移动的用户使用，这些用户有时从网络上断开，但所运行的应用程序需要 SQL Server 数据存储。在客户端计算机上运行需要本地 SQL Server 数据存储的独立应用程序时也使用个人版。

④ SQL Server 2005 开发版

供程序员用来开发将 SQL Server 2005 用作数据存储的应用程序。虽然开发版支持企业版的所有功能，使开发人员能够编写和测试可使用这些功能的应用程序，但是只能将开发版作为开发和测试系统使用，不能作为生产服务器使用。

⑤ SQL Server 2005 Windows CE 版

使用 SQL Server 2005 Windows CE 版(SQL Server CE)在 Windows CE 设备上进行数据存储。能用任何版本的 SQL Server 2005 复制数据，以使 Windows CE 数据与主数据库保持同步。

⑥ SQL Server 2005 企业评估版

可从 Web 上免费下载的功能完整的版本。仅用于评估 SQL Server 功能；下载 120 天后该版本将停止运行。

(2) 除了对操作系统的要求之外，对 Internet Explorer 也有一定要求，SQL Server 2005 的许多功能都需要浏览器的支持。对于所有版本，都需要安装 Internet Explorer 5.0 或更高版本，才能成功安装和运行 SQL Server 2005。具体见下表。

对计算机硬件的要求

硬　件	最低要求
处理器类型	IntelEM64TDE Intel Pentium Ⅳ(64) Pentium 兼容处理器或更高速度的处理器(32) IA 最低：Pentium 处理器或更高速度的处理器(64)
内存	最低：至少 512MB，建议 1GB 或更多(32 位的企业版、开发人员版、标准版、工作组版) 最低：至少 192MB，建议 512 或更多(32 位的精简版) IA64 最低：至少 512MB，建议 1GB 或更多(64 位的企业版、开发人员版、标准版) X64 最低：至少 512MB，建议 1GB 或更多(64 位的企业版、开发人员版、标准版)

对操作系统的要求

SQL Server 版本	操作系统要求
企业版	Microsoft Windows NT Server 4.0 企业版 Windows 2000 Server Windows 2000 Advanced Server Windows 2000 Data Center Server
开发人员版 标准版 工作组版	Windows 2000 Professional Windows 2000 Server Windows 2003 Server Windows XP Professional
精简版 企业评估版	Windows 2000 Professional Windows XP Professional Windows 2000 Server Windows 2003 Server

(3) 安装 SQL Server 2005 数据服务器就是安装 SQL Server 2005 数据库引擎实例，在一台计算机上可以安装多个 SQL Server 数据库引擎实例。有两种类型的 SQL Server 实例，分别为默认实例和命名实例。

(4) 客户机和服务器都是独立的计算机。当一台连入网络的计算机向其他计算机提供各种网络服务(如数据、文件的共享等)时，它就被叫做服务器。而那些用于访问服务器资料的计算机则被叫做客户机。

数据库系统采用客户机/服务器结构的优点：

① 数据集中存储。数据集中存储在服务器上，而不是分开存储在各客户机上，使所有用户都可以访问到相同的数据。

② 业务逻辑和安全规则可以在服务器上定义一次，而后被所有的客户使用。

③ 关系数据库服务器仅返回应用程序所需要的数据，这样可以减少数据传输量。

④ 节省硬件开销，因为数据都存储到服务器上，不需在客户机上存储数据，所以客户机硬件不需要具备存储和处理大量数据的能力，同样，服务器不需要具备数据表示的功能。可以配置服务器以优化检索数据所需的磁盘 I/O 容量，配置客户端以优化从服务器检索的数据的格式和显示。

⑤ 因为数据集中存储在服务器上，所以备份和恢复起来很容易。

⑥ 客户机可以完成许多处理工作，减少了与服务器的通信。

(5) 有 4 个系统数据库，分别是：master 数据库、tempdb 数据库、model 数据库和 msdb 数据库。作用为：

① master 数据库

master 数据库记录了 SQL Server 系统级的信息，包括系统中所有的登录账号、系统配置信息、所有数据库的信息、所有用户数据库的主文件地址等。

② tempdb 数据库

tempdb 数据库用于存放所有连接到系统的用户临时表和临时存储过程以及 SQL Server 产生的其他临时性的对象。

③ model 数据库

model 数据库是系统所有数据库的模板。

④ msdb 数据库

msdb 数据库被 SQL Server 代理(SQL Server Agent)来安排报警、作业，并记录操作员。

(6) SQL Server 2005 中的每个数据库都包含系统表，用来记录 SQL Server 组件所需的数据。SQL Server 的操作能否成功，取决于系统表中信息的完整性。

(7) SQL 有以下特点。

- 在方法上的突破：由单一数据表发展为通过表的连接可以组合地处理数据。
- 容易学习与维护：SQL 语句简洁直观，一条语句可以取代常规程序语言的一段程序，容易维护。
- 语言共享：不同数据库的程序设计语言会有所不同，但 SQL 在所有数据库中都是相同的。
- 全面支持客户机/服务器结构：SQL 是当今唯一已形成标准的数据库共享语言。

T-SQL 语句分类：

根据其完成的具体功能，可以将 T-SQL 语句分为 4 大类，分别为数据定义语句、数据操纵语句、数据控制语句和一些附加的语言元素。

第 3 章

(1) 新建数据库，查看→任务板，属性→选项，属性→数据文件和事务日志，删除

(2) CREATE DATABASE，sp_helpdb，sp_dboption，ALTER DATABASE，DROP DATABASE

(3) 在 SQL Server 2005 中数据库文件有以下几类：

主数据文件(Primary file)、辅助数据文件(Secondary file)以及事务日志文件(Transaction Log)

作用：

① 主数据文件(Primary file)：存放数据和启动信息。每个数据库都必须有且只能有一个主数据文件。

② 辅助数据文件(Secondary file)：存放数据。一个数据库可以没有也可以有多个辅助数据文件。

③ 事务日志文件(Transaction Log)：存放对数据库的操作、修改信息。每个数据库必须有一个也可以有多个日志文件。

(4) 数据库主数据文件的扩展名为.mdf，辅助数据文件的扩展名为.ndf，事务日志文件的扩展名为.ldf

(5) 查看数据库信息可有两种方式：一种是利用 SSMS 查看数据库信息，在 SSMS 的

对象资源管理器中选中所要查看的数据库，右边窗口中就会显示该数据库的相关信息。另一种方式是利用命令，在查询编辑器中执行 EXECUTE sp_helpdb [数据库名称]命令便可查询到相关数据库信息。

(6) 正在使用中的数据库不能删除。

(7) 打开 SSMS 展开节点，右击“数据库”节点，在弹出的快捷菜单中选择“新建数据库”命令(或者在菜单栏中选择“操作”→“新建数据库”命令)，弹出“数据库属性”对话框，在“常规”选项卡的“名称”文本框中输入数据库名称 market。则新建了一个名为 market 的默认选项的数据库。

(8)

```
CREATE DATABASE  text
ON
( NAME=textdata_1,
  FILENAME='D:\DATA\textdata_1.mdf',/*事先在 D 盘下创建 DATA 文件*/
  SIZE=1MB,
  MAXSIZE=10MB,
  FILEGROWTH=1MB
),
( NAME=textdata_2,
  FILENAME='D:\DATA\textdata_2.ndf',
  SIZE=1MB,
  MAXSIZE=10MB,
  FILEGROWTH=1MB
)
LOG ON
( NAME=textlog,
FILENAME='E:\DATA\textLOG.ldf',/*事先在 E 盘下创建 DATA 文件夹，日志文件与主数据
文件最好不要放在同一个盘符下*/
  SIZE=1MB,
  MAXSIZE=5MB,
  FILEGROWTH=1MB
)
```

第 4 章

(1) 二进制数据、数值型数据、字符型数据、日期/时间型数据、位类型数据 bit

(2) 指针；sp_tableoption_，表的行

(3) CREATE TABLE，INSERT … VALUES 或者 INSERT … SELECT，sp_help，DROP TABLE

(4) 限制字段输入数据的范围；CREATE RULE，DROP RULE；sp_bindrule、sp_unbindrule

(5) B

(6) C

(7) B

(8) A

(9) 删除数据可以使用 DELETE 语句从表中删除满足指定条件的记录，另一种是使用 TRUNCATE TABLE 语句从表中快速删除所有记录。

DELETE 语句的语法格式为：

```
DELETE 表名 [FROM 另一个表][WHERE 条件表达式]
```

其中省略 WHERE 则删除指定表中所有记录。

TRUNCATE 语句的语法格式为：

```
TRUNCATE  TABLE 表名
```

快速永久删除表中所有记录。

DELETE 语句在删除每一行时都要把删除操作记录到日志文件中，表中若有自动编号字段，则重新插入新记录时，自动编号不会初始化重新开始记录。而 TRUNCATE TABLE 语句则是通过释放表数据页面的方法来删除表中的数据，自动编号字段也被重新恢复初始值，因为它只将对数据页面的释放操作记录到日志中，所以 TRUNCATE TABLE 语句执行速度快，删除的数据是不可恢复的，而 DELETE 语句操作可以通过事务回滚来恢复删除的数据。

(10)

```
USE diannaoxs
GO
UPDATE 商品一览表
SET 参考价格=参考价格*0.9 WHERE 库存量>20
```

(11) 参照课本 3.2.1 节用 SSMS 创建 SQL Server 数据库和 4.4 节用 SSMS 创建数据表及约束对象。

(12) 创建 teacher 数据库

```
 CREATE DATABASE teacher
  ON
  ( NAME = teacherdata1 ,
   FILENAME = 'd:\DATA\tdata1.mdf' ,
   SIZE = 1 MB ,        -- 默认字节单位 MB 可以省略
   MAXSIZE= 10 ,        -- 文件最大容量 10MB
   FILEGROWTH = 15%     -- 增长量为文件容量 15%
  ) ,( NAME = teacherdata2 ,
   FILENAME = 'D:\DATA\tdata2.mdf' ,
   SIZE = 2 ,
   MAXSIZE= 15 ,
   FILEGROWTH = 2          -- 增长量为 2MB
  )
  LOG ON                  /* 创建事务日志文件*/
```

```
    ( NAME = teacherlog ,
      FILENAME = 'D:\DATA\teacherlog.LDF',
      SIZE = 500 KB ,         /* 初始容量，用 KB 为单位，不能省略 */
      MAXSIZE = UNLIMITED ,  /* 日志文件最大容量不受限制 */
      FILEGROWTH = 500 KB    /* 增长量 KB 不能省略 */
    )
```

①、②、③问如下所示：

```
USE teacher
GO
CREATE TABLE bmxx --创建教师部门信息表
( department_no varchar(8) not null primary key, --主键约束
  department_name varchar(20) not null unique,--唯一约束
  department_ms varchar(50) null
)
GO
CREATE TABLE jbqk --创建教师基本情况表
( teacher_no varchar(8) not null primary key, --主键约束
  teacher_name varchar(8) not null,
  department_no varchar(8) not null foreign key references
bmxx(department_no),
  teacher_grade varchar(16) default '讲师'
)
GO
CREATE TABLE skqk --创建教师上课情况表
( number int identity (1,1),
  teacher_no varchar(8) foreign key references jbqk(teacher_no),--外键约束
  course_kc varchar(20),
  course_zy varchar(2),
  course_ks int check(course_ks>30 and course_ks<100),
  classe_number int check(classe_number>0), --check 约束
  total_number int check(total_number>0)
)
```

④ 打开 SSMS，打开 teacher 数据库表，右击 jbqk 数据表，在弹出的快捷菜单中选择“打开表”命令，——返回所有行，按照约束条件输入信息。同理向 bmxx 表和 skqk 表中输入至少 6 条记录。

⑤ 插入记录：

```
INSERT bmxx
   VALUES('14001','软件教研室','软件研发')
GO
INSERT jbqk
   VALUES('11011','吕川页','14001','professor')
GO
INSERT skqk(teacher_no,course_kc,course_zy,course_ks,classe_number,total_number)
   VALUES('11011','J2EE','是','80','2','111')
```

```
删除记录：
DELETE skqk where teacher_no='11012'
GO
DELETE jbqk where teacher_no='11012'
GO
DELETE bmxx where department_no='14002'
```

注：插入或删除时应遵守各表之间的外键约束。

第 5 章

(1) ALL、DISTINCT[ROW]、TOP n [percent]，INTO，ORDER BY，WHERE，GROUP BY，HAVING

(2) ORDER BY，ASC，DESC

(3) 交叉连接、内连接、外连接、自连接，嵌套子查询、相关子查询

(4) SELECT 查询语句，实际数据，数据表中；基表

(5) CREATE VIEW，ALTER VIEW，DROP VIEW，sp_helptext，sp_help，sp_helptext，sp_depends

(6) WITH ENCRYPTION，WITH CHECK OPTION

(7) 不能同时影响两个或两个以上的基表，不能修改那些通过计算得到结果的列，如果影响表中那些没有默认值的列可能出现错误

(8) A　(9) B　(10) A　(11) A　(12) B　(13) B

(14) B，C　(15) A　(16) A　(17) D　(18) D　(19) C

(20) B　(21) B

(22)

```
USE diannaoxs
GO
SELECT *from 商品一览表 where 参考价格 is null
```

(23)

```
CREATE VIEW 商品_view1
AS
SELECT a.序号,b.货号,b.货名,b.规格,b.单位,b.平均进价,b.参考价格,b.库存量,
a.销售日期,a.客户名称,a.单价,a.数量,a.金额,a.销售员
FROM 销售表2006 AS a Join 商品一览表 AS b ON a.货号=b.货号
GO
SELECT *FROM 商品_view1
```

(24)

方法一：

```
CREATE VIEW 商品_view2
AS
```

```
SELECT a.序号,b.货号,b.货名,b.规格,b.单位,b.平均进价,b.参考价格,b.库存量,
进货日期=convert(varchar(12),进货日期,111),
a.数量,a.进价,a.供货商ID,a.收货人,c.供货商,c.厂家地址,c.账户,c.联系人
from 进货表2006 AS a Join 商品一览表 AS b ON a.货号=b.货号
JOIN 供货商表 AS c ON a.供货商ID=c.供货商ID
GO
SELECT *FROM 商品_view2
```

方法二：

```
CREATE VIEW 商品_view2
AS
SELECT  进货日期=convert(varchar(12), 进货日期, 111), s.货号, s.货名, s.规格,
        s.单位, 数量, 进价=convert(varchar(10), 进价),供货商,发货人=联系人,收货人
    FROM 供货商表 AS  g , 进货表2006  j , 商品一览表  s
    WHERE  g.供货商ID=j.供货商ID  and  j.货号=s.货号
```

第6章

(1) 聚集索引，非聚集索引

(2) CLUSTERED，UNIQUE

(3) sp_helpindex，sp_rename

(4) A　　(5) B　　(6) D

(7) 索引是一个在表或视图上创建的对象，当用户查询索引字段时，它可以快速实施数据检索操作。索引就如书中的目录，书的内容类似于表的数据，书中的目录通过页号指向书的内容，同样，索引提供指针以指向存储在表中指定字段的数据值。借助索引，执行查询时不必扫描整个表就能够快速找到所需要的数据。

(8) 每个表只能有一个聚集索引，因为一个表中的记录只能以一种物理顺序存放。但是，一个表可以有不止一个非聚集索引。

从建立了聚集索引的表中取出数据要比建立了非聚集索引的表快。当需要取出一定范围内的数据时，用聚集索引也比用非聚集索引好。非聚集引需要大量的硬盘空间和内存。虽然非聚集引可以提高从表中取数据的速度，它也会降低向表中插入和更新数据的速度。

(9) 在下面情况下是不应该使用索引的：如果索引总是不能被优化程序使用。

(10)

① 如果返回的记录数高于总记录数 10%～20%;

② 如果该列只有一个、两个或三个不同的取值;

③ 如果被索引的列较长(多于 20B);

④ 如果维护索引的开销超过了建立索引的价值。

(11)

```
CREATE UNIQUE INDEX 员工表_index ON 员工表(姓名,部门)
WITH
PAD_INDEX,
```

```
fillfactor=80,
IGNORE_DUP_KEY
```

第 7 章

(1) GO 语句

批处理就是一个或多个相关 SQL 语句的集合。建立批处理应注意以下事项。

① CREATE DEFAULT 创建默认值、CREATE RULE 创建规则、CREATE VIEW 创建视图、CREATE PROCEDURE 创建存储过程、CREATE TRIGGER 创建触发器对象等，都必须单独作为一个批处理，不能与其他语句放在一个批处理中。

② 不能创建定义 CHECK 检查约束后在同一个批处理中马上使用这个约束。

③ 不能把默认值或规则对象绑定到字段或自定义类型上以后，在同一个批处理中马上使用它们。

④ 不能在修改一个字段的名字之后马上在同一个批处理中使用新字段名。

⑤ 在一个批处理中定义的局部变量只在该批处理中有效，不能用于其他批处理。

⑥ 批处理结束语句 GO 必须单独一行，可在其后使用注释。

⑦ 如果批处理第一个语句是执行存储过程，则语句开头的 EXECUTE 关键字可以省略，否则不允许省略，可以使用简写 EXEC。

(2) 脚本文件的扩展名是.sql，执行脚本的方法是在查询编辑器中通过 isqlw 实用程序执行，在 DOS 命令行中通过 isql 或 osql 实用程序执行。

(3) 行内注释(--注释内容)和块注释(/*注释内容*/)

(4) DECLARE，SET、SELECT，PRINT、SELECT

(5) 在一个批处理、一个存储过程、一个触发器内，定义，第一个 GO 语句或者到存储过程、触发器的结尾

(6) 简化 SQL 表达式，SQL 语句中允许使用表达式的，不同的值；一个可以单独执行的语句的一部分；简单 CASE 表达式，搜索 CASE 表达式

(7) 重复执行一个 SQL 语句或语句块，退出循环继续执行后面的语句；退出循环(BREAK 无条件跳出 BEGIN…END 结束循环，CONTINUE 是结束本次循环不再执行后面的循环体语句，返回到 WHILE 再次进行判断执行下一次循环。)

(8) 在系统基本数据类型的基础上增加一些限制约束，绑定约束对象以适用某些数据的需要，sp_addtype，sp_droptype

(9) CREATE FUNCTION，用于接收调用函数时传递过来的参数，RETURNS，RETURN

(10) DECLARE，OPEN，FETCH，CLOSE，DEALLOCATE

(11) 答：不能正确执行。因为 DECLARE 定义的局部变量只在同一个批处理中有效，“PRINT @ass”已经超出了有效范围，所以会出现“必须声明变量@ass”的提示。

(12)A，D　(13)A，D　(14)B，C　(15)B　(16)D　(17)A

(18)C　(19)D　(20)C　(21)B　(22)A

(23)

```
DECLARE @n int,@i int
SET @n=123
SET @i=0
WHILE 1=1 --循环条件恒为真
  BEGIN
    IF @n%123=0  --判断是否被 123 整除
      BEGIN
        PRINT CONVERT(VARCHAR,@n) --打印能被 123 整除的整数
        SET @i=@i+1
        SET @n=@n+1
        CONTINUE  --跳出本次循环重新执行
      END
    IF @n>=30000  --当 n 大于等于 30000 时结束循环
      BREAK
    ELSE
      SET @n=@n+1
  END
PRINT '1-30000 之间能被 123 整除的整数共有：'+CONVERT(VARCHAR,@i)+'个'
```

(24)

```
EXEC sp_addtype usertype,'varchar(24)','not null'
GO
EXEC sp_bindrule 'Email_rule','usertype'
```

(25)

```
CREATE FUNCTION S 常用日期(@日期 1 Smalldatetime)
RETURNS varchar(12)
  BEGIN
    RETURN convert(varchar(12),@日期 1,111)
  END
GO
SELECT dbo.S 常用日期(getdate())
GO
CREATE FUNCTION D 常用日期(@日期 2 Datetime)
RETURNS varchar(12)
  BEGIN
    RETURN convert(varchar(12),@日期 2,111)
  END
GO
SELECT dbo.D 常用日期(getdate())
```

第8章

(1) CREATE PROC[EDURE]，EXECUTE，sp_helptext，_DROP PROCEDURE

(2) 后触发、替代触发；引起触发器执行的语句通过了各种约束检查，成功执行后，数据表；引起触发器执行的修改语句停止执行后，数据表或视图

(3) CREATE TRIGGER；INSERT 插入、DELETE 删除、UPDATE 更新

(4) inserted 和 deleted；触发器被激活，触发器执行完成

(5) C	(6) B，C	(7) D	(8) A，B	(9) A
(10) C	(11) D	(12) A，B	(13) D	(14) C，D
(15) B	(16) D	(17) A		

(18) INSERT 触发器没有被触发，因为后触发方式只有当引起触发器执行的语句通过了各种约束检查，成功执行后才激活并执行触发器程序。若创建的是 INSERT 的 INSTEAD OF 触发器则可以激活触发器，因为替代触发方式激活触发器的语句仅仅起到激活触发器的作用，一旦激活触发器后该语句停止执行，立即转去执行触发器的程序。

(19) DELETE 触发器不能捕获 TRUNCATE TABLE 语句。尽管 TRUNCATE TABLE 语句实际上是没有 WHERE 子句的 DELETE(它删除所有行)，但它是无日志记录的，因而不能执行触发器。因为 TRUNCATE TABLE 语句的权限默认授予表所有者且不可转让，所以只有表所有者才需要考虑无意中用 TRUNCATE TABLE 语句规避 DELETE 触发器的问题。

(20)

使触发器 trigger1 无效：

ALTER TABLE table1 DISABLE TRIGGER trigger1

使触发器 trigger1 重新有效：

ALTER TABLE table1 ENABLE TRIGGER trigger1

第9章

(1) Windows 用户和 SQL Server 用户。如果用户设置了 Windows 验证方式，只有 Windows 用户才能登录，如果用户设置了混合验证模式，两种用户都能够登录。Windons 用户不能随意设置用户名，用的是 Windows 操作系统的用户，而 SQL Server 用户可以随意设置用户名。

(2)

① sp_addlogin 'loginuser1', 'helloworld', 'dianaoxs'

② 登录以后，该用户不能打开用户数据库，因为没有访问数据库的权限。

③ sp_helplogins @LoginNamePattern = 'loginuser1'

(3)

① sp_grantdbaccess 'loginuser1', 'DBUser1'

② 登录后打开数据库 diannaoxs，但是不能查询“员工表”，因为没有查询的权限。

③ sp_helpuser 'DBUser1'

(4)

① grant select,insert on 员工表 to DBUser1

② 能够查询员工表，但不能查询 “商品一览表”。

③ grant create database，create table to DBUser

④ revoke create database，create table to DBUser

⑤ deny create database，create table to DBUser

(5)

① exec sp_addsrvrolemember 'loginuser1', 'sysadmin'

② 能够完成操作，因为已经为用户赋予了 sysadmin 的权限。

③ exec sp_dropsrvrolemember 'loginuser1', 'sysadmin'

④ 不能完成操作，没有权限。

(6)

① sp_addrole 'SeleRole'

② grant select on '员工表' to SeleRole

grant select on '商品一览表' to SeleRole

③ 不能查询两个表。

④ sp_addrolemember 'SeleRole', 'DBUser1'

⑤ loginuser1 登录后能够查询“员工表”和“商品一览表”，但不能查询“销售表 2006”，因为 SeleRole 角色中没有查询“销售表 2006”的权限，所以 loginuser1 也没有获取相应权限。

第 10 章

(1) SQL Server 2005 有 4 种备份方式：

① 完全数据库备份(Database-complete)

② 差异备份或称增量备份(Database-differential)

③ 事务日志备份(Transaction log)

④ 数据库文件和文件组备份(File and filegroup)

(2) 数据库恢复模型有以下 3 种。

① 简单恢复模型：可以将数据库恢复到上次备份的即时点。不过，无法将数据库还原到故障点或特定的即时点。

简单恢复的备份策略包括数据库备份、差异备份(可选)。

② 完全恢复模型：使用数据库备份和事务日志备份提供对媒体故障的完全防范。如果一个或多个数据文件损坏，则媒体恢复可以还原所有已提交的事务。正在进行的事务将回滚。

完全恢复提供将数据库恢复到故障点或特定即时点的能力。为保证这种恢复程度，包括大容量操作(如 SELECT INTO、CREATE INDEX 和大容量装载数据)在内的所有操作都将完整地记入日志。

完全恢复的备份策略包括数据库备份、差异备份(可选)、事务日志备份。

③ 大容量日志记录恢复模型提供对媒体故障的防范，并对某些大规模或大容量复制操作提供最佳性能和最少的日志使用空间。另外，当日志备份包含大容量更改时，大容量日志记录恢复模型只允许数据库恢复到事务日志备份的结尾处。不支持时点恢复。

大容量日志记录恢复的备份策略包括数据库备份、差异备份(可选)、日志备份。

(3) 恢复数据库之前需做的准备工作。

① 在使用 RESTORE 子句进行恢复数据库时，系统会先进行安全性检查；

② 备份事务日志；

③ 检查备份的有效性。